老年医学丛书

老年心理学

（第2版）

主　编　高焕民　李丽梅
副主编　李　赓　马东华　韩纪琴　姚翠萍
　　　　王丽萍　李　伟　万　婷

科学技术文献出版社
·北京·

图书在版编目（CIP）数据

老年心理学 / 高焕民，李丽梅主编. —2版. —北京：科学技术文献出版社，2017.6（2025.1重印）
ISBN 978-7-5189-2697-8

Ⅰ. ①老… Ⅱ. ①高… ②李… Ⅲ. ①老年心理学 Ⅳ. ① B844.4

中国版本图书馆 CIP 数据核字（2017）第 108770 号

老年心理学（第2版）

策划编辑：孙江莉　　责任编辑：宋红梅　　责任校对：张吲哚　　责任出版：张志平

出 版 者	科学技术文献出版社
地　　　址	北京市复兴路15号　邮编 100038
编 务 部	（010）58882938，58882087（传真）
发 行 部	（010）58882868，58882870（传真）
邮 购 部	（010）58882873
官方网址	www.stdp.com.cn
发 行 者	科学技术文献出版社发行　全国各地新华书店经销
印 刷 者	北京虎彩文化传播有限公司
版　　　次	2017年6月第2版　2025年1月第13次印刷
开　　　本	787×1092　1/16
字　　　数	400千
印　　　张	23.5
书　　　号	ISBN 978-7-5189-2697-8
定　　　价	98.00元

版权所有　违法必究

购买本社图书，凡字迹不清、缺页、倒页、脱页者，本社发行部负责调换

内容简介

我国老龄化速度非常快,加强老年人心理健康知识的普及,预防老年心理和行为问题已经成为当前一项十分重要和紧迫的任务。

老年心理学是研究老年期个体的心理特征及其变化规律的发展心理学分支,又称老化心理学,它是新兴的老年学的组成部分。由于人的心理活动以神经系统为基础,并受社会的制约,所以研究范围包括老年人的感知觉、学习、记忆、思维等心理过程及智能、性格、社会适应等心理特点。

本书首先介绍了老年心理学的基本概念和心理现象的神经科学基础,同时也介绍了它的哲学本质,然后分别介绍了正常心理、异常心理及心理干预,特别注重临床常见的老年心理问题。

本书是在2007年科学出版社《老年心理学》的基础上进行修订再版的,修改宗旨:

1. 实用:即适用于初学者,老年患者及普通读者。
2. 简洁:简化理论知识,清晰描述,尽量避免冗长无用信息。
3. 新颖:对过时、不适用的内容删除。
4. 科学性:有些内容来自网络,内容不科学或描述不准确的删除。

因此,《老年心理学》(第2版)力争内容由浅入深。作为"老年医学丛书"之一,可作为与老龄工作相关人员的教材和参考书,同时面向高校学生读者。

前言

不知不觉，人就老了！

人老了，形体上渐渐地变化，心理上也悄悄地变化，一些颓废的情绪也可能悄然而生，甚至成为最大的心理威胁！

人都会老：1950年，全世界60岁以上的老年人约有2亿，1970年就达到3亿，2000年则高达6亿！据预测2020年将达到10亿，而到2050年，全球将有近20亿的老年人！

仔细分析以上数字你就会发现，这种老化的速度是逐渐增加的：在1950—1970年这20年内，老年人口增加1亿，而在2000—2020年这20年内，老年人口将增加4亿。在1970—2000年这30年内，老年人口在3亿的基础上翻一番，而在2020—2050年这30年内，世界老年人口将在10亿的基础上再翻一番。老年人口将平均每年增长2.38%，超过总的人口增长平均速度（同期全球人口将平均每年增长0.87%）。

中国也已步入老龄化社会，并且发展速度非常快。我国老年人口占总人口的比例在1982年的时候是5%，属于成年型，到1999年就达到了10%，一跃变成老年型。我国人口年龄结构从成年型转为老年型，仅用了18年的时间，就完成了发达国家几十年甚至上百年才完成的人口年龄结构的历史性转变。现在全世界进入老龄化的国家大致有70个。和先期进入老龄化的国家相比，我们中国的老龄化有非常突出的特点：老年人口的基数大。到2005年底，我国60岁以上的人口已经达到1.44亿，占亚洲老年人口的一半，占全球老年人口的五分之一，而且到2020年要比现在纯增1个亿，要达到2.48亿。2020年以后，几乎每10年要纯增1亿多，到2051年，要达到最大值4.37亿，占到当时总人口的11%，形势非常严峻（引自国务院新闻办发表《中国老龄事业的发展》白皮书，2006年12月12日）。2016年第六次全国人口普查数据显示：全国60岁及以上的人口是 1.7765 亿,占总人口的 13.26%,与 2000 年第五次全国人口普查相比,上升了 2.93 个百分点。

的确,老龄化困扰着整个国际社会,但是挑战与机遇并存!世界经济发展和科学技术的进步,为解决老龄化问题提供了新的发展机遇。加强老年心理健康知识的普及,预防老年心理和行为问题,已经成为当前一项十分重要和紧迫的任务。

老年心理学是研究老年期个体的心理特征及其变化规律的发展心理学分支,又称老化心理学,它是新兴的老年学的组成部分。

由于人的心理活动以神经系统和其他系统的功能为基础,并受社会的制约,所以老年心理学涉及生物和社会两方面的内容,研究范围包括老年人的感知觉、学习、记忆、思维等心理过程及智能、性格、社会适应等心理特点因年老而引起的变化。

在西方,最早较系统地阐述老年心理问题的人是斯坦利·霍尔(Granville Stanley Hall,1844—1924),他在《衰老》一书中,以发展心理学的思想回顾了自己的一生。他反对把老化仅仅看作是人退回早期阶段的一种返归,强调老年人的老化过程存在显著的个别差异。

在中国,有关老年心理学的思想可以追溯到远古时代。早在春秋战国时期,诸子百家都在调摄情志,以期益寿延年,因此留下了不少论述,如孔子强调"仁者寿""智者寿"的思想,提出"三十而立,四十而不惑,五十而知天命,六十而耳顺,七十而从心所欲不逾矩"的见解。在《道德经》和《庄子》中,明确提出了"无欲、无为"的"返璞归真"思想,对中国历代养生学有重要影响。唐代孙思邈的《千金翼方》中有:"人年五十以上,阳气日衰,损与日至,心力渐退,忘前失后,兴居急惰,计授皆不称心,视听不稳,多退少进,日月不等,万事零落,心无聊赖,健忘嗔怒,情性变异,食饮无妙,寝处不安……"系统地论述了人在年老过程中的记忆、视觉、听觉、味觉以及性格、情绪状态等的一系列变化。

中国近代老年心理学的研究工作起步较晚,比较系统地开展这方面工作仅仅始于 20 世纪 80 年代,并且主要侧重于记忆的老化研究。我国老年心理方面的图书包括译著,与 1 亿多中国老年人相比确实是少之又少。偶尔有关于老年心理学方面的内容,也像老年是人生最后一段美好的时光一样，仅仅出现在书的末尾章节。在中国心理学界也有只重视儿童心理发展而忽视老年心理发展的倾向。

然而，衰老是人生的必经之路，人不可能"长生不老"。

心理活动的衰退是个日积月累的过程。完全不服老，不承认衰老是自然界的规律之一是不客观的。因此对于老年人来讲，学点老年心理学可以了解老年心理的特点，一旦心理活动出现偏差甚至障碍，可以及时通过自我调节得到纠正，指导自己过好晚年生活，并增强心理健康的信心，有利于增进生活情趣，延缓衰老的过程，从大处讲促进了社会和谐，从小处讲丰富精彩人生，而不至于退休后马上显示出老态龙钟的样子。

因此，目前网上最流行的一句话是："21世纪最有价值的东西，就是拥有一个好心情。"这句朴实的话道出了重视心境的大道理。

但是老年心理学是一门新兴的、年轻的学科，可供参考的书目不多。因此，本书首先介绍老年心理学的基本概念和心理现象的神经科学基础，同时也介绍它的哲学本质，然后分别介绍了正常心理、异常心理以及心理干预，特别注重临床常见的老年心理学问题。

本书内容由浅入深，作为我们"老年医学"系列书的重要部分之一，可作为与老龄工作相关人员的教材和重要的参考书，同时面向高校学生读者。

在本书的再版过程中，宁夏回族自治区人民医院（西北民族大学第一附属医院）的有关领导给予了支持，在此表示感谢。

由于编者水平有限，书中难免存在不足之处，恳请读者批评指正，以利于我们的提高。

编　者
2017 年 2 月

目 录

第一章　老年心理学概述

第一节　老年心理学的定义及内容 ············· 3
　一、老年心理学的定义 ························· 3
　二、老年心理学的性质与内容 ················· 3
第二节　老年心理学的发展历史 ··············· 4
　一、心理学的起源 ····························· 4
　二、心理学主要流派 ··························· 5
　三、老年心理学的诞生 ························· 8
　四、老年心理学的研究现状 ···················· 9
第三节　老年心理学的学习方法 ·············· 11
　一、医学模式转变的必要性 ··················· 11
　二、老年心理学研究方法 ······················ 12
　三、学习老年心理学的意义 ···················· 15

第二章　心理活动的神经科学及相关基础知识

第一节　心理活动的神经生物学属性 ·········· 19
　一、心理是大脑的功能之一 ···················· 19
　二、脑的基本机能系统 ························· 21
第二节　心理活动的社会学属性 ··············· 22
　一、心理是客观现实的主观能动性的产物 ······ 22
　二、人的社会化 ································ 23

第三节	认知过程	24
	一、感知觉	24
	二、记忆	27
	三、思维	29
	四、注意	31
第四节	情绪与情感	33
	一、概述	33
	二、情绪、情感的意义	36
第五节	意 志	37
	一、概述	37
	二、意志行动的心理过程	38
	三、意志的品质	40
第六节	个 性	41
	一、概述	41
	二、需要	44
	三、动机	46
	四、能力	48
	五、性格	51
	六、自我意识	55

第三章 老年心理学基础理论

第一节	行为学习理论	61
第二节	精神分析理论	63
	一、潜意识理论	63
	二、人格结构理论	63
	三、性本能理论	64
	四、释梦理论	65
	五、心理防御机制理论	65
第三节	认知理论	66
	一、认知的特点	66

二、认知对情绪和行为的决定作用 ……………………………………… 67
　　三、与心理治疗有关的认知理论 ………………………………………… 68
第四节　人本主义理论 …………………………………………………………… 68
　　一、马斯洛的需求层次论 ………………………………………………… 69
　　二、罗杰斯的人本主义理论 ……………………………………………… 70
第五节　祖国传统医学的心理学思想 …………………………………………… 71

第四章　心理评估

第一节　心理评估概述 …………………………………………………………… 77
　　一、心理评估的目的和意义 ……………………………………………… 77
　　二、心理评估方法 ………………………………………………………… 77
　　三、心理测验概述 ………………………………………………………… 78
第二节　智力评估 ………………………………………………………………… 80
　　一、智力与智商 …………………………………………………………… 80
　　二、常用的智力测验简介 ………………………………………………… 83
第三节　人格测验 ………………………………………………………………… 86
　　一、明尼苏达多相人格调查表 …………………………………………… 86
　　二、艾森克人格问卷 ……………………………………………………… 89
　　三、卡特尔16项人格因素问卷 …………………………………………… 90
第四节　临床常用评定量表 ……………………………………………………… 90

第五章　健康心理

第一节　健康心理概述 …………………………………………………………… 95
　　一、人的发展 ……………………………………………………………… 95
　　二、心理健康的标准 ……………………………………………………… 96
第二节　中老年时期人的正常心理 ……………………………………………… 97
　　一、中年期及更年期心理 ………………………………………………… 97
　　二、老年期心理 …………………………………………………………… 105

第三节	老年人的养生之道	109
一、	养生概念：天年	109
二、	中医养生心理概述	110
三、	老年心身疾病特点	112
四、	老年期养生概要	113

第六章　心理应激

第一节	应激概述	119
第二节	生活事件	120
第三节	应激反应	124
一、	应激反应的概念	124
二、	应激的心理行为反应	125
三、	应激的生理反应机制	127
第四节	应激的相关因素	130
一、	认知评价	130
二、	应对方式	131
三、	心理防御机制	132
四、	社会支持	135
五、	个性与应激	137

第七章　老年期异常心理概述

第一节	老年期异常心理概述	143
一、	异常心理的判断标准	143
二、	异常心理的病因模式	144
三、	异常心理的症状学及疾病分类	145
第二节	老年期焦虑性障碍	147
一、	心理社会因素与焦虑性障碍	147
二、	老年期焦虑性障碍的心理干预及药物治疗	150

| 第三节 | 老年期抑郁障碍 | 151 |

一、心理社会因素与抑郁障碍 … 151
二、抑郁障碍的心理干预及药物治疗 … 153

| 第四节 | 人格障碍 | 154 |

一、基本概念与相关的心理社会因素 … 154
二、人格障碍的心理干预 … 157

| 第五节 | 老年期性心理障碍 | 158 |

一、性心理障碍概述 … 158
二、老年期性心理 … 160
三、常见的性心理障碍 … 161
四、性心理障碍的心理干预 … 163

| 第六节 | 酒精依赖 | 163 |

一、酒精依赖的概念 … 163
二、酒精依赖的分型 … 164
三、老年期酒精依赖 … 165
四、酒精戒断综合征 … 165
五、酒精依赖症发病的主要因素 … 166
六、对酒精依赖的心理干预 … 167

| 第七节 | 烟草依赖 | 168 |

一、烟草依赖的基本概念及流行病学 … 168
二、烟草依赖的诊断标准 … 168
三、烟瘾的心理干预 … 169

| 第八节 | 药物成瘾 | 169 |

一、药物成瘾的基本概念 … 169
二、药物依赖的分类 … 170
三、药物依赖的心理干预 … 173

第八章 心理干预

| 第一节 | 概　论 | 177 |

一、心理干预与心理治疗的基本概念 … 177

    二、心理治疗中的认知活动与治疗者的角色 …………………… 178
    三、心理治疗的适用范围 …………………………………………… 178
    四、心理治疗的基本过程 …………………………………………… 179
    五、心理治疗的基本原则 …………………………………………… 182
  第二节 精神分析疗法 …………………………………………………… 184
    一、概况 ……………………………………………………………… 184
    二、精神分析治疗的基本技术 ……………………………………… 185
    三、精神分析治疗过程简介 ………………………………………… 188
    四、精神分析法的适应证和应用评价 ……………………………… 189
  第三节 行为治疗 ………………………………………………………… 189
    一、概述 ……………………………………………………………… 189
    二、行为治疗的基本原则 …………………………………………… 190
    三、治疗方法简介 …………………………………………………… 190
    四、适应证和应用评价 ……………………………………………… 193
  第四节 认知治疗 ………………………………………………………… 194
    一、概况 ……………………………………………………………… 194
    二、认知治疗的基本方法 …………………………………………… 196
    三、认知治疗的适应证和应用评价 ………………………………… 199
  第五节 来访者中心疗法 ………………………………………………… 200
    一、概述 ……………………………………………………………… 200
    二、治疗过程和治疗策略 …………………………………………… 203
  第六节 森田疗法 ………………………………………………………… 211
    一、基本理论概述 …………………………………………………… 211
    二、森田疗法的适应证 ……………………………………………… 212
    三、森田疗法的治疗原则 …………………………………………… 213
    四、森田疗法的治疗方法 …………………………………………… 214
    五、适应证和评价 …………………………………………………… 218
  第七节 暗示和催眠疗法 ………………………………………………… 219
    一、暗示疗法 ………………………………………………………… 219
    二、催眠疗法 ………………………………………………………… 221

第八节　松弛疗法 ………………………………………………………… 223
一、概述 …………………………………………………………………… 223
二、基本方法 ……………………………………………………………… 224
三、适应证和应用范围 …………………………………………………… 225

第九节　生物反馈疗法 …………………………………………………… 225
一、概述 …………………………………………………………………… 225
二、基本方法 ……………………………………………………………… 227
三、适应证 ………………………………………………………………… 228

第十节　支持疗法 ………………………………………………………… 229
一、支持疗法概况 ………………………………………………………… 229
二、基本方法 ……………………………………………………………… 229
三、适应证 ………………………………………………………………… 231

第十一节　集体心理治疗 ………………………………………………… 231
一、基本概况 ……………………………………………………………… 231
二、集体心理治疗的种类 ………………………………………………… 232
三、方法与技术 …………………………………………………………… 233
四、适应证 ………………………………………………………………… 234

第九章　医学心理咨询

第一节　心理咨询概述 …………………………………………………… 239
一、咨询 …………………………………………………………………… 239
二、心理咨询 ……………………………………………………………… 239
三、医学心理咨询 ………………………………………………………… 240

第二节　心理咨询模式 …………………………………………………… 240
一、心理咨询的形式 ……………………………………………………… 240
二、心理咨询的适用范围 ………………………………………………… 241
三、心理咨询的内容 ……………………………………………………… 242
四、心理咨询的类型 ……………………………………………………… 243
五、心理咨询工作从业者的要求 ………………………………………… 244

第三节　心理咨询的程序	246
一、心理咨询的过程	246
二、心理咨询的原则	248
三、心理咨询的基本技术	251
四、医学心理咨询的注意事项	263
第四节　心理咨询的作用机制	264

第十章　临床心身问题

第一节　临床心身问题概论	277
第二节　急诊科患者的心理问题	277
一、急诊手术患者的心理问题	277
二、危重患者的心理问题	278
三、ICU 患者的心理问题	279
第三节　内科疾病中的心理问题	279
一、内科疾病伴发抑郁的机制	279
二、心血管病患者的心理问题	280
三、呼吸系统疾病中的心理问题	282
四、消化系统疾病中的心理问题	284
五、内分泌及代谢疾病中的心理问题	287
第四节　外科患者的心理问题	289
一、手术患者的心理问题	289
二、心脏外科手术患者的心理问题	290
三、肾移植及血液透析患者的心理问题	292
第五节　神经科患者的心理问题	294
一、脑卒中患者的心理问题	294
二、瘫痪患者的心理问题	295
三、慢性疼痛患者的心理特点	297
四、痴呆患者的心理特点	298
第六节　眼科患者的心身问题	299
一、原发性青光眼	299

二、浅层边缘性角膜溃疡 ··· 300
　　三、眼疲劳症 ··· 301
　　四、眼部异物感 ·· 301
　　五、飞蚊症 ·· 301
第七节　皮肤科患者的心理问题 ·· 302
　　一、异常皮肤感觉 ·· 302
　　二、异常的皮肤表现 ··· 303
第八节　肿瘤科患者的心理问题 ·· 304
　　一、癌症发生发展中的心理社会因素 ····························· 304
　　二、心理因素致癌的机制 ·· 305
　　三、对癌症治疗的心理反应 ··· 306
　　四、肿瘤患者的抑郁症状 ·· 306
　　五、抗抑郁药物治疗 ··· 307
　　六、心理治疗 ··· 307

第十一章　患者心理与医患关系

第一节　患者心理 ·· 313
　　一、患者概念与患者角色 ·· 313
　　二、患者的心理需要 ··· 317
　　三、患者的权利 ·· 318
　　四、患者的义务 ·· 320
　　五、患者的心理特点 ··· 321
第二节　医患关系 ·· 325
　　一、求医行为 ··· 325
　　二、遵医行为 ··· 327
　　三、医患关系及其意义 ·· 330
　　四、医患关系模式 ·· 333
　　五、临床医学中的人际交往 ··· 334

第十二章　老年药物心理学

第一节　药物的生理作用及心理效应 …………………………………… 343
第二节　影响药物心理效应的因素 ……………………………………… 344
第三节　药物的安慰剂效应 ……………………………………………… 346
第四节　药物依赖 ………………………………………………………… 346
　一、药物依赖的原因 …………………………………………………… 347
　二、药品滥用及酒瘾的社会心理原因 ………………………………… 347
第五节　患者用药的依从性 ……………………………………………… 348
　一、患者不依从医嘱的原因 …………………………………………… 348
　二、患者拒绝用药治疗的对策 ………………………………………… 349
第六节　老年人的用药问题 ……………………………………………… 350
　一、老年人用药原则 …………………………………………………… 350
　二、老年人慎用的药物 ………………………………………………… 351
　三、老年人服药应特别注意的问题 …………………………………… 352

第一章
老年心理学概述

本章导读

- 老年心理学的定义及内容
- 老年心理学的发展历史
- 老年心理学的学习方法

第一节　老年心理学的定义及内容

一、老年心理学的定义

老年心理学研究的是"老年"这一特定时期的医学与心理学相交叉的问题，因此它既是心理学的分支，也是医学的分支。从总的医学的研究范围来看，老年心理学仅研究医学中的心理行为问题，包括各种老年患者的心理行为特点、各种老年疾病的心理行为变化等；从整个心理学的研究范围分析，老年心理学研究的重点是如何把心理学的系统知识和技术应用于老年医学领域，包括临床应用。

二、老年心理学的性质与内容

老年心理学是涉及多学科知识的一门交叉学科。从基础和应用的角度来看，它既是医学的基础学科，又是临床应用学科。

老年心理学中有关行为神经学基础内容涉及生物学和神经科学等基础学科的知识，而语言、交际、婚姻、家庭、社区等方面的心理行为问题则与人类学、社会学、生态学等社会科学知识有关。因此，老年心理学的许多基本概念来自普通心理学甚至来自医学心理学。

由于老年心理学具有多学科的性质，所以在学习过程中必须特别强调老年心理学与有关知识之间的联系。老年心理学只有与这些学科密切联系才会得到深入的发展。近十几年来，在心理学与临床医学的结合方面已取得了一些成绩，一些临床医生已经成功地转型为侧重于心理的临床心理专家。

老年心理学揭示老年行为的生物学和社会学本质。心理活动和生物活动的相互作用，以及它们对健康和疾病的发生、发展、转归的作用规律，并寻求战胜疾病、延年益寿的基本心理途径，为整个医学事业提出心身相关的辩证观点和科学方法。

第二节 老年心理学的发展历史

一、心理学的起源

心理学早期一直是属于哲学的范畴。从心理学的英文名称 Psychology 可以看出，该词来源于希腊语：psyche ="灵魂"或者"心智"+ logos ="……的研究"。

关于心身相关问题，自远古时代人类就已经开始探索，中外历史著作中留下了不少记载。但是关于心理学的历史，正如德国心理学家赫尔曼·艾宾浩斯（Hermann Ebbinghaus，1850—1909）所说："心理学有一个漫长的过去，却只有一个短暂的历史。"

古希腊哲学家亚里士多德（公元前384—公元前322）在《灵魂论》中首先提到感觉现象，他认为声音有"尖锐"与"钝重"之分，那是与触觉比照的结果。因此，有人认为它是最早的一部论述心理学思想的著作。

但是，一般认为，1879年德国生理学家威廉·冯特（Wilhelm Wundt，

图1-1 德国生理学家威廉·冯特（**Wilhelm Wundt 1832—1920**）

（选自：es. wikipedia. org/wiki/Wilhelm_Wundt）

1832—1920，图1-1）在莱比锡大学建立的第一个心理学实验室（图1-2），标志着现代心理学的开端。冯特也是第一个把自己称为心理学家的人。

早期重要的心理学家包括艾宾浩斯、弗洛伊德（Sigmund Freud，1856—1939）等。

图1-2 德国生理学家冯特和他的同事在莱比锡大学建立的第一个心理学实验室，他们在讨论心理学实验

（选自：es. wikipedia. org/wiki/Wilhelm_Wundt）

二、心理学主要流派

（一）构造主义

德国的一位哲学家、生理学家冯特作为独立科学的心理学的创始人，建立了现代心理学第一个学派——构造主义，该学派从1879年开始，兴盛了近30年。

构造派认为，人的心理意识现象是简单的"心理元素"构成的"心理复合体"。构造主义致力于心理意识现象"构造"的研究，分析心理意识现象的"元素"，设想心理元素结合的方式。所以该学派又称为"元素主义心理学"。

（二）行为主义

行为主义派认为，人的心理意识、精神活动是不可捉摸的，是不可接近的，心理学应该研究人的行为。行为是有机体适应环境变化的身体反应的组合，这些反应不外是肌肉的收缩和腺体的分泌。心理学研究行为在于查明刺激与反应的关系，以便根据刺激推测反应，根据反应推测刺激，达到预测和控制人的行为的目的。

（三）机能主义

机能派认为，意识是机体适应环境达到生存目的的工具；心理学的任务是对意识状态"适应功能"的描述和解释。它认为，意识状态是一种连续不断的整体，称之为"思想流、意识流或主观生活流"；人和动物的心理活动都是"本能"冲动的结果。

该学派的主要代表人物是威廉·詹姆斯（William James，1842—1910），詹姆斯的主要观点：心理学研究的对象是意识，心理学是对意识状态的描述和解释，意识状态是一种川流不息的状态，是思想流、意识流和主观生活流，反对把意识分解为基本元素的做法，认为这种做法容易破坏心理的整体。

（四）格式塔主义

格式塔派认为，人的心理意识活动都是先验的"完形"，即"具有内在规律的完整的历程"，是先于人的经验而存在的，是人的经验的先决条件。人所知觉的外界事物和运动都是完形的作用。人和动物的智慧行为是一种新完形的突然出现，或叫作"顿悟"。

该学派的主要代表人物是马克思·韦特海默（Max Wertheimer，1880—1934）。韦特海默的主要观点：似动现象的视知觉问题应该用实验研究。他认为似动现象就是一个格式塔，在心理现象上整体不等于部分之和，整体的性质不存在于它的部分之中，而存在于整体之中。

（五）精神分析

精神分析学说又称弗洛伊德主义，产生于19世纪末20世纪初，创始人是奥地利的精神病学家西格蒙德·弗洛伊德（图1-3）。弗洛伊德除了对心理学做出了巨大贡献外，对整个社会也产生过重大的影响。他是对人类文明做出重大贡献的伟大的三个人之一（哥白尼首次告诉人们：地球不是宇宙的中心；达尔文谨慎地告诉人们：人不是神创造的；弗洛伊德告诉我们：人的发展动力来自庞大的潜意识）。

图1-3　西格蒙德·弗洛伊德（Sigmund Freud，1856—1939）

弗洛伊德的主要观点：

（1）无意识学说。弗洛伊德把自己的心理学称为深层心理学，他构筑的心理过程包括3个组成部分：

第一层次是潜意识系统，它是人的动力冲动、本能等一切冲突的根源，是人的生物本能、欲望的储藏库，不受客观现实的调节，构成人们心理的深层基础；

第二层次是前意识系统（下意识），是意识系统和潜意识系统之间的一个边缘部分，它在人的心理活动中执行着"检查者"的作用，其目的是保证适合本能，又要服从现实的原则；

第三层次是意识系统，是人的心理最外层次部分，是人的心理因素构成的"家庭"中的"家长"，它统治着整个精神家庭，使之协调。

（2）释梦理论。弗洛伊德按照精神分析的观点把梦的内容所表示的意义分为两个层次：一个是表层意义，是梦的"显意"，指梦者可以回忆起来的梦的情境及其意义；一个是深层意义，是梦的"隐意"，指梦者通过联想可以知道隐藏在显意背后的意义。

(六) 日内瓦学派

该学派的主要代表人物皮亚杰的主要观点：

(1) 认识结构及其动态过程。皮亚杰的几个基本概念：图式（指人的一种心理机能结构）、同化（原生物学概念，指生物适应环境的一种过程，这里主要说明人类智力的发展也是生物的一种适应）、顺应（原有的图式不能适应客体时，通过调整原来的图式建立新的图式，使认识图式发生质的变化的过程）。

(2) 儿童心理发展的研究。提出心理发展4个要素：①机体的成熟因素；②个体对物体做出动作时的练习和习得经验的作用；③社会环境；④对心理起决定作用的平衡过程（平衡过程是指不断成熟的内部组织在与外界物理和社会的环境相互作用中不断调整认识结果的过程，也就是心理不断发展的过程）。

(七) 人本主义

人本学派强调人的尊严、价值、创造力和自我实现，把人的本性的自我实现归结为潜能的发挥，而潜能是一种类似本能的性质。人本主义最大的贡献是看到了人的心理与人的本质的一致性，主张心理学必须从人的本性出发研究人的心理。

该学派的主要代表人物是亚伯拉罕·马斯洛（Abraham Maslow, 1908—1970）。马斯洛的主要观点：对人类的基本需要进行了研究和分类，将之与动物的本能加以区别，提出人的需要是分层次发展的；他按照追求目标和满足对象的不同把人的各种需要从低到高安排在一个层次序列的系统中，最低级的需要是生理的需要，这是人所感到要优先满足的需要。

三、老年心理学的诞生

老年心理学如同心理学一样，有一个漫长的过去，但却只有一个短短的历史。对老年问题的关注和研究，早在公元前就开始了，然而，作为科学的老年心理学，是从19世纪才开始的。

第一个比较系统地研究老年心理学的是比利时人类学家阿道夫·凯特尔（Adolphe Quetelet，1796—1874，图1-4），他在1835年从心理学的角度，第一次对老年进行科学性实证性研究，他以刚出生到老年期的人为研究对象，全面系统地研究了人的出生率、死亡率、身高、体重及智力、运动等与年龄性别的关系，阐述了随着年龄的增长人的老化问题，率先采用数量化的研究手段，对发展与年龄关系问题中的个别差异进行了研究，他把统计学的方法运用到心理学的研究中，获得了相关的研究指标，积累了老年心理学研究的宝贵资料。他不仅对老年心理学，而且对整个心理学的研究都做出了许多重要的贡献。

图1-4　阿道夫·凯特尔（Adolphe Quetelet，1796—1874）

四、老年心理学的研究现状

（一）智力研究

1980年以后智力研究主要集中在3个方面：一是西彻（K. W. Schaie）等人对高龄期被试者进行的智力恢复训练的研究。他选定了纵向研究中智力发生降低的老年人为被试者，着重对其进行推理能力和空间认知能力的训练，结果发现，进行训练后，这两方面的能力都能够恢复起来。他们认为：老年人的智力恢复并不是不可能的，这也许是由于很多的能力长期没有运用而导致的"废退",一旦对这些能力进行系统训练,它是能够提高的。

另一个研究方向是围绕传统的智力测验到个体的实际能力这一问题而展开的。西彻等人以 25~80 岁的男女为被试者,对构成个体实际智力的因素进行了研究,提出了实际智力理论(practical intelligence)。与之相似,将个体解决日常生活问题所用到的能力分为社会问题的解决能力(特别是人际关系解决的能力)和实际问题的解决能力,对这两个能力的制约因素及年龄差异进行一系列的研究。

(二)关于人格的研究

1. 人格的稳定性与变化性的研究

从 20 世纪 70 年代开始,对老年人格的研究逐步兴起,一直到现在,老年人格心理学的研究仍然是老年心理学的研究热点。这方面的一个研究焦点是个体从成年期到老年期,人格是稳定的还是变化的。这方面最值得一提的是对 20 世纪 30~50 年代开始进行的一系列的追踪研究。如对个体从青年期到中年期的跟踪研究发现:这期间人格处于稳定的状态,不会发生显著的变化。明尼苏达大学用 PI 对 45~54 岁的男性被试者进行了长达 30 年的追踪研究,发现随着年龄的增长,个体在抑郁性、固执性、歇斯底里性等方面特征会有明显的增强。以中年期到老年期的人为研究对象,调查研究了在这一阶段会出现的人格类型,结果证实,只有 4 种类型的人格特征会随年龄发生微妙的变化,从总体上看,80% 左右的人格特征并不会发生改变。

2. 对人格结构的研究

对 54~70 岁的被试者用 16PF 进行了跟踪研究,结果发现性别差异比年龄差异更为显著。以人格的"大五"模型为基础,对被试者进行了纵向追踪的人格测定显示,个人的开放性、外向性、神经质等方面的人格特征比较稳定,随年龄的变化很小。人格特征随着年龄增长会呈现出降低性或稳定性,某些人格特征甚至到了老年期后还会出现发展提高的趋向。

3. 对自我概念的研究

1970—1985 年,对老年自我概念的研究主要集中于两个方面:一是对构成自我概念的要素所进行的变化与否的发展研究,这方面的研究都比较一致地接受了构成自我概念的各因素稳定性的观点,而对于自我概念总体上的研究却没有得出一致的结论。这些研究中有一点很令人注目,那就是关于对老年人的躯体意象(body image)的研究,研究指出并不是像我们一般所认为的那样,人到老年后就会出现否定的躯体意象。

4. 主观幸福感

主观幸福感(subjective well-being,SWB)专指评价者根据自定的标准对其生活质量的整体性的评估。它是反映某一社会个体生活质量的重要心理学参数。SWB 包括情感体验和认知判断。前者是指生活中的情感体验,包括正性情感和负性情感;后者是对生活质量的总体认知、判断,即生活满意感。正性情感、负性情感、生活满意感构成 SWB 的 3 个维度(表 1-1)。

表 1-1 正性情感、负性情感、生活满意感构成 SWB 的 3 个维度

正性(积极)情感: 诸如愉快、高兴、觉得生活有意义、精神饱满等情感体验	情感成分
负性(消极)情感: 忧虑、抑郁、悲伤、孤独、厌烦、难受等情感体验	
认知判断(生活满意感): 按照主观决定的标准对生活质量的认知、评价 (整体生活满意感、特殊生活领域满意感)	认知成分

第三节 老年心理学的学习方法

一、医学模式转变的必要性

医学模式是指医学的主导思想,包括疾病观、健康观等,并影响医务工作者的思维及行为方式,使之带有一定倾向性,也影响医学工作的结果。

现代西方医学是自然科学冲破中世纪宗教黑暗统治而发展起来的。随着近代自然科学的飞速发展,医学家们不断采用物理的和化学的研究手段,探索人体的奥秘,从整体到系统、器官,直至现今的分子水平,并将研究成果应用于医学临床和疾病的预防。自然科学的认识论和方法论是医学界的主流思想,医疗活动有明显的生物科学属性,这种医学模式就是所谓的生物医学模式。

但是这种生物医学模式也存在某些缺陷。受心身二元论和自然科学的分析还原论的影响,生物医学在认识论上往往倾向于将人看成是生物的人,而忽视人的社会属性。在实际工作中,重视躯体因素而不重视心理和社会因素;在科学研究中较多地着眼于躯体生物活动过程,较少注意行为和心理过程,忽视后者对健康的作用。以往的西方医学将人体看成一架机器,疾病被看成是机器的故障,而医生的工作则是对机器进行维修,如此而已。

二、老年心理学研究方法

(一) 老年心理学的基本研究方法

基本方法可分为观察法、调查法、测量法和实验法。

1. 观察法

观察法,顾名思义是通过对研究对象的科学观察和分析,探讨其中的心理行为规律。在自然情景中对人或动物的行为进行直接观察、记录和分析,从而解释某种行为变化的规律,这是自然观察法(naturalistic observation);在预先设置的情景中进行观察则属于控制观察法(controlled observation)。观察法的优点是可以取得被试者不愿意或者没有能够报告的行为数据,缺点是观察的质量很大程度上依赖于观察者的能力。而且,观察活动本身也可能影响被观察者的行为表现,使观察结果失真。观察法在心理评估、心理治疗、心理咨询中广泛使用。观察法常用的定量方式是描述法,或者序量化法和直接定量法。

2. 调查法

调查法(survey method)是通过晤谈或问卷等方式获得资料,并加以分析研究,分述如下:

（1）晤谈法（interview method）：通过与被试者晤谈，了解其心理信息，同时观察其在晤谈时的行为反应，以补充和验证所获得的资料，进行记录和分析研究。晤谈法的效果取决于问题的性质和研究者本身的知识水平和晤谈技巧。晤谈法应用于临床患者和健康人群，在心理评估、心理治疗、心理咨询和病因学研究中均被广泛采用。科研中常在访问调查过程中完成预先拟定的各种调查问题并作记录。晤谈法常用的定量方式是描述法，或者序量化法和直接定量法。

（2）问卷法（questionnaire method）：这是事先设计调查表或问卷，当面或通过邮寄供被调查者填写，然后收集问卷对其内容逐条进行分析研究。例如，调查住院患者对护理工作是否满意，哪些满意，哪些不满意，等等。

3. 心理测量法

这是指在老年心理学工作中以心理测验或评定量表作为心理或行为变量的主要定量手段，使用经过信度、效度检验的现成测验工具或量表，如人格测验、智力测验、症状量表等。心理测验和量表种类繁多，必须严格按照心理测量规范实施，才能得到正确的结论。

4. 实验法

实验法（experimental method）根据其实施方式可分为实验室实验（laboratory experiment）和现场实验（field experiment）。前者在实验室条件下进行；后者可在实际生活和临床工作等情景中进行。实验法运用刺激变量（stimulus variable）和反应变量（response variable）来说明被操作的因素和所观察记录到的结果之间的关系，同时还应严密注意控制变量（controlled variable）的影响。

在实际研究工作中，往往综合使用以上几种基本方法。

（二）若干研究方式

1. 个案研究

个案研究（case study）是对单一案例的研究。这种研究方式在老年心理学中经常出现，例如，对临床某个案的问题性质和干预（如行为治疗）疗效作出系统的认定。个案研究应重视结果对于样本所属整体的普遍意义，有时则作为大规模抽样研究（sampling study）的准备阶段。个案法还特别适用于少见案如狼孩、猪孩、无痛儿童等心身问题的研究。个案研究通常需要追溯个案的历史和各方面的背景资料，所以具体可采用观察、交谈、测量和实验等方法。

2. 临床实验研究

临床实验研究其实是前文现场实验的一种。这一研究方式在老年心理学具有重要意义，例如，在医学临床，通过神经科脑部实验（在脑手术允许下）可取得许多宝贵的神经心理学资料，通过对有关心身疾病的临床研究可认识心身的相关性和心理治疗的疗效等；在老年心理学临床，某些实验研究可在生活情景中进行，例如，对一组幼儿实施连续3年的行为学干预，同时记录其有关心身变量并与未干预组做比较，证明该干预方法对幼儿的心身发展各指标有重要意义等。临床实验研究也可采用观察、交谈、测量和实验等方法。

3. 心理生物学研究

近年来自然科学的飞速发展，也促进了老年心理学领域的心理生物学研究工作的深入发展。

在分子遗传学方面有DNA重组技术、聚合酶联反应（PCR）技术和基因识别、测序、基因组图谱。在脑影像技术方面有计算机辅助断层摄影（CT）、磁共振成像（MRI）、功能磁共振脑成像（fMRI）、正电子发射断层摄影（PET）。在神经电生理方面有脑电图及相应的睡眠脑电图、脑地形图、诱发电位及计算机技术等。这些新方法和新技术正在为探索心理行为的生物学基础、心身相关性和心理病因学等老年心理学的深层次问题提供有力的武器。

心理生物学研究通常采用实验室实验法，有时也采用临床实验法，或者结合测验法、调查法甚至观察法。

（三）老年心理学方法学的特殊性

任何一门学科，总是要经过收集资料，验证假设，界定概念等系统的工作过程才逐渐发展起来。这其中方法学问题至关重要。就老年心理学而言，一方面，它是多学科的交叉学科，既有自然科学属性，又有社会科学属性，其研究方法也涉及多种不同性质的学科。另一方面，与某些方法学已被熟知的成熟学科不同，老年心理学是一门很年轻的交叉学科，如果在研究或临床工作中不重视方法学的学习和掌握，可能会出现由"常识心理学"代替科学心理学的情形。

三、学习老年心理学的意义

衰老是人生的必经之路，心理活动的衰退是个积累的过程。人是不可能"长生不老"的。

学点老年心理学，可以及时了解老年心理的知识和特点，一旦心理活动出现衰退、偏差、障碍，可及时通过自我调节得到纠正，指导自己过好晚年生活，并增强心理健康的因素和信心，有利于正确处理家庭生活，有利于增进生活情趣，有利于防治心身疾病，有利于延年益寿，防止和延缓衰老过程的到来。

参考文献

[1] Bengtson VL, Rice CJ, Johnson ML. Are Theories of Aging Important? Models and Explanations in Gerontology at the Turn of the Century. In: Bengtson VL and Schaie KW ed. Handbook of Theories of Aging. New York: Springer Publishing Company, 1999: 113 – 153

[2] Birren JE. Handbook of the Psychology of Aging. 6th ed. Los Angeles: University of California, 2006: 12 – 33

[3] Birren JE, Bengtson VL. Emergent Theories of Aging. New York: Springer Publishing Company, 1988: 22 – 23

[4] Gopnik A, Meltzoff AN, Kuhl PK. The Scientist in the Crib. New York: Morrow Press, 1999: 32

[5] Hall GS. Senescence: The last half of life. New York: Appleton, 1922: 40 – 52

[6] Hasegawa I, Fukushima T, Ihara T, et al. Callosal Window between Prefrontal Cortices, Cognitive Interaction to Retrieve long-term Memory. Science, 1998, 281: 814 – 818

[7] Kenyon G M. Basic Assumption in Theories of Human Aging. In: Birren, JE and Bengtson VL ed. Emergent Theories of Aging. New York: Springer Publishing Company, 1988: 23 – 34

[8] Kim DS, Duong TG, Kim SG. High-resolution Mapping of Iso-orientation Columns by fMRI. Nature Neuroscience, 2000, 3: 164 – 169

[9] Kleemeier RW. Aging and Leisure. New York: Oxford University Press, 1961: 22 – 32

[10] Lowenstein A. Contemporary Later-Life Family Transition: Revisiting Theoretical Perspectives on Aging and the Family-Toward a Family Identity Framework. In: Biggs S, Lowenstein A and Hendricks J ed. The Need for Theory Critical Approaches to Social Gerontology. New York: Baywood Publishing Company, 2003: 13 – 30

[11] Lynott RL, Lynott PP. Tracing the Course of Theoretical Development in the Sociology of Aging. The Gerontology, 1996, 36 (6): 749 – 760

[12] Mishkin YA. Memory System in the Monkey. Philons Trans R SocLond B Biol Sci, 1982, 298: 83

[13] Miyashita Y. Neuronal Correlate of Visual Associative Long-term Memory in the Primate Temporal Cortex. Nature, 1998, 335: 817 – 820

[14] Naya Y, Sakai K, Miyashita Y. Activity of Primate Inferotemporal Neurons Related to a Sought Target in Pair-association Task. Proc Natl Acad Sci, 1996, 93: 2664 – 2669

[15] O'Craven KM, Downing PE, Kanwisher N. fMRI Evidence for Objects as the Units of Attentional Selection. Nature, 1999, 401: 84 – 87

[16] Passuth PM, Bengtson VL. Sociological Theories of Aging: Current Perspectives and Future Directions. In Birren JE and Bengtson VL ed. Emergent Theories of Aging. New York: Springer, 1988: 31 – 43

[17] Schaie KW. Intellectual development in adulthood: The Seattle Longitudinal Study. NY: Cambridge University Press, 1996: 9 – 13

[18] Sugase Y, Yamane S, Ueno S, et al. Global and Fine Information Coded by Single Neurons in the Temporal Visual Cortex. Nature, 1999, 400: 869 – 873

[19] Stefanacci L, Reber P, Costanza J, et al. fMRI of Monkey Visual Cortex. Neuron, 1998, 20: 1951 – 1057

[20] Sheinberg DL, Logothetis NK. The Role of Temporal Cortical Areas in Perceptual Organization. Proc Natl Acad Sci, 1997, 94: 3408 – 3413

[21] Terman L, Buttenweiser P, Johnson W, et al. Psychological factors in marital happiness. New York: McGraw-Hill, 1938: 11 – 23

第二章
心理活动的神经科学及相关基础知识

本章导读

- 心理活动的神经生物学属性
- 心理活动的社会学属性
- 认知过程
- 情绪与情感
- 意志
- 个性

第一节 心理活动的神经生物学属性

一、心理是大脑的功能之一

(一) 个体成熟与心理功能

从个体发育成熟和心理成熟平衡的过程，也证明心理的基础是成熟的大脑。孩子初生时由于神经细胞缺乏髓鞘和乙酰胆碱等而导致神经递质的不平衡，大脑皮质功能尚未健全，只有本能的吸吮、哭闹和睡觉，没有感觉、知觉、思维、想象、情感、意志等心理功能，只是泛泛的激动，动作也不协调。随着个体的生长和发育，大脑皮质的发育逐渐成熟，神经髓鞘完全形成，大脑功能逐步完善，逐渐出现了各种具体的心理活动，动作也变得协调。

(二) 大脑皮质的三级功能区与心理功能

苏联神经心理学家鲁利亚（1973）根据大脑皮质细胞的结构和机能特点，把大脑皮质分为三级功能区。一级区又称投射区或初级区（primary area），包括额叶中央前回的初级运动区（Brodmann 4 区）、顶叶中央后回的初级躯体感觉区（Brodmann 3、1、2 区）、枕叶后部的初级视觉区（Brodmann 17 区）和颞叶上部的初级听觉皮质（Brodmann 41 区）（图 2-1）。一级区主要结构是皮质Ⅳ、Ⅴ层细胞。一级区的机能具有高度模式特异性，专门接受外周各种传入信息（听、视、体感）和专门发送出运动的指令。它在接受信息时是按照点对点的投射方式进行的，如初级视觉区各个部分与外周视野有非常确定的对应关系，而远端肢体在对侧初级躯体感觉区有明确的定位。损伤这些区域可引起特殊的感觉和运动机能障碍。

在每个一级区上增生着二级区又称投射—联合区或单通道联合区（unimodal association area），包括位于枕叶前部和颞叶后下部的视觉系统纹外区（Brodmann 18、19、37 区）、位于颞上和颞中回的听觉联合皮质（Brodmann 42、22 区）、位于顶上小叶的躯体感觉联合皮质（Brodmann 5、7 区）以及位于额叶的前运动区和辅助运动区（Brodmann 6、8 区）。二级区的结构主要是Ⅱ、Ⅲ层细胞。这些短突触细胞不向远处传递，但能够为皮质联合联系打下基础。对于与感知觉有关的大脑皮质，一级区产生感觉，二级区主要产生知觉；而对于运动系统，一级区主要与运动的执行有关，二级区则参与运动的编码和计划等较高级的功能。如损毁视觉联合区只影响视觉功能而不影响其他感觉功能。

三级区也叫重叠区，分前、后两部分。皮质后部的三级区位于顶、枕、颞二级区的交界处，其主要功能是对各种感觉信息进行整合并与注意有关。前部的三级区位于前额叶，它不但是运动系统的最高级机能区，同时也是边缘系统的高级控制区。三级区已失去通道特异性，损伤三级区并不能引起特异的感知觉功能障碍，也不会引起瘫痪，但可丧失对多种信息的综合分析和行为的计划组织能力，出现失认、失用、语言理解和表达障碍、工作记忆障碍甚至人格方面的改变。三级区在个体发生上是最晚成熟的，约 7 岁以前它不能充分发展，约占整个大脑皮质的一半以上，其细胞主要来自Ⅱ、Ⅲ层。人类三级区的高度发展可能是人类心理活动有别于其他动物的一个重要因素。

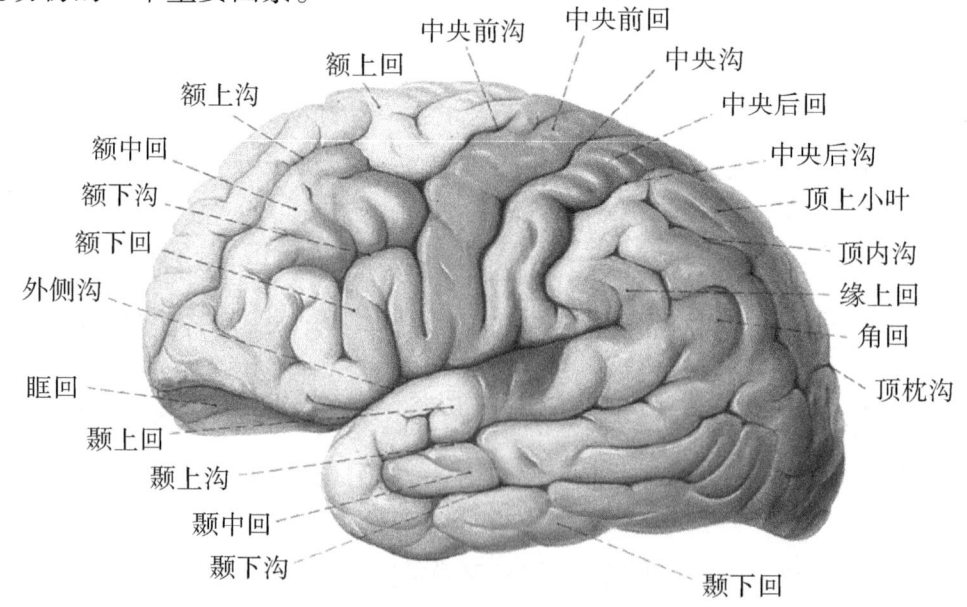

图 2-1　大脑左半球外侧 Brodmann 分区位

二、脑的基本机能系统

如果说用刺激的方法，或是用切除部分脑区的方法来证实不同脑区的机能只能是局限的、孤立的反映其基本机能，那么人类复杂的心理活动形式和特点，如知觉、记忆、语言、书写、阅读、思维、计算等，就远远不是孤立的，需要有许多脑结构的共同作用来完成。基于这种认识，鲁利亚提出3个基本机能系统的假说，认为所有心理过程都是由脑的3个机能系统协同完成的。每个系统都有分层次的结构，并且至少是由彼此重叠的3种类型的皮质区组成。

1. 调节张力和维持觉醒状态的系统

觉醒状态是保证各种心理活动顺利进行的必备条件。许多实验证据提示，保证与调节皮质张力的脑结构并不在大脑皮质本身，而在较低的脑干与皮质下部，亦称为网状结构。脑干网状结构的上行纤维终止于丘脑、尾状核和旧皮质，对大脑皮质的激活起着决定性的作用。从而保证完整的心理过程和实现有目的、有组织的指向性活动。网状结构功能异常，可导致意识障碍，无法进行正常心理活动。

网状结构的激活源有3类：即机体的内部代谢、内外环境的刺激以及来自大脑皮质的下行兴奋冲动。

2. 接受、加工和储存信息的系统

该系统位于大脑外侧面的中央沟后部，相当于皮质的视、听和躯体感觉区、联合区及相应的皮质下组织。包括前面提到的感觉三级功能区：一级区用于接受特异信息，并产生感觉功能；二级区对信息进行进一步加工和特征提取，并形成知觉功能；三级区则进行更高级、更抽象的加工和存储。这些区域按照模式特异性递减和功能渐进性偏侧化的原则分层次地工作。即一级区的特异性最高，而三级区的机能偏侧化最明显。

3. 心理活动与行为调控的系统

人对外来信息的接受、加工和储存，仅是人的心理活动的一个方面，但人对外来信息不仅仅是被动地予以反应，而是主动地制订行动计划和程序，并不断调节自己的行为，使之符合计划和程序。这些能动的意识活动过程是由大脑的心理活动与行为调控系统来完成的。该系统位于大脑外侧面的中央沟前部，相当于初级运动区、运动联合皮质和前额叶。这一系统按照与第二机能系统类似的原则分层次的工作，所不同的是神经冲动的传递方向与第二机能系统相反，即由三级区传至二级区，再传至一级区。该系统的三级区为前额叶，它不仅与皮质的所有其余的外表部分相联系，而且还与脑的下部和网状组织的相应部分相联系，由于这些联系的双向性，使其既可以对其他脑结构进行调控，又可以对来自别处的信息进行进一步加工，修正行动的计划和程序，使之符合原初的意图。这种有意识、有目的、有计划的调节机制是在言语的参与下进行的，因而是一种抽象的高级心理活动。二级区（运动联合皮质）接受三级区传送的信息，把执行某种行为的指令进行有序的组织，并使头、眼、手、足及整个躯体的肌肉处于运动前的准备状态，然后再发送指令激发一级区（初级运动区）神经元的活动，后者再将冲动传送至脊髓运动神经元而产生精细的运动。

4. 3个机能系统之间的相互关系

在正常情况下，3个机能系统并不是独立工作的。比如，视觉功能主要依赖于视觉皮质（属于第二个机能系统），但视觉皮质单独工作并不能很好地完成视觉任务，而必须在三个系统的联合作用下才能正常工作。第一机能系统保证必要的皮质张力和维持一定的觉醒水平，第二机能系统实现对通过视神经进入大脑的视觉信息进行分析和综合，而第三机能系统保证有目的探索，比如眼睛随注视目标的运动，等等。

第二节 心理活动的社会学属性

心理是脑的机能之一，但不能说大脑本身就可以平白无故地产生心理。人脑是心理产生的物质基础，任何心理现象的产生，都是人脑在客观现实作用下，进行活动，从而产生的。

一、心理是客观现实的主观能动性的产物

人对客观现实的反应，又总受个体经验、人格特征、价值观、需要、

自我意识等主观的影响，如不同人对同一事物的主观评价往往是不同的，甚至人们对同一事物的反应，在不同时期，不同心理状态下也不相同。

人对客观现实的反应是一个积极、能动的过程。人类社会的进步和发展是人与自然环境、社会环境相互适应、协调，根据人类需要不断改造自然，改造社会的结果。人脑不仅是一个运转站，而且是一个加工厂，是一个极其复杂的自我调节系统，人心理的能动性和创造性，就是人在实践中接受客观事物，通过人脑这个自我调节系统，对信息进行加工处理，对行为进行调节实现的。

二、人的社会化

人的社会化（socialization），是指在特定社会与文化环境中，一个自然人形成适应于该社会与文化的人格，掌握该社会公认的行为方式，转变为社会人的过程。

个体的社会化是个体与社会环境相互作用，不断接受社会教化实现的，是一个逐步内化的心理发展过程，其中家庭、学校、社会文化是影响心身发展的主要因素。

家庭是人生初期所处的社会环境的一个重要部分，在家庭中父母行为是孩子学习的榜样，起着潜移默化的作用，主要表现在父母养育态度，家庭氛围，孩子在家庭的地位，父母道德观念，行为规范等。孩子与父母的互动交往，交流信息，沟通情感，将学习、生活、待人接物、言谈举止纳入规范，使他们懂得是非、善恶、好坏、对错等。这就是接受社会教化。

学校向学生传授知识、培养技能；并向学生灌输社会生活目标、社会行为规范，促使他们形成正确的世界观和社会道德、行为规范。学校还通过教材、教师人格、课堂教学、班级、团队活动、课外兴趣活动等促使学生心身发展实现社会化。

社会文化的影响包括政治、经济、舆论宣传、文化、艺术、宗教、风俗习惯、生活方式及社会生产力水平等。任何社会对自己的社会成员都有特定的希望和要求，通过各种途径教导和影响社会成员树立正确的社会生活目标，把各种社会生活的行为准则内化为个人行为准则，这也是社会教化的内容。

值得注意的是，社会化的过程并不完全取决于个人的认识，也就是说个体社会化的问题，不一定就是其"思想"或"认识"上的问题。实际上，社会学习理论强调非意识性的社会示范信息对儿童心理行为发展的重要性；行为学习理论强调环境刺激和个人习惯之间的条件联系；精神分析理论强调早期生活条件对人格发展的影响；人本理论关注社会规范（有条件关注）对一个人人格完善的作用。

第三节　认知过程

认知过程（cognitive process）是对客观世界的认识和察觉，包括感觉、知觉、记忆、思维、注意等心理活动。反映论将此过程视为客观事物在人脑中的反映；而现代信息论视其为人脑对客观世界变化信息的加工过程。

一、感知觉

（一）概述

感觉（sensation），是当前直接作用于感觉器官的客观事物的个别属性在人脑中的反映。例如，我们见到颜色、听到声音、闻到气味，用手触摸东西时感觉到冷、热、软、硬等，这些都属于感觉现象。

知觉（perception），是当前直接作用于感觉器官的客观事物的整体及其外部相互关系在人脑的反映；或者说是感觉器官和脑对刺激做出解释、分析和整合。任何事物的整体，都是由许多个别属性按一定关系综合构成的。

感觉和知觉是两种不同而又不可分割的心理过程。感觉是对事物个别属性的反映，知觉则是对事物各种属性所构成的整体的反映。

（二）感觉的规律

1. 感受性与感觉阈限

感受性是指感觉器官对适宜刺激的感觉能力。感受性的高低用感觉阈限大小来衡量。感觉阈限指能引起感觉的持续一定时间的刺激量或刺激强度。在我们生活的环境里，存在各种刺激，但不是任何刺激都能引起感觉，有的刺激没有达到刺激阈限就引不出感觉。绝对感受性指刚刚能觉察出最小刺激强度的能力，那种刚刚能够引起感觉的最小刺激量称为绝对阈限。

2. 感觉的适应

刺激物如果持续作用于感官，也会引起感受性的变化，这种现象叫作适应现象。适应可使感受性提高或降低。各种感觉的适应是不完全一样的，皮肤觉得适应很容易发生。视觉适应有暗适应和明适应。如由明亮的地方突然进入暗室，起初什么也看不见，等一会儿就看清了，这叫暗适应。

3. 感觉相互作用的规律

对一种刺激的感受性不仅取决于感受这个刺激的感官的机能状态，同时也受其他感觉的影响。例如，强烈的声音刺激可使牙痛得更厉害，黄昏视觉感受性降低；在绿色光线照明下听觉感受性提高，红光照明下听觉感受性下降。

4. 感受性的发展

随着个体年龄的增长和生活实践的丰富，人的各种感受性会随之逐渐发展，不同人的感受性可有极大差异。如音乐家有高度精确的听觉；调味师有高度完善的味觉和嗅觉；有经验的汽车司机，根据发动机的声音能准确地判断故障发生的部位和性质。

（三）知觉的基本特性

1. 知觉的选择性

人们周围的事物是丰富多彩、时刻变化的，但人们在一定时间里，总是有选择地把某一事物作为知觉的对象，它周围的事物则作为知觉的背景，这就是知觉的选择性。知觉对象在背景中突出出来，会使我们对它的知觉更清晰。背景处在陪衬地位，在当时也被知觉到，但却较模糊。对象和背景可互相转换。图2-2两个图形是知觉的对象和背景可以相互转换的显著例子。左图的中间部分可以看成是一个花瓶，其余部分又可以看成是两个相对着的面孔。如果我们把图形看成是花瓶的时候面孔部分就成了背景；如果我们把图形看成是两个面孔的时候，花瓶部分就成了背景。右图所示，如果以白色为背景，则易知觉为男人，如果以黑色为背景，易知觉为一个少女。

图 2-2 知觉的对象和背景的相对关系

影响知觉选择和知觉效果的有主、客观因素。

主观因素：凡与人的动机、需要、兴趣、情绪状态、经验有关的事物都会被优先选为知觉对象。

客观因素：①强度大的、对比明显的刺激物易成为知觉的对象。②在空间上接近、形态相似的刺激物容易组合成知觉的对象。③在相对静止的背景上，运动的物体容易成为知觉的对象。④反复出现的刺激物易被选择为知觉的对象等。

知觉选择性的研究对于直观教学、培养观察能力、广告设计、工业产品的检查、军事搜索和伪装等都有重要的意义。

2. 知觉的整体性

知觉的对象都是由不同属性的各个部分组成的。把事物的各个组成部分、各种属性有机地结合在一起，并加以反映的知觉特性就是知觉的整体性。对象的整体知觉依赖于对它的组成部分的感知；反过来，对事物个别部分的知觉也依赖于对事物的整体知觉。对象的部分和整体在人的知觉过程中是相互联系又相互制约的。

3. 知觉的理解性

人的知觉并不像照相机那样详细而精确地反映出事物的全部细节，它并不是一个被动的过程。相反，人的知觉是一个非常主动的过程，它要根据主体的知识经验对感知的事物进行加工处理，人们知觉事物时总是用已有的知识经验去解释它、理解它，并用概念的形式把它标示出来，这就是知觉的理解性。同一事物，知识经验不同的人对它的知觉的内容也会有差别，也就是说，知识经验不同的人对同一事物知觉的理解程度也不同。人们知识经验越丰富，对事物的知觉就越深刻、越精确、越迅速。

4. 知觉的恒常性

在知觉过程中，当知觉的条件（角度、距离、光线等）改变以后，知觉的映像仍然保持相对不变，这就是知觉的恒常性。根据知觉的类型，可以把知觉恒常性分为颜色恒常性、形状恒常性、亮度恒常性、大小恒常性等。知觉的恒常性以经验、知识、对比为基础。在不同条件下知觉事物时，尽管感觉信息发生改变，但如果是熟悉的事物，就仍可维持恒常的知觉映像。视知觉的恒常性最明显，例如，看一个人的个头高矮，远近距离不同，投射到视网膜上的视像大小相差很大，但我们却能认为他的高矮没变，仍能按他实际大小来知觉，这就是高矮恒常性。

二、记忆

（一）记忆的概念

记忆（memory）是人脑对经历过的事物的识记、保持、再认和再现。所谓经历过的事物是指过去感知过的事物。这些事物都会在头脑中留下痕迹，并在一定条件下呈现出来，这就是记忆。运用信息加工的术语表述，记忆就是人脑对外界信息的编码、存贮和提取的过程。

（二）记忆的过程

1. 识记

识记（memorization）是个体获取经验，记住事物的过程，也就是外界信息输入大脑并进行编码的过程。

2. 保持

保持（retention）是对输入的信息积极进行加工、整理和掌握的过程。是对识记的进一步巩固,也就是把输入的信息牢固地贮存在脑子里。

3. 再认与再现

再认(recognition)与再现(reproduction)是记忆的两种表现形式,都以识记为前提,又都是检验保持的指标,从信息加工的观点看,都是提取信息的过程。

记忆过程包括识记、保持、再认和再现。整个记忆通常是从识记开始的。识记是保持的必要前提,保持是记忆的中心环节,再认和再现是识记的体现,而识记的水平又体现于再认和再现之中。总之,记忆的整个过程是一个不可分割的统一整体。

(三) 记忆与表象

表象在记忆中占重要地位。表象是我们头脑里所保持的关于客观事物的映象。过去感知过的事物在回忆时多数是以表象的形式出现的。

(四) 遗忘

识记的内容不能再认与回忆称为遗忘。艾宾浩斯对遗忘规律做了首创性系统研究,遗忘曲线表明,识记后最初一段时间遗忘快,随时间的推移和记忆材料数量的减少,遗忘便渐渐缓慢,最后稳定在一定水平上。

艾宾浩斯之后,许多人用无意义材料和有意义材料对遗忘的进程进行了进一步的研究,并采用不同的测量方式,遗忘曲线有所不同,但它们的总趋势还是和艾宾浩斯的遗忘曲线一致,这表明了人类遗忘过程的基本趋势。

遗忘原因假说:①干扰说。学习前后的事件相互干扰而影响记忆。心理学上称为前摄抑制(先学习的材料对后学习的材料的识记和回忆起干扰作用)及倒摄抑制(新学的内容干扰先前的经验)。研究表明,前后学习内容越相似则干扰越严重。②衰减(消退)说。短时记忆、感觉记忆的遗忘多属这类。③压抑说。弗洛伊德提出记忆是永恒的,所有遗忘都是动机性的。压抑是一种潜意识的防御机制,用来阻止不愉快的记忆进入意识领域。④线索依赖性遗忘。记忆有时需要依赖线索的提示。老年记忆障碍中常会发生"提笔忘字"或"话到嘴边说不出来",但如有适当的线索提示就可回忆。

(五) 记忆的分类

1. 根据信息保持的时间分类

(1) 感觉记忆 (sensory memory): 也称知觉前记忆或瞬时记忆,是指客观刺激物停止作用后它的印象在人脑中只保留一瞬间的记忆。它的编码实际上就是感觉刺激的换能编码,将它转换成知觉。信息完全依据它所具有的物理特性编码,有鲜明的形象性。信息贮存时间极短,为 0.25~2 秒,感觉记忆最明显的例子是视觉后像。

(2) 短时记忆 (short-term memory): 又称初级记忆,是保持在 1 分钟以内的记忆。刺激信息在这里已不是粗糙的感觉的形式储存,而是可以呼出名称并具有一定意义。

(3) 长时记忆 (long-term memory): 是指信息在记忆中的贮存时间超过 1 分钟,直至数日、数周、数年乃至终生的记忆。又称二级记忆。

2. 根据记忆的意识参与程度分类

(1) 外显记忆: 外显记忆是指当个体需要有意识地或主动地收集某些经验用以完成当前任务时所表现出的记忆。它是有意识提取信息的记忆,强调的是信息提取过程的有意识性。外显记忆能随意地提取记忆信息,能对记忆的信息进行较准确的语言描述。例如,自由回忆、线索回忆以及再认等。

(2) 内隐记忆: 内隐记忆是指不需要意识或有意记忆的情况下,个体的经验自动对当前任务产生影响而表现出来的记忆。它是未意识其存在又无意识提取的记忆。它强调的是信息提取过程的无意识性,而不管信息识记过程是否有意识。

三、思维

(一) 概述

思维 (thinking) 是人脑对客观事物的一般特性和规律的间接的、概括的反映。

思维和感觉、知觉一样,是人脑对客观现实的反映。不过,与感觉、知觉相比,思维是更高级、更复杂的心理活动。

(二) 思维的分类

1. 动作思维

又称实践思维,是凭借直接感知,伴随实际动作进行的思维。即在思维过程中依赖实际动作为支柱。特点:任务是直观的、以具体形式给予的,解决方法是直接动作。在个体心理发展中,是1~3岁幼儿主要的思维方式。

2. 形象思维

是运用已有的表象来进行分析、综合、抽象、概括的过程。形象思维的核心因素是表象。从个体心理发展看,是3~6岁儿童的主要思维方式。形象思维具有3种水平:第一种水平的形象思维是幼儿的思维,它只能反映同类事物中的一些直观的、非本质的特征;第二种水平的形象思维是成人对表象进行加工的思维;第三种水平的形象思维是艺术思维,这是一种高级的、复杂的思维方式。通常所说的形象思维是指第一种水平。

3. 抽象思维

也称逻辑思维,是用抽象的概念和理论知识通过推理、判断等形式来解决问题的思维。是对客观事物的运动规律、事物的本质特征和内在联系的认识过程。概念是这类思维的支柱。

(三) 思维和语言、言语的关系

思维是借助于语言这一工具来实现间接与概括的反映活动的。不管思维和语言是否同步发生,它们的关系是极为密切的。但是,两者又有区别。

思维和语言密切相关。从思维的表现形态来看,人们交流思想、相互影响、相互了解而进行的思维活动,不能离开语言。思维不仅在语言中表现出来,而且在语言中固定下来。从个体思维发展的过程看,个体掌握语言的过程,同时也是思维,特别是抽象思维发展的过程。由于语言具有概括性的特点,所以人不仅可以进行具体的思维,而且还可以进行抽象的思维活动,以反映事物的本质属性和事物之间有规律的联系。反过来,随着思维的发展，语言的意义也得以不断地丰富和深化。实验证明，人的大脑两半球分工不同，许多人的大脑左半球掌管言语活动和抽象思维。但是动物的大脑没有这种分工，这就说明抽象思维是人类意识的核心，是与语言同时产生的。

由此可见，语言是思维的直接工具。人类的思维是语言的思维。然而，思维与语言是有区别的，具体表现在：

（1）语言是由一定的物质形式构成的符号系统，思维是一种观念的东西，是在脑中提出问题和解决问题的过程。

（2）语言与客观事物之间是标志与被标志的关系，而思维与客观事物之间是反映与被反映的关系。

（3）构成语言的材料是词，构成思维的内容是概念。

（4）语言的语法结构具有民族性，思维规律具有全人类性。

四、注意

（一）概述

注意是心理活动对某种事物的指向和集中，它本身并不是独立的心理活动过程，而是伴随心理过程并在其中起指向作用的心理活动。

（二）注意的功能

1. 选择功能

即选择有意义的、符合需要的和与当前活动一致的事物，避开非本质的、附加的、与之相竞争的事物。这是注意的首要功能，它确定了心理活动的方向，保证我们的生活和学习能够次序分明、有条不紊地进行。

2. 保持功能

注意可以将选取的刺激信息在意识中加以保持，以便心理活动对其进行加工完成相应的任务。如果选择的注意对象转瞬即逝，心理活动无法展开，也就无法进行正常的学习和工作。

3. 调节与监督功能

注意可以提高活动的效率，这体现在它的调节和监督功能。注意集中的情况下错误减少,准确性和速度提高。另外,注意的分配和转移保证活动的顺利进行,并适应变化多端的环境。

注意对人类具有十分重要的意义。它保证人能够及时地集中自己的心理活动,正确地反映客观事物,使人能够更好地适应环境及改造世界。

(三) 注意的种类

注意分为无意注意、有意注意、有意后注意3种。

1. 无意注意

指预先没有目的、也不需要意志努力的注意,即外界事物引起的不由自主的注意。例如,正在上课的时候,有人推门而入,大家不自觉地向门口注视;大街上听到警笛声行人会不由自主地扭头观望。从主观方面,情绪、兴趣、需要等与无意注意有密切联系。从客观方面,外界事物的特征,如刺激强度、新异性、活动性、对比差异性及其变化等与无意注意有关。无意注意是注意的初级形式。

2. 有意注意

是指有预定目的并需要意志努力的注意。我们工作和学习中的大多数心理活动都需要有意注意。有意注意是一种积极主动、服从于当前活动任务需要的注意,属于注意的高级形式。它受人的意识的调节支配,并需要坚强的意志和干扰做斗争。是人类所特有的一种注意。有意注意和无意注意可相互转换。

3. 有意后注意

指有预定目的,但无须意志努力的注意。这是在有意注意的基础上,经过学习、训练或培养个人对事物的直接兴趣达到的。这种注意服从于一定任务,开始需要意志努力参加,如学骑自行车,开始的时候骑在车上特别注意,这是有意注意,慢慢学会了,骑得熟了,就不用意志努力特别去注意了,只需要在人多交通复杂的情况下注意就行了。这就是有意后注意。有意后注意是一种更高级的注意。它既有一定的目的性,又因为不需要意志努力,在活动进行中不容易感到疲倦,这对完成长期性和连续性的工作有重要的意义。

第四节 情绪与情感

一、概述

(一) 情绪和情感的定义

情绪（emotion）和情感（feeling）是人对客观事物的态度体验和伴随的心身变化。感觉、知觉、思维和表象等认识过程，是人对客观事物本身的反映，即反映各种对象和现象的不同品质和属性，反映它们的各种联系和依存关系。而情绪和情感则是人对所反映的对象的态度，对待客观事物的态度总是以带有某些特殊色彩的体验的形式表现出来。例如，顺利完成工作任务会使人轻松和愉快，失去亲人会使人痛苦和悲伤等。

(二) 情绪、情感与需要

需要是情绪和情感产生的基础。与人的需要不发生关系的事物或对人毫无意义的事物，人对其就无所谓情绪或情感。人既是自然实体，又是社会实体，因此人的需要是人的生理的和社会的要求在人脑中的反映，是人心理活动的动力。

情绪、情感因人的需要满足与否而具有肯定或否定的性质。人的需要如果得到满足，便会产生相应的肯定性质的体验，如喜悦、快乐、热爱等。反之，人的需要如果没有得到满足，则会产生否定性质的体验，如愤怒、悲伤、憎恨等。可见，情绪、情感的性质是需要是否得到满足的标志。由于客观事物的复杂性，它们可能在不同的方面和人的需要有着不同的关系，即可能满足人的某一方面的需要，但同时又不能满足另一方面的需要，甚至和另一方面需要的满足相抵触。因而许多事物常常引起人们复杂的情绪体验。如失散多年的父子相遇时，既喜悦又悲伤；当听到亲人壮烈牺牲的消息时，既有崇高的荣誉感，又有痛心的悲伤感。

人的需要是多种多样的。按照需要的起源，可以分为自然需要和社会性需要。自然需要即生理的需要,是人类最原始、最基本的需要。它们与动物的需要相类似。随着人类社会历史的发展,逐渐形成了人类特有的社会性需要,如劳动、社交、艺术、科研和文化等方面的需要,是高级的需要,在人的情感中起重要作用。由社会性的需要引起的情感,就是人类高级的情感或情绪。

(三) 情绪和情感的两极性

人的情绪和情感是极其复杂的。它们不同于其他心理过程的一个重要性质是具有两极性。具体表现如下。

1. 肯定与否定

凡能满足人的需要或能促进这种需要得到满足的事物,可引起肯定的情绪、情感体验;反之会引起否定的体验。因此,情绪、情感的两极性首先是肯定与否定对立的两极,如满意—不满意、快乐—悲哀、热爱—憎恨等。

2. 强与弱

情绪的两极性还表现为强度上的强与弱的对立。例如,喜可以从适意、愉快、欢乐到大喜、狂喜;怒可以从轻微不满、生气、愤怒到大怒、暴怒;惧可以从担心、害怕、惧怕到惊骇、恐怖。

3. 积极与消极

增力的情绪能提高人的积极性和活动能力,如愉快和热爱能驱使人去积极地行动;减力的情绪,如悲伤和厌恶则会降低人的积极性和活动能力。

4. 紧张与轻松

紧张的体验通常是与活动的紧要关头或对人具有决定性意义的时刻相联系的。如果活动的成败对人的意义重大,则关键时刻到来时人的情绪紧张水平就高。如高考或重大比赛之前,当事人都有这种感受。关键时刻过去后,紧张解除,可体验到轻松。

(四) 情绪对认知的影响

认知过程总伴随着认知体验,认知体验需要情绪体验的参与,情绪影响着认知过程的质量和效率。每个人都具有各种各样的情绪,不管何种情绪，只要一经产生，便会影响整个认知过程，使整个认知过程都感染上情绪的色彩。情绪积极时，认知过程也积极；情绪消极时，认知过程也消极。情绪对认知的影响，主要表现在情绪具有动机性功能、信号性功能、感染性功能3个方面。

（五）情绪和情感的分类

1. 基本分类

人类的情绪复杂多样，描写情绪的词汇有几百种，目前尚无统一分类。虽然类别很多，但一般认为有四种基本情绪，即快乐、悲哀、愤怒、恐惧。把爱、憎等看成是与社会因素有关的基本情绪。

（1）快乐：是愿望得以实现，紧张解除时产生的情绪体验。快乐程度可以从满意、愉快到异常的欢乐、大喜、狂喜。目的突然达到和紧张一旦解除会引起巨大的快乐。

（2）悲哀：悲哀是指心爱的事物失去时或理想、愿望破灭时产生的情绪体验。悲哀强度依赖于失去事物的价值。有各种程度的悲哀，如从遗憾、失望到难过、悲伤、哀痛。

（3）愤怒：由于目的和愿望不能达到，一再遭受挫折，内心紧张逐渐积累而产生的情绪体验。它可以从轻微不满、生气、愤怒到大怒、暴怒。

（4）恐惧：恐惧是面临或预感危险而又缺乏应付能力时产生的情绪体验。引起恐惧的关键因素是缺乏处理、摆脱可怕的情境或事物的力量和能力。例如，熟悉的情境突然发生了变化，失去了掌握、处理的办法时，就会产生恐惧。

2. 情绪状态分类

情绪状态是指在一定的生活事件影响下，一段时间内情绪活动在强度、紧张水平和持续时间上的综合表现。根据强度和持续时间的长短，可分为心境、激情和应激3种基本情绪状态。

（1）心境（mood）：是一种具有渲染性的、比较微弱而持久的情绪状态。心境不是关于某一事物的特定体验，它具有弥散性的特点。所谓"人逢喜事精神爽""感时花溅泪，恨别鸟惊心"，指的就是心境。心境产生的原因是多种多样的。个人生活中的重大事件，如事业的成败、工作的顺利与否、与周围人们相处的关系等，是引起某种心境的重要原因。机体的状况，如健康程度、工作和疲劳以及休息、睡眠情况等，也影响个人的心境。引起某些心境的原因，人们不一定都能意识到。心境影响日常活动，如工作效率、学习成绩和人际关系等。

（2）激情（affective impulse）：是爆发强烈而持续时间短暂的情绪状态。例如，暴怒时拍案大叫、暴跳如雷；狂喜时手舞足蹈、放声大笑等。激情出现时往往伴随着明显的外部表现。这一类情绪就像狂风暴雨，突然侵袭，并笼罩整个人。处在激情状态下时，人的认识范围狭窄，仅仅指向与体验有关的事物，理智分析能力减弱，往往不能约束自己的行动，不能正确地评价自己行为的意义和后果。但激情持续的时间往往较短。激情通常由生活中的重大事件、对立意向冲突、过度的压抑或兴奋等因素所引起。激情也有积极和消极之分，积极的激情可以成为动员人们积极投入行动的巨大力量。

（3）应激（stress）：是由出乎意料的紧急情况所引起的高度紧张的情绪状态。在突如其来的或十分危险的情境下，必须迅速地、几乎没有选择余地地采取决策和行动，而应激正是在这种情境中产生的内心体验。例如，司机在驾驶过程中出现危险情景的时刻，人们在遇到巨大的自然灾害的时刻，需要人们根据以往的知识经验，迅速地判明情况，果断地做出决定。在应激状态下，人可能有两种表现：一种是目瞪口呆，手足无措，陷入一片混乱之中；一种是头脑清楚，急中生智，动作准确，行动有力，及时摆脱困境。人在应激状态下常伴随明显的生理变化，这是因为个体在意外刺激作用下必须调动体内全部的能量以应付紧急事件和重大变故。加拿大心理学家塞里把整个应激过程分为动员、阻抗和衰竭3个阶段。

二、情绪、情感的意义

情绪、情感是人的精神活动的重要组成部分，在人类的心理活动和社会实践中有着极为重要的作用。这些作用主要通过情绪和情感对行为的调节、对行为效率的影响以及对外界环境的适应等方面来实现的。

（一）情感的功能

1. 信息传递功能

情感的信息传递功能是指在人际交往中，人们在借助言语进行交流之外，还通过情感的流露来传递自己的思想和意图。情感的这种功能是通过表情来实现的。

2. 行为调控功能

情感的行为调控功能是指情感可以促进或抑制人的行为。也就是说，在行为的内在动机之外，情感也能调控人的行为。

3. 心身保健功能

情感的心身保健功能是指情感对一个人的心身健康的维护作用。在社会不断发展进步的同时，随着生活节奏的加快，社会竞争的加剧，人们不可避免地会出现心理上的失衡，有的甚至产生心理障碍，影响到身体健康。

（二）情绪与健康

情绪具有明显的生理反应成分，直接关系到心身健康，同时所有心理活动又都是在一定的情绪基础上进行的，因而人们将其看成是心身联系的桥梁和纽带。

情绪分为积极情绪和消极情绪两大类。积极情绪对健康有益，消极情绪会影响心身健康。

祖国医学中多有揭示，人的精神活动与疾病的产生有着密切的联系。

现代医学研究结果表明，情绪的变化能直接影响人体内的各种生理活动，不良的情绪状态，会给人的身体健康带来不良的后果。

第五节　意　志

一、概述

（一）意志的定义

意志是人类特有的心理现象，是意识的能动作用。意志是自觉地确定目的，并根据目的来支配、调节自己的行动，克服各种困难，实现预定目的的心理过程。意志是通过行动表现出来的，受意志支配的行动叫意志行动。人的意志和其他心理过程一样，也是来自客观实践。人的行动主要是有意识、有目的的行动。在从事各种实践活动时，通常总是根据对客观规律的认识，先在头脑里确定行动的目的，然后根据目的选择方法，组织行动，施加影响于客观现实，最后达到目的。

（二）意志和认识、情感的关系

1. 意志和认识的关系

意志和认识过程有着极为密切的关系，认识是意志形成的前提，意志又可以促进认识。有了明确的目的，还必须有实现目的的适当方式方法。关于这方面的知识技能也和认识活动密不可分。实际上，意志行动的每一步骤都和感觉、知觉、记忆、想象和思维等密不可分。离开了认识过程，就不会有意志活动。意志固然离不开认识过程，反过来，意志也给认识过程以巨大影响。首先，人的各种认识活动，特别是系统的学习和独立的研究，都是有目的、有计划，并需要不断克服困难的过程。其次，人的认识是在变革现实中产生和发展的，而在一切变革现实的实践活动中都不可避免会碰到困难，这些都离不开人的意志行动。因此可以说，没有坚毅的意志行动，就不能有深刻的认识活动，人的认识活动是在意志努力中实现的。

2. 意志和情感的关系

情感可以成为意志的动力或阻力，而意志可以控制情感。积极的情感可以对人的行动起鼓舞和推动作用，消极的情感会对意志行动产生削弱和阻挠作用。

二、意志行动的心理过程

意志行动的心理过程是极其复杂的过程，一般可以分为两个相互联系而又统一的阶段，即采取决定阶段和执行决定阶段。采取决定阶段决定意志行动的方向和部署，是意志行动的准备阶段，是完成意志行动的重要的、不可缺少的开端。执行决定阶段是意志行动的实现阶段，在这个阶段里，意志由内部意识向外部行动转化，主观观念的东西转化为客观的实际行动。意志行动的心理过程主要分为两个阶段。

（一）采取决定阶段

决定的采取是一个过程，包括动机斗争、目的确定和行动方式的选择等几个环节。

1. 动机的斗争与目的的确定

人的行动总是由一定的动机引起的，并指向一定的目的。动机是激励人们行动以达到目的的心理原因，而目的则是动机所指向的对象，是期望在行动中所要的结果。动机是由人的需要而产生的，而需要是人的意志行动的内在因素。在意志行动初期，人的动机是多样的，有高级的与低级的、正确的与不正确的、长远的与浅近的、原则的与非原则的，等等。人在动机斗争过程中，要权衡各种动机的轻重缓急，反复比较各种动机的利弊得失，评定其社会价值。这种动机斗争有时是非常激烈的，当某种动机通过斗争居于支配行动的主导地位时，目的也就确定下来，动机斗争才告结束。在众多动机斗争中，原则性的具有社会意义的动机斗争，检验着一个人意志水平的高低。

2. 行动方式的选择和行动计划的制订

要实现意志行动的目的，必须选择正确的行动方式和制订合适的行动计划，这是解决意志行动的决策步骤。行动方式的选择和行动计划的拟订就是对各种方式、方法和方案进行分析比较，周密思考，权衡利弊加以抉择。在抉择过程中，必须遵循的一条基本原则是，从全局出发，部分服从整体，个人利益服从集体利益和社会的要求。

（二）执行决定阶段

决定的执行是意志行动的关键，行动的动机再高尚，行动的目的再美好，行动的手段再完善，如果不付诸实际行动，这一切也就失去意义，不可能构成意志行动。

1. 执行决定是意志行动、情感体验和认识活动协同作用的过程

人们从事任何活动总是以一定的动机目的为动力的，而且在行动中必然伴随着种种积极和消极的情感体验。人要想使自己的行动始终对准预定目的的实现，就需要有认识活动的积极参与，以保证随时对自己的行动进

行自我调节。因此，执行决定的过程实际上是由多种心理因素积极参与、协同作用的过程。

2. 执行决定是克服困难的过程

人在按预定的目的去执行决定的过程中，必然要遇到各种主观或客观困难。主要是：

（1）与既定目的不符的各种动机还可能重新出现，引诱人的行动脱离预定的轨道。

（2）行动中会出现意料之外的新情况、新问题，而个人可能又缺乏应付新情况、解决新问题的现成手段，这也会造成人的行动的踌躇或徘徊。

（3）在行动尚未完成时，还可能产生新的动机、新的目的和手段，会在心理上同既定目的发生竞争，从而干扰行动的过程。

（4）积极而有效的行动，要求克服人的个性中原有的消极品质，如懈怠、保守、不良习惯等，忍受由行动或行动环境带来的种种不愉快的体验。

三、意志的品质

意志的品质是指一个人在实践过程中所形成的比较明确的、稳定的意志特点。坚强的意志品质是克服困难，完成各项实践活动的重要条件。在人的意志行动过程中，主要的意志品质包括自觉性、果断性、自制性和坚韧性。

1. 意志的自觉性

意志的自觉性是指个体自觉地确定行动目的，并独立自主地采取决定和执行决定。这种品质反映着一个人在活动中坚定的立场和始终如一的追求目标。它贯穿于意志行动的始终，也是意志行动进行和发展的重要动力。具有自觉性的人，在行动中既能坚持独立性，不轻易受外界影响，又能不骄不躁，虚心听取有益的意见。意志的自觉性是以坚定的信念和科学的世界观为基础的，它是一种高贵的品质。

2. 意志的果断性

是指一个人善于明辨是非，不失时机地采取决断并坚决执行的品质。

这种品质是以深思熟虑和大胆勇敢为前提的。它和思维的敏捷性、灵活性密不可分，是个人的聪敏、学识、勇敢、机智的有机结合。优柔寡断和草率决定是缺乏果断性的表现。优柔寡断的主要特征是不善于克服矛盾的思想和情感，在各种动机之间，在不同的目的、手段之间不知所措，迟疑不决，患得患失。或反复审查，担心后果，而不坚决执行。草率决定是对任何事物都不假思索，单凭盲目冲动，冒失行事，而不考虑后果的一种莽撞行为，结果往往以盲动开始，以后悔告终，是意志薄弱的表现。

3. 意志的自制性

这是指人在意志行动中能够完全自觉、灵活地控制自己的情绪，约束自己的言行的意志品质。这种品质表现为对盲目冲动和消极情绪的高度克制力以及善于排除身体内外的干扰，坚决执行决定的能力。

4. 意志的坚韧性

意志的坚韧性是指在执行决定阶段能矢志不渝，坚持到底，遇到困难和挫折时能顽强乐观地面对和克服。意志的坚韧性在于既能坚持原则，抵制各种内外干扰，又能审时度势，灵活机动地达到预定目的。经得起长期的磨炼，是意志坚韧性的基本特征之一。坚韧性的另一个特征是不但能长期坚持决定，而且能迫使自己服从不符合本人意愿的决定和行动手段。长期坚持决定是意志顽强的表现，而顽固执拗是对自己行动缺乏正确估计，肆意妄为则是意志薄弱的表现。

另外，虎头蛇尾、见异思迁、朝秦暮楚等也是与坚韧性相反的意志品质。

第六节 个 性

一、概述

(一) 个性的概念

个性是指一个人整个的精神面貌，即一个人在一定社会条件下形成的、具有一定倾向性的、稳定的心理特征的总和。这一定义认为人的许多心理特征不是孤立存在的，而是在需要、动机、兴趣、信念和世界观等心理倾向性制约下构成的稳定的有机整体。

（二）个性的特征

1. 稳定性与可塑性

个性的稳定性是指个体的人格特征具有跨时间和空间的一致性。在个体生活中暂时的偶然出现的心理特征不能认为是一个人的个性特征，只有一贯的、在绝大多数情况下都得以表现的心理现象才是个性的反映。

2. 自然性与社会性

人的个性是在先天的自然素质的基础上，通过后天的学习、教育与环境的作用逐渐形成起来的。但人的个性并非单纯自然的产物，它又是在个体生活过程中逐渐形成的，在很大程度上受社会文化、教育内容和方式的塑造，所以它总是要深深地打上社会的烙印。

3. 独特性与共同性

个性的独特性是指人与人之间的心理和行为是各不相同的。因为构成个性的各种因素在每个人身上的侧重点和组合方式是不同的。人的个性千差万别，正如俗语所说"人心不同，各如其面"。人的个性表现是极端个别化的。这种独特性除了受生理活动、神经系统活动的影响外，也和所接触的外界刺激的个别性有关。

4. 整体性

虽然个性是由许多心理特征组成的，这些成分或特性是错综复杂地交互联系、交互制约而组成的整体。个性具有多层次性、多维度性、多侧面性，并有低级与高级、主要与次要、主导与从属之分，是一个复杂的系统。

（三）个性的形成与发展

人的个性并不是生来就有的，而是在个体生物遗传的基础上，在一定的社会环境的影响下，通过实践活动逐渐形成和发展起来的。人的个性形成和发展经历了一个漫长而复杂的人生过程。影响个性形成和发展的因素如下。

1. 生物遗传因素

对双生子的研究结果显示，个性的许多特性都有遗传的可能性。遗传对个性的作用，可从以下几方面分析：

（1）遗传是个性不可缺少的影响因素。

（2）遗传因素对个性的作用程度因个性特征的不同而异。通常在智力、气质这些与生物因素相关较大的特征上，遗传因素较为重要；而在价值观、信念、性格等与社会因素关系紧密的特征上，后天环境因素更重要。具有灵活特征的人其社会适应性强，后天环境对他们有更大的影响。

（3）个性发展过程是遗传与环境交互作用的结果，遗传因素影响个性的发展方向及难易。

2. 社会文化因素

社会文化塑造了社会成员的个性特征，使其成员的个性结构朝着相似性的方向发展，而这种相似性又具有维系一个社会稳定的功能。这种共同的个性特征又使得个人正好稳稳地"嵌入"整个文化形态里。社会文化对个性的影响力因文化而异，社会对顺应的要求越严格，其影响力就越大。影响力的强弱也视其行为的社会意义的大小而不同，对于不太具有社会意义的行为，社会容许较大的变异；对在社会功能上十分重要的行为，就不太容许太大的变异，社会文化的制约作用就越大。但是，若个人极端偏离其社会文化所要求的个性基本特征，不能融入社会文化环境之中，可能就会被视为行为偏差或心理疾病。

3. 家庭环境因素

家庭是社会的细胞，家庭不仅具有其自然的遗传因素，也有着社会的"遗传"因素。这种社会遗传因素主要表现为家庭对子女的教育作用，俗话说"有其父必有其子"，其中不无一定的道理。父母们按照自己的意愿和方式教育着孩子，使他们逐渐形成了某些个性特征。

4. 实践活动

个人从事的实践活动，是制约个性形成和发展的一大要素。登山活动锻炼人的顽强性，救护活动锻炼人的机敏性；常年在田间劳作，使人懂得勤俭；某一特定的实践活动，要求人反复地扮演某种与这一活动相适应的角色，久而久之，便形成和发展了这一活动所必需的个性特点。不同的实践活动要求不同的个性特点，同时又造就和发展了人的个性。

5. 自我教育

人在实践活动中，在接受环境影响的同时，个人的主观能动性也在起着积极的作用。环境因素及一切外来的影响都必须通过个体的自我调节才能起作用。一个人在个性形成的过程中，从环境接受什么、拒绝什么，或希望成为什么样的人、不希望成为什么样的人，是有一定的自主权的，这取决于每个人对自己采取怎样的自我教育。因此，从某种意义上说，个性也是自己塑造的。

综上所述，个性是先天与后天的"合金"，是遗传与环境交互作用的结果，遗传决定了个性发展的可能性，环境决定了个性发展的现实性。

二、需要

（一）概述

需要（need）是有机体对内外环境的客观需求在头脑中的反映。是个体的一种内部状态，或者说是一种倾向，它表现出个体对一定生活和发展条件的要求。需要的根本特征是它的动力性。需要同人的活动紧密联系着，是人的活动的基本动力。人们为了生存和发展，要满足各种各样的需要，这些需要推动着人们去进行生产、娱乐、学习等各种活动。所以说，需要是个体行为积极性的源泉。它促使人朝着一定的方向，追求一定的目标，以行动求得自身的满足。人的需要是在活动中不断产生和发展的。随着满足需要的对象范围的不断扩大以及需要方式的不断改进，需要本身也在不断地变化。

（二）需要的分类

马斯洛（Maslow AH）是美国著名的人本主义心理学家。他认为每个人都存在一定的内在价值，这种内在价值就是人的一些潜能或基本需要。

人的需要应该得到满足,潜能要求得到实现。他在1943年出版的《调动人的积极性的理论》一书中提出了著名的需要层次论。

这种理论的构成依据3个基本假设:

(1) 人要生存,他的需要能够影响他的行为。只有未满足的需要能够影响行为,满足了的需要不能充当激励工具。

(2) 人的需要按重要性和层次性排成一定的次序,从基本的(如食物和住房)到复杂的(如自我实现)。

(3) 当人的某一级的需要得到最低限度满足后,才会追求高一级的需要,如此逐级上升,成为推动继续努力的内在动力。

马斯洛认为,在人类价值体系中有两类不同的需要,一类是生理需要或称低级需要,另一类是高级需要。

他将人类的主要需要归纳为五大类,并依其发展的先后顺序分为5个等级,即生理的需要、安全的需要、归属与爱的需要、尊重的需要和自我实现的需要。各层的需要是相互依赖和彼此重叠的。

1. 生理的需要

指对阳光、水、空气、食物、排泄、求偶、栖息和避免被伤害等的需要。这是人类最原始的也是最基本的需要,这种需要具有自我和种族保存意义,是个体为了生存而必不可少的。生理的需要在人类各种需要中占有最强的优势,它是推动人们行为的最强大的动力。只有在生理需要基本满足之后,高一层次需要才会相继产生。例如,一个十分饥饿的人,他只对食物表现出兴趣,而不会有兴趣去写诗或研究历史。

2. 安全的需要

人的生理需要基本得到满足后就会产生新的需要,即安全的需要。安全的需要指对生活在无威胁、能预测、有秩序的环境中的需要。如生命安全、财产安全、职业安全和心理安全等需要,以求得安全感。

3. 归属与爱的需要

即社交需要,包括对友谊、爱情以及隶属关系的需求。它表明人渴望亲密的感情关系,不甘被孤立或疏离。当生理需求和安全需求得到满足后,社交需求就会突出出来,进而产生激励作用。在马斯洛需求层次中,这一层次是与前两层次截然不同的另一层次。

4. 尊重的需要

是个人对自己的尊重与价值的追求。社会中每个人都有自我尊重和尊重别人的需要。前者指自信、自强、好胜、求成等，后者指希望获得别人的重视、赞许等。

5. 自我实现的需要

自我实现的需要是指实现个人理想、抱负，最大限度地发挥一个人的潜能的需要，即获得精神层面的至高人生境界的需要。自我实现的需要是人的最高层次的需要。它的产生依赖于前面的基本需要的满足。

三、动机

（一）动机的概念

动机（motion）是指引起和维持个体活动，并使活动朝向某一目标的内部动力。动机与需要是紧密联系的。如果说需要是人的活动的基本动力的源泉，那么，动机就是推动这种活动的直接力量。动机是以需要为基础的，还必须有外部刺激（即诱因）的作用，需要和刺激是动机产生的两个必要条件。需要产生之后，不一定就变成推动人进行活动的动机。需要变成动机往往有一个发展过程。一般可以把动机的产生过程概括为4个环节：需要的产生—需要被意识到—需要和刺激相结合—产生活动动机。

（二）动机的种类

人类的动机极为复杂多样，因而分类角度也很不相同。

1. 生理性动机和社会性动机

根据动机的起源，可以把动机分为生理性动机和社会性动机。起源于有机体生理需要的动机称为生理性动机，如饥饿动机和干渴动机。起源于社会性需要的动机称为社会性动机，如成就动机和交往动机。

2. 内在动机和外在动机

根据引起动机的原因，可把动机分为内在动机和外在动机。内在动机是指人的行动出自本身的自我激发。外在动机是指行动的推动力，是外力诱发出来的。这两种动机缺一不可，必须结合起来才能对个人行为产生更大的推动作用。

3. 长远动机和短暂动机

根据动机的影响范围和持续作用的时间，可把动机分为长远动机和短暂动机。

4. 主导性动机和辅助性动机

根据动机在活动中所起作用的大小，可以把动机分为主导性动机和辅助性动机。主导性动机是指在活动中所起作用较为强烈、稳定、处于支配地位的动机。辅助性动机是指在活动中所起作用较弱、较不稳定、处于辅助性地位的动机。活动的动机及方向是由主导性动机控制的。

（三）动机的功能

动机是在需要的基础上产生的，它对人的行为活动具有以下 3 种功能。

1. 激活功能

动机能激发一个人开始进行某种活动，对行为起着始动作用。

2. 指引功能

动机不仅能唤起行为，而且能使行为具有稳固和完整的内容，使人趋向一定的志向。动机是引导行为的指示器，使个体行为具有明显的选择性。

3. 维持和调整功能

动机能使个体的行为维持一定的时间，对行为起着续动作用。当活动指向于个体所追求的目标时，相应的动机便获得强化，因而某种活动就会持续下去；相反，当活动背离个体所追求的目标时，就会降低活动的积极性或使活动完全停止下来。

（四）需要与动机

需要和动机是有区别的，需要是人积极性的基础和根源，动机是推动人们活动的直接原因。人类的各种行为都是在动机的作用下向着某一目标进行的。而人的动机又是由于某种欲求或需要引起的。

但不是所有的需要都能转换为动机,需要转化为动机必须满足两个条件。第一,需要必须有一定的强度。第二,需要转化为动机还要有适当的客观条件,即诱因的刺激,它既包括物质的刺激也包括社会性的刺激。有了客观的诱因才能促使人去追求它、得到它,以满足某种需要;相反就无法转化为动机。

(五) 动机冲突

实际生活中,常同时存在着很多动机。这些动机的强度又是随时变动的。任何时候,驱动人的行动都是由动机结构中最强的主导动机所决定。但是,主导动机的确立常常不那么顺利,其动机结构中可同时存在性质和强度非常相似或相互矛盾的动机,使人难以取舍,这就形成了动机冲突。动机冲突有3种基本形式。

1. 双趋冲突

两个目标对个人具有相同的吸引力,并引起相同强度的动机。迫于情势,二者必选其一。例如,有的患者既想住院治病,同时又放不下手中的工作。

2. 双避冲突

两个事物同时对个人会造成威胁或厌恶,产生同等强度的逃避动机。但迫于情势,必须接受一个,才能避免另一个。

3. 趋避冲突

对单一事物同时产生两种动机,一方面是好而趋之,一方面又恶而逃之。如有些术前患者,既想通过手术解除病痛,又担心手术可能影响机体的某些功能。

四、能力

(一) 能力的概念

能力(ability)是人成功地完成某种活动所必需的个性心理特征,它是一种与活动要求相适应并影响活动效果的个性心理特征的综合表现。首先，能力是和活动紧密相连的，离开了具体活动，能力就无法形成和表现。例如，一个教师的教学能力只有在教学活动中才能显现出来。其次，能力是顺利完成某种活动直接有效的心理特征，而不是顺利完成某种活动的全部心理条件。因为成功完成某种活动受许多主观因素的影响，如知识经验、性格特征、兴趣爱好等，但这些都不直接影响活动的效率，不直接决定活动的完成，而只有能力才有这种作用，它是完成某种活动所必备的心理特征。例如，教师完成教学活动需要有语言表达能力、教材的组织能力、逻辑思维能力和敏锐的观察力，等等。

（二）能力、知识和技能

能力是一种个性心理特征，它与知识、技能有着密切的关系，但它们又各有区别。一方面，能力决定着一个人在知识、技能掌握上可能获得的成就；另一方面，能力的发展却又是在掌握和运用知识、技能的过程中完成的。我们掌握知识、技能是以一定能力为前提的。能力可以制约和影响掌握知识、技能的快慢、深浅、难易和巩固程度；而知识的掌握又会导致能力的提高。因此这两者有着密切关系但又不是同一事情。技能是由于练习而巩固了的行动方式。技能的形成主要是通过反复练习而使行动的方式巩固下来。在不同的人身上可能有着同样的知识水平和技能，但他们不一定具有同样水平的能力，而具有相同水平能力的人也不一定获得同样水平的知识和技能。

（三）能力的差异

人的能力是有差异的，这种差异表现在质和量及发展速度方面。质的差异表现在各人不同的特殊能力或能力类型上的差异；量的差异则表现在能力发展水平差异和能力表现在年龄上的差异。人的知觉能力、记忆能力、想象能力、言语能力和思维能力等诸多方面都会表现出类型的差异；在相同的条件下，如果一个人在某种活动中表现出比他人较好的成就，则说明在能力上具有较高的发展水平。

1. 能力水平的差异

能力水平的差异主要是指智力上的差异。它表明人的能力发展有高有低。研究发现，就一般能力来看，在全世界人口中，智力水平基本呈常态分布。在现实生活中，个人的能力是存在差异的，表现在学习、工作和从事有关各种活动方面。在学习上，能力强的人接受知识快而且牢固；能力差的人则接受知识慢、费力且不巩固。能力的高低可以影响一个人的事业成就。

2. 能力类型差异

能力类型差异是指构成能力的各种因素存在质的差异，主要表现在知觉、记忆、言语和思维方面。

知觉方面的差异有3种类型：综合型，即知觉具有概括性和整体性，但分析能力较弱；分析型，即知觉具有强的分析能力，对细节感知清晰，但整体性较差；分析综合型，具有上述两种类型的特点，即同时具有较强记忆类型的差异，根据人们怎样记忆材料可分为：视觉型（运用视觉记忆效果好）；听觉型（运用听觉记忆效果好）；运动型（有运动参加时记忆效果较好）；混合型（运用多种记忆效果较好）。

言语和思维方面，人的言语和思维也存在着类型差异。有些人的言语特点富于形象性，情绪因素占优势，属于生动的言语类型；有的人言语特点富于概括性，逻辑因素占优势，属于逻辑联系的言语类型；还有居两者之间的混合型。

3. 能力发展早晚的差异

能力的个别差异还表现在能力发展的早晚上。有些人在儿童早期就表现出优异的能力，但也有"大器晚成"者。

（四）智力

1. 智力

智力（intelligence）是指认识方面的各种能力的综合，其核心是抽象逻辑思维能力。智力主要包括观察力、记忆力、思维能力、想象能力与实践活动能力，属于一般能力。智力不仅表现在知识本身的积累或技术的熟练方面，更重要的是在于获得知识、技能的动态方面。即表现为对复杂事物的认识、领悟能力和在分析解决疑难问题的正确性、速度和完善性等方面。因此，智力主要集中于人的认识活动和创造活动上。

2. 智商

智力商数（intelligence quotient，IQ）简称智商，是通过智力测验得出来的结果，是对智力水平间接的推测和评估。一般来说，一个人的智力水平在一生中是发展变化的，而智商却保持在一个相对稳定的水平。

3. 情商

情商（emotional quotient，EQ）又称情绪智力，是近年来心理学家们提出的与智力和智商相对应的概念。它主要是指人在情绪、情感、意志、耐受挫折等方面的品质。以往认为，一个人能否在一生中取得成就，智力水平是第一重要的，即智商越高，取得成就的可能性就越大。但现在心理学家们普遍认为，情商水平的高低对一个人能否取得成功也有着重大的影响作用，有时其作用甚至要超过智力水平。

五、性格

（一）性格的概念

性格（character）是人稳定的个性心理特征，它是指人对客观现实的态度及与之相适应的习惯化的行为方式。性格受意识倾向性的制约，能反映一个人的生活经历及本质属性。性格是人的心理的个别差异的重要方面，人的个性差异首先表现在性格上。

（二）性格的特征

1. **性格的态度特征**

指人在对待客观事物态度方面的性格特征。

2. **性格的意志特征**

指人对自己行为的自觉调节和调节水平方面的心理特征。

3. **性格的情绪特征**

指一个人在情绪的强度、稳定性和持久性以及主导心境方面的性格特征。

4. **性格的理智特征**

指人在感知觉、记忆、思维和想象等认知方面的性格特征。

上述性格的各个方面的特征是互相联系、不可分割的。当这4个方面的性格特征体现在具体人身上时就形成了这个人特有的性格结构。一个人的行为总是受其性格结构制约的。

（三）性格类型

性格类型是指某些性格特征的独特结合。但由于性格的复杂性，性格类型的划分迄今也没能达成共识，这里仅介绍几个有代表性的分类。

1. 内倾型和外倾型

这是瑞士心理学家卡尔·荣格（Jung C. G.）的观点。荣格根据一个人里比多的活动方向把性格划分为内倾型和外倾型，也称内向型和外向型。里比多指个人内在的、本能的力量。里比多活动的方向可以指向于内部世界，也可以指向外部世界。内倾者其关注点指向主体自身，按自己对客观事物的认识来活动。其特点是处世谨慎，好沉思，善内省，孤僻寡言，缺乏自信，反应缓慢，多愁善感，交际面窄，适应环境能力差；外倾者的兴趣和关注点朝向外部的事物，其心理活动主要由外界与自身的关系引起和支配。

2. 以心理机能优势分类

这是英国的亚历山大·培因（Bain A.）和法国的李波特（Ribot T.）提出的分类法。他们根据理智、情绪、意志3种心理机能在人的性格中所占优势不同，将人的性格分为理智型、情绪型、意志型。理智型的人通常以理智来评价周围发生的一切，并以理智支配和控制自己的行动，处世冷静；情绪型的人通常用情绪来评估一切，言谈举止易受情绪左右，这类人最大的特点是不能三思而后行；意志型的人行动目标明确，主动、积极、果敢、坚定，有较强的自制力。除了这3种典型的类型外，还有一些混合类型，如理智—意志型，在生活中大多数人是混合型。

3. 场独立型和场依存型

美国心理学家赫尔曼·威特金（Witkin H. A.）等人根据人的信息加工方式的不同提出了性格场学说，根据场的理论，将人的性格分成场依存型和场独立型。前者也称顺从型，后者又称独立型。场依存型（field-dependent，FD）者，倾向于以外在参照物作为信息加工的依据，他们易受环境或附加物的干扰,常处于被动、服从的地位,缺乏主见,受暗示性强,这类人社会敏感性强,善于社会交际。

4. A型性格和B型性格

弗雷德曼(Friedman JL)在研究心脏病与个性特征的关系时,把人的性格划分为A型和B型。根据两种性格的人的外在行为,也称其为A型行为和B型行为。A型性格的人常充满成功的理想,进取心特别强,性情急躁、情绪不稳、爱发脾气。他们争强好胜,怀有戒心或敌意。醉心于工作、行动快捷、办事效率高,但缺乏耐性,常有时间紧迫感等特点。与其相反的B型性格的人是非竞争型的,常悠闲自得,无时间紧迫感;处事有耐心,容忍力强,很少有敌意,遇到阻碍反应平静,情绪稳定。

5. 艾森克的性格理论

艾森克(Eysenck HJ)是一位著名的研究人格的心理学家。他提出了人格结构的层次性质理论。在这个理论中,艾森克主要分出了人格结构的两个维度:①人格的内倾与外倾;②人格的稳定与不稳定,有时也称高神经质与低神经质的维度或情绪性维度。

根据人格的两个维度,艾森克把人分成4种类型,即稳定内倾型、稳定外倾型、不稳定内倾型与不稳定外倾型。

稳定内倾型表现为温和、镇定、安宁、善于克制自己,相当于黏液质的气质;稳定外倾型表现为活泼、悠闲、开朗、富于反应,相当于多血质气质;不稳定内倾型表现为严峻、慈爱、文静、易焦虑,相当于抑郁质气质;不稳定外倾型表现为好冲动、好斗、易激动等,相当于胆汁质气质。

图2-3内的小圆代表4种传统的气质类型,大圆代表了按两个维度区分的4种人格类型。从图上可见到,艾森克关于人格结构的理论,是以传统的气质理论为基础,它所表明的人格特点,也是以个体的心理活动和行为的外部动力特点为主要内容的。

有关人格结构的基本表现,上面只提到两个维度。但实际上一个人的性格要比此复杂得多,后来,艾森克及同事经研究提出过四、五或更多的维度。艾森克人格问卷就是测定人格维度的自陈量表。该量表包括4个量表:E(内外倾量表),N(情绪稳定性量表),P(精神质量表),L(效度量表)。前三者为人格的三个维度,它们是彼此独立的。

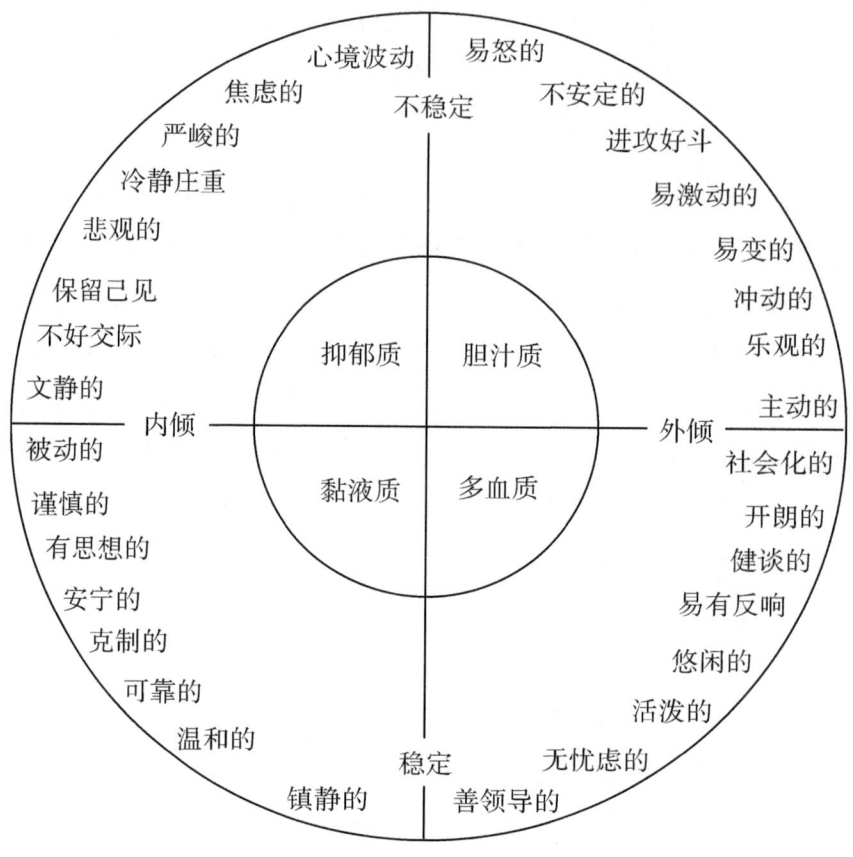

图 2-3 艾森克的个性维度图

(四)性格与气质、能力的关系

1. 性格与气质

由于性格与气质相互制约、相互影响,因而在实际生活中,人们经常把两者混淆起来,把气质特征说成性格,或把性格特征说成气质。例如,有人常说某人的性格活泼好动,有的人性子太急或太慢,其实是讲的气质特点。性格与气质是既有区别又有联系的两种不同的个性心理特征。

2. 性格与能力

性格与能力是个性心理特征中的两个不同侧面。性格与能力不同,能力是决定心理活动的基本因素,活动能否进行,这与能力有关;性格则表现为人的活动指向什么,采取什么态度,怎样进行。性格与能力是在一个人的统一实践过程中发展起来的,两者之间相互联系、相互影响。性格制约着能力的形成与发展。

六、自我意识

(一) 自我意识的概念

"自我"的概念有很多含义，自我分为主体我（I）和客体我（me）。自我意识（self-consciousness）是指个体对自己已经形成的心理特点和正在发生进行的全部心理活动的认识，以及自己与外界事物相互联系的认识。

(二) 自我意识的特性

1. 自我意识的社会性

自我意识是在人类进化演变过程中，为了适应社会群体协作的方式而产生的，是在分工协作的社会集体劳动中发展起来的。随着社会的发展、人际关系的复杂化而使自我意识具有更多的社会性。从个体的发展看，自我意识的发生和发展也是一个社会化过程。随着人的年龄增长，在与周围的人们交往中，观察别人的态度，关注他人对自己的评价和判断，并把这些内化，整合为自己的心理模式。此后就以此为评价和改善自己行为的标准。

2. 自我意识的能动性

自我意识的发生和发展是人的意识区别于动物心理的重要标志。动物只是单纯地适应外界环境，而人则能改变外界环境，掌握自己。

3. 自我意识的同一性

具有自我意识的个体总是在发展变化的，但对自身的本质特点，自己的信仰，一生中的行动以及其他心身重要方面的基本认识和基本态度却始终保持一致。自我意识的同一性标志个人的内部状态与外部环境的协调一致。同一性不稳定是自我意识不成熟的表现，如果已建立起来的同一性发生混乱，将出现心理障碍。

(三) 自我调控系统

自我意识的结构是从自我意识的第三层次，即从知、情、意3个方面分析的，包括自我认识、自我体验和自我调节。调控着个体的心理活动和行为。

1. 自我认识

自我认识是自我意识的认知成分。是对自己的洞察和理解，是对自己的心理活动和行为调节控制的前提。它是自我意识的首要成分，也是自我调节控制的心理基础，它又包括自我感觉、自我概念、自我观察、自我分析和自我评价。自我分析是在自我观察的基础上对自身状况的反思。

2. 自我体验

自我体验是自我意识在情感方面的表现。自尊心、自信心是自我体验的具体内容。自尊心是指个体在社会比较过程中所获得的有关自我价值的积极的评价与体验。自信心是对自己的能力是否适合所承担的任务而产生的自我体验。自信心与自尊心都是和自我评价紧密联系在一起的。自我体验的调节作用可概括为以下3个方面：第一，使认识内化为个人的需要和信念；第二，引起和维持行动；第三，制止自己行为。

3. 自我调节

自我调节是自我意识在意志行动上的表现。自我调节主要表现为个人对自己的行为、活动和态度的调控。它包括自我检查、自我监督、自我控制等。自我检查是主体在头脑中将自己的活动结果与活动目的加以比较、对照的过程。自我监督是一个人以其良心或内在的行为准则对自己的言行实行监督的过程。自我控制是主体对自身心理与行为的主动的掌握。自我调节是自我意识中直接作用于个体行为的环节，它是一个人自我教育、自我发展的重要机制，自我调节的实现是自我意识的能动性质的表现。

参考文献

[1] Ginsberg MD, Busto R. Rodent models of cerebral ischemia. Stroke, 1989, 20: 1627 – 1642

[2] Garcia JH, Yoshida Y, Chen H. Progression from ischemic injury to infarct following middle cerebral artery occlusion in the rat. American Journal of Pathology, 1993, 142 (2): 623 – 635

[3] Glick SD, Ross DA. Right-sided population bias and lateralization of activity in normal rats. Brain Research, 1981, 205: 222-225

[4] Napieralski JA, Banks RJ, Chesselet MF. Motor and somatosensory deficits following uni- and bilateral lesions of the cortex induced by aspiration or thermocoagulation in the adult rat. Experimental Neurology, 1998, 154: 80-88

[5] Pence S. Paw preference in rats. Basic Clinical Physiology and Pharmacology, 2002, 13: 41-49

[6] Tang AC, Verstynen T. Early life environment modulates handedness in rats. Behavioral Brain Research, 2002, 131 (1): 1-7

[7] Betaneur C, Neveu PJ, Le Moal M. Strain and sex differences in the degree of paw preference in mice. Behavioral Brain Research, 1991, 45 (1): 97-101

[8] Elalmis DD, ZGüNEN KT, Binokay S. Differential contributions of right and left brains to paw skill in right- and left-paw female rats. Intern. J. Neuroscience, 2003, 113: 1023-1042

[9] Robinson RG. Differential behavioral and biochemical effects of right and left hemispheric cerebral interaction in rat. Science, 1979, 205: 707-710

[10] Cohen JD, Castro-Alamancos MA. Skilled motor learning does not enhance long-term depression in the motor cortex in vivo. J Neurophysiol, 2005, 93 (3): 1486-1497

[11] Rousselet GA, Mace MJ, Fabre-Thorpe M. Is it an animal? Is it a human face? Fast processing in upright and inverted natural scenes. J Vis, 2003, 3 (6): 440-455

第三章
老年心理学基础理论

本章导读

· 行为学习理论
· 精神分析理论
· 认知理论
· 人本主义理论
· 祖国传统医学的心理学思想

第一节 行为学习理论

行为主义（behaviorism）是由美国心理学家华生在1913年创立的。该理论主张简单、明确、大胆。华生认为心理学要成为一门科学就应该只研究能观察到的并能客观地加以测量的刺激和行为（stimulus-response，即S-R）。为了客观性和可靠性，心理学应摒弃意识、意象（华生称之为"黑箱"），只研究行为。而人和动物除了少数行为是遗传的，各种行为都是后天习得的。

行为主义将学习分为3种基本形式。

1. 经典性条件反射

巴甫洛夫通过动物实验提出了经典性条件反射（classical conditioning reflex）学说。即将无条件刺激与条件刺激多次结合就能在条件刺激和反应之间建立联系，形成条件反射。如狗进食会分泌唾液，这是无条件反射，是先天的，食物即无条件刺激。而铃声则是无关刺激。现在每次进食前都给以铃声，多次反复后，狗即学会对铃声产生反应，即只出现铃声不出现食物时，狗也会分泌唾液。这样铃声即作为条件刺激引起了条件反射。人类的许多行为就是通过学习形成的。无条件刺激多次与一定情境、事物相联系，我们就学会对一定情境和事物做出一定反应。经典条件反射的特点：

（1）强化（reinforcement）：是指环境刺激对个体的行为反应产生促进过程。如果两者结合的次数越多，条件反射形成就越巩固。例如，经常上医院打针的儿童就容易对酒精产生条件反射性恐惧和害怕的反应。

（2）泛化（generalization）：是反复强化的结果，不仅条件刺激本身能够引起条件反射，而且某些与之相似的刺激也可引起条件反射的效果，其主要机制是大脑皮质内兴奋过程的扩散。长期打针的儿童，不仅看到注射器或药物会产生条件反射性恐惧，而且看到穿白大衣的人也会出现害怕反应。

（3）消退（extinction）：是指非条件刺激（unconditional stimulus，

UCS）长期不与条件刺激（conditional stimulus，CS）结合，已经建立起来的条件反射消失的现象。儿童如果很长时间没有生病打针，对注射器或酒精的恐惧就可能逐渐消失。但国外的一些研究认为，躯体的不愉快条件反射一旦形成，就较难消退。

2. 操作性条件反射或工具性条件反射

斯金纳则通过他制作的斯金纳箱证明了操作性条件反射（operative conditioning reflex）建立过程：在箱内有一特殊装置，压一下杠杆就会出现食物。将一只饿鼠放入箱内，它会在里面乱跑乱碰，自由探索，偶尔一次压杠杆就得到食物。记录老鼠压杠杆的频率越来越多，即学会压杠杆来得到食物。此行为即属操作性条件反射或工具性条件作用（instrumental conditioning），食物即为强化物。人类更多有意义的学习是通过操作性条件作用形成的。

3. 观察学习

社会学习论者班都拉指出人类不光能通过直接强化来形成新行为，而且能通过观察模仿别人而形成新行为。如在其著名的玩偶实验中，让两组儿童分别观察成人的两种行为：与玩偶安静相处或攻击玩偶。结果是观察到成人攻击行为的儿童大多出现攻击行为，并准确模仿了大人的攻击行为模式，而另一组儿童则很少出现攻击行为，班都拉认识人类的行为大量来自于观察学习。儿童通过模仿周围环境中的人物（父母、教师、同伴等）的行为举止、言谈、态度等，形成自己的模式。所以，"近朱者赤，近墨者黑"。提供良好的榜样是形成和改善人的行为的有效手段。观察学习论即注意到认知因素对人的行为的影响。

4. 内脏操作条件反射

1967年米勒（Miller NE）进行了内脏学习（visceral learning）实验，证实了内脏反应也可以通过操作性学习加以改变。他的实验也称为内脏操作条件反射。

在内脏学习实验中，米勒用给予食物强化的方式，对动物的某一种内脏反应行为，例如，心率的下降（R）进行奖励（S），经过这种选择性的定向训练之后，结果动物逐渐学会了"操作"这种内脏行为，使心率下降。

第二节 精神分析理论

精神分析理论（psychoanalysis）属于心理动力学理论（psychodynamic theory），产生于19世纪末20世纪初，其创始人是奥地利精神病医生弗洛伊德（Sigmund Freud，1856—1939）。该理论不仅是现代心理学中影响最大的理论，而且也是20世纪影响人类文化最大的理论之一。虽然目前心理学理论众多，但是，弗洛伊德的位置是无法撼动的。精神分析理论主要包括以下几个方面。

一、潜意识理论

弗洛伊德将人的心理活动分为3个部分：意识（consciousness）、前意识（preconsciousness）和潜意识（unconsciousness）。

（1）意识：人们当前注意到的，正在进行的心理活动，片段的、暂时的，能用语言表达的思想。

（2）前意识：人们当前未注意到、不属于意识，但经提醒或集中精力回忆能很容易进入意识的心理活动。它是介于意识和无意识之间的过渡状态。

（3）潜意识：又称无意识，指本能冲动和被压抑的欲望，因不符合社会道德理智，而不能用语言表达的，不能进入意识被个体察觉的心理活动。

二、人格结构理论

弗洛伊德认为人格结构由本我、自我、超我3个部分组成。

（1）本我（id）：是与生俱来的本能部分。新生儿的心理仅由本我组成，其活动纯粹由生物冲动（饥、渴、睡觉等）所驱使。本我按"快乐原则"行事。它是无意识的，与外部世界没有联系。

（2）自我（ego）：随着个体成长，人格的第二部分——自我开始发展、形成。它与外部现实有接触，一部分是有意识的。自我的机能主要是寻求本能冲动得以满足的方式，而同时保护整个机体不受伤害。它遵循的是"现实原则"，为本我服务。

（3）超我（superego）：超我是人格中最晚出现的成分，它由良心和自我理想组成，是人格道德的维护者。它是社会道德和价值观内化的表现。一旦形成，就会自我评价、衡量行为，达到自我控制。超我要求自我按社会可接受的方式去行事。所以，它遵循的是"道德法则"。

三、性本能理论

弗洛伊德的性心理发展阶段（psychosexual stage）分为以下5个时期：

（1）口唇期（oral stage，0~3岁）：力必多集中于口唇，婴儿的快乐也多得自于口腔活动：从吸吮、咀嚼、吞咽等活动中获满足。

（2）肛门期（anal stage，1~3岁）：力必多集中于肛门，主要从自主控制和排泄大小便中获得快感。

（3）生殖器期（phallic stage，3~6岁）：从对性器官的刺激中获得快乐，喜欢触摸性器官。

（4）潜伏期（latent stage，7岁至青春期）：性趣从自己的身体转向外界事物，快乐来自于丰富多彩的学习、游戏、交友等外在活动中。

（5）生殖期（genital stage，青春期后）：性需求转向年龄相似的异性，开始有性意识、家庭意识，进入成熟的两性性爱阶段。

性心理发展5个阶段的经验，尤其是前3个阶段的经历，会直接影响到人格的形成。在这3个时期如果对个体行为过分限制或过分放纵，会导致个体在需求上未能满足，从而产生发展迟滞现象，即固着作用（fixation），如口唇人格（oral character）在行为上表现为贪吃、酗酒、吸烟、咬指甲以及一些与咬有关的象征性行为，如挖苦、讥笑、讽刺、荒唐等。而肛门期大小便卫生习惯训练是个关键：若管制过严，形成肛门期固着会使成人后形成"肛门期人格（anal character）"，生理上有便秘现象，行为上表现吝啬、小气、整洁以及至善主义倾向。而且在这3个发展阶段中会出现某些特殊的"情结"（complex），若不能顺利地解决也会影响成人后的人格。如"生殖器期"男孩出现的"恋母情结"（Oedipus complex），即喜欢自己的母亲而嫉妒父亲。

四、释梦理论

弗洛伊德在其《梦的解释》一书中详细论述了他关于梦的学说。他认为梦是通向潜意识的一条迂回的道路。通过梦的分析可以发现神经症患者被压抑的欲望,并且梦的分析也可作为治疗神经症的一种方法。弗洛伊德是心理决定论者,认为人的心理活动有严格的因果关系,没有一件事是偶然的。

梦也绝不是偶然形成的联想,而是欲望的满足。在睡眠时,超我的检查作用松懈。潜意识中的欲望绕过抵抗,并以伪装的方式乘机闯入意识而成为梦。可见梦是对清醒时被压抑到潜意识中的欲望的表达。当然这种表达并不是直接的,而是曲折的、委婉的。所以,梦的由来并不是被压抑的欲望的本来面目,还得加以分析和解释,才能寻得其真正的根源。弗洛伊德把梦境分为"显梦"和"隐意"。显梦是指人能回忆起来的梦境,隐意是指隐藏在梦境中的欲望。做梦好比制造谜语,显梦是谜面,隐意是谜底。将潜意识欲望转化为显梦的过程称为"梦的工作",由显梦揭示隐意的过程称为梦的分析。"梦的工作"有4个基本过程:

(1) 凝结,即把隐意中共同的成分在显梦中合二为一。
(2) 移置,即往相反方向变。
(3) 象征,即把隐梦中的思想化为现象,以现象象征思想。
(4) 润饰,即将隐意加以戏剧化,合成一个连贯的整体。

释梦(dream analysis,梦的分析)则要从以上方面去挖掘,寻找梦中隐匿的含义。借助对梦的分析,解释就可以窥见人的内部心理,发现其潜意识中的欲望和冲突。所以,释梦可以用来治疗神经症患者。

五、心理防御机制理论

弗洛伊德认为在遇到挫折与冲突时一旦"本我"和"超我"之间的矛盾冲突达到"自我"不能调节的程度就会引起一种弥散性的恐惧感——焦虑,而焦虑则可以引发潜意识的心理防御机制。心理防御机制的运用可使个体不知不觉地解除烦恼,减轻内心的不安和痛苦。保持精神活动的平衡与稳定。心理防御机制是在潜意识中运用的,是"自我"为了防止由于"超我"的限制而不能直接表达动机愿望,使以某种歪曲现象的方式来减轻心理冲突和消除焦虑。通过心理防御机制使"本我"得到一定的表现而不能使"超我"为现实所接受,不引起"自我"的焦虑反应。常见的心理防御机制有压抑、否认、透射、退化、隔离、抵触、内设、合理化补偿、升华、幽默等,每一个个体会使用某一种防御机制来应付生活中的挫折以减少焦虑。但人们所遇到的挫折和冲突是多种多样的。常常是多个防御机制组合起来同时运用,因其中多数防御机制对人格发展会产生不良的影响,所以,会导致病态行为和精神障碍。

第三节　认知理论

"认知",从信息加工角度来说,指信息为人接受之后经历的转换、简约、合成、储存、重建、再现和使用等加工过程。认知是一种心理功能,包括内容和形式两方面,前者指认知活动所涉及的特殊事件,后者指认知活动的内在结构。认知同其他生理适应活动一样,具有同化(assimilation)和顺应(accommodation)两个互补的方面。

一、认知的特点

由于认知概念的提出在很大程度上是与大脑信息加工过程理论密切相关的,因此,广义的认知概念包括传统心理学中的多种心理活动,如感觉、知觉、注意、记忆等与认知的接受过程密切相关。认知的特点如下。

1. 认知的多维性

宋代文豪苏东坡曾写过一首诗:"横看成岭侧成峰,远近高低各不同。不识庐山真面目,只缘身在此山中。"说明尽管事物只有一个,但从不同角度看就会有不同的认识或看法。

2. 认知的相对性

毛泽东曾说过:"事物都是一分为二的",提倡人们要学会"两分法"来认识和处理问题。实际上,许多事物都是由两个相对的部分组成一个整体,事物有好坏之分。

3. 认知的联想性

人类的认知活动并不仅是感知觉的活动，而是包括了思维、想象等心理过程，同时也与人的智力及其既往经验有关。由于认知具有联想性的特点，因此个体的认知并不真实地反映客观事实，其中包含了想象和思维成分，而且渗入了情感因素。

4. 认知的发展性

由于认知活动与一个人的知识结构、文化程度和所处社会文化环境等因素相关，因此人的认知功能有其历史性或发展性的特点。

5. 认知的先占性

在日常生活中，人认知过程经常会发生"先入为主"的现象或以"第一印象"来判断和解决问题，这便是认知的先占性。认知的先占，在某些情况下是有益的，如人们通过检验认知的实践效果，"吃一堑，长一智"。

6. 认知的整合性

由于认知活动包括了识记信息、处理信息的过程，不仅有感知觉、记忆、思维等心理活动的参与，而且有判断和解决问题的过程，因此，认知功能的另一特点是整合性。所谓整合，就是个体最终表现出对某一事物的整体认知或认识，往往是综合了有关感知、记忆、思维、理解、判断等心理过程之后获得的。一般正常成人因为认知整合性的特点会经常自我修正一些认知错误和偏见，学会自我调节。

二、认知对情绪和行为的决定作用

认知对情绪和行为的调节作用。沙赫特的情绪两要素观点：生理唤醒产生了认知的解释；认知活动用以区分情绪。在有些情况下，认知先于唤醒，如人只有知道了野兽的凶猛，然后在森林里见到野兽时才会引起生理唤醒；在另外的情况下，唤醒可能先出现，然后才去寻求认知解释。由于情绪的生理唤醒是模糊不清的，几种不同的情绪可有相同或相似的生理唤醒，所以，认知对生理唤醒进行标志，决定能产生哪一种情绪。沙赫特通过实验论证了情绪受到认知解释的调节这一观点。

阿诺德的情绪认知评价理论：阿诺德认为情绪是个体对事件进行直觉

评价的结果。在个体感受到某种情绪之前，事件必须先为个体感知，做出好或坏的评价。直觉评价具有主观的和生理的两种成分，并受到以往记忆经验的影响，这就是再评价过程。阿诺德的理论又经后人进一步强调，认为每种情绪反应都是一种特定种类的认知或评价的功能，并进一步将情绪反应系统分为3个子系统，即输入变量（刺激性质）、评价和反应形式（包括认知、生理和操作性反应3种）。他的工作为认知治疗和个体对付应激提供了更细致的分析框架。

三、与心理治疗有关的认知理论

比较重要的理论有埃里斯的 ABC 理论。他认为在环境刺激或诱发事件（A）和情绪后果（C）之间有信念或信念系统（B）。他指出，人天生具有歪曲现实的倾向，造成问题的不是事件，而是人们对事件的判断和解释。人也能够接受理性，改变自己的不合理思考和自我挫败行为。由于情绪来自思考，所以改变情绪或行为要从改变思考着手。他的合理情绪疗法就是促使患者认识自己不合理的信念以及这些信念的不良情绪后果，通过修正这些潜在的非理性信念，最终获得理性的生活哲学。

在此基础上贝克提出了情绪障碍认知理论，认为各种生活事件导致情绪和行为反应时要经过个体的认知中介。情绪和行为不是由事件直接引起的，而是经由个体接受、评价，赋予事件以意义才产生的。每个人的情感和行为在很大程度上是由其自身认识外部世界、处世的方式方法决定的，也就是说一个人的想法决定了他的内心。贝克还归纳了认知过程中常见的认知歪曲的5种形式，即任意的推断、选择性概括、过度引申、夸大或缩小和"全或无"思维。

第四节 人本主义理论

人本主义理论（humanistic psychology）是20世纪50—60年代在美国兴起的一个心理学派。其代表人物是马斯洛（Abraham Maslow，1908—

1970）和罗杰斯（Carl Rogers，1902—1987）。

因它强烈冲击着传统的精神分析学派和行为主义学派，代表了心理学新的发展方向，所以被称为心理学中的第三势力。人本主义反对将人的心理低俗化、动物化的倾向。认为精神分析是伤残心理学（只研究心理变态者），行为主义是幼稚心理学（研究动物和儿童心理为主）。

一、马斯洛的需求层次论

马斯洛的需求层次论（need hierarchy theory）认为动机是驱动个体发展的心理动力。动机则是由需要产生。需求五层次如图3-1所示。

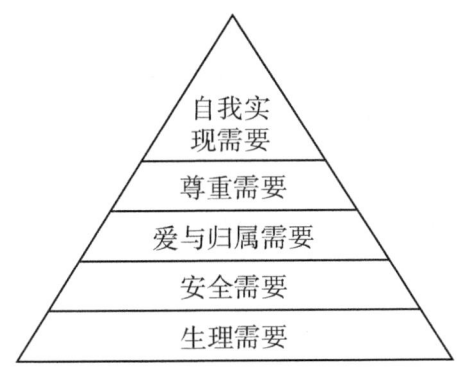

图3-1 需求五层次

生理需要：如摄食、饮水、睡眠、性等。

安全需要：生理需要满足后便会产生生活安定、收入稳定、职业安全、生活不受各种威胁的安全感需要。

爱与归属需要：包括被别人接纳、爱护、关注、欣赏、鼓励、支持等需要。

尊重需要：包括受人尊重与自我尊重两个方面。

自我实现需要：当以上基本需要得到满足时，人会产生趋向真善美至高人生境界的需要——自我实现的需要，即希望所有能力得到最高发展和使用，自我实现的需要是人最高层次的需要。

马斯洛的需要层次学说反映了人类需要的基本事实，有一定的参考价值。但他认为人实现多层次需要的动力是先天的潜能决定的，这是违背历史唯物主义的，同时，他把需要逐层次上升看得太机械，而事实上在特殊情况下，某些人完全可以舍弃低层次而服从于高层次的需要。

二、罗杰斯的人本主义理论

罗杰斯认为人性是善的,人本性是向上的,是实现自己理想的自我实现者。其论点为:

(1) 重视个体经验,提倡从人的主观意识出发。

(2) 自我实现,人生下就有一种发展的潜能,即一种生长和发展的个人倾向。

(3) 个体的主要动机力量是指生长和自我实现的趋势。

(4) 自由意志,人都是希望自由的,由自己的意志决定自己的行为,计划自己的命运,自我选择,自我指导的。

虽然人本主义学派矫治疗法在美国应用较为广泛,但是,由于其理论方面过于强调自我和人的需求和动机,机械地划分层次,尚有许多临床问题得不到解决。

人的行为被假定为内部矛盾冲突的产物,是精神动力学的看法;而人的行为被假定为对环境刺激的反应或反射,又是行为学派的看法。人本主义理论则不强调这些因素,它把人的意识经验视为人的行为基础,即不赞成精神分析学派把人看成本能的牺牲品,认为人的行为是非理性的过程所决定的,道德与善行是非自然的悲观看法。同时,它也反对行为主义把人视为"巨大的白鼠",排斥道德、伦理和价值观念的机器人心理学。因此人本主义理论认为人是具有潜能和成长着的个体,如果各方面发展良好,人就可以让意识指引其行为直到完全实现其最大潜能,成为一个独特个体。心理或行为障碍的产生乃是由于其个人成长受到阻抑所致。自我意识不良和他人施加的价值条件(conditions of worth)是引起心理问题的根源,而这些问题是可通过治疗来消除的。

对马斯洛的观点存在着许多争论。许多人从不同的角度批评马斯洛的观点或者提出自己的需要层次学说,但到目前为止,马斯洛的观点仍然是被广泛传播的一种。

罗杰斯认为刚出生的婴儿并没有自我的概念,随着与他人、环境的相互作用,开始慢慢地把"我"与"非我"区分开来。当最初的自我概念形成之后,人的自我实现趋向开始激活,在自我实现这一股动力的驱动下，儿童在环境中进行各种尝试活动并产生出大量的经验。通过机体自动的估价过程，有些经验会使他感到满足、愉快，有些则相反；满足愉快的经验会使儿童寻求保持、再现，不满足、不愉快的经验会促使儿童回避。在孩子寻求积极的经验中，有一种是受他人的关怀而产生的体验，还有一种是受到他人尊重而产生的体验，但这些完全取决于他人，因为他人（包括父母）是根据儿童的行为是否符合其价值标准而决定是否给予尊重，所以他人的关怀与尊重是有条件的，这些条件体现着父母和社会的价值观，罗杰斯称这种条件为价值条件。儿童不断通过自己的行为体验到这些价值条件，会不自觉地将这些本属于父母或他人的价值观念内化，变成自我结构的一部分。渐渐地儿童被迫放弃按自身机体估价过程去评价经验，成为用自我中内化了的社会的价值规范去评价经验。这样儿童的自我和经验之间就发生了异化，当经验与自我之间存在冲突时，个体就会预感到自我受到威胁，因而产生焦虑。预感到经验与自我不一致时，个体会运用一定的防御机制（如歪曲、否认、选择性知觉）来对经验进行加工，使之在意识水平上达到与自我相一致。如果防御成功，个体就不会出现适应障碍，若防御失败就会出现心理适应障碍。罗杰斯的以人为中心的治疗目标是将原本内化而成的自我部分去除掉，找回属于他自己的思想情感和行为模式，用罗杰斯的话说"从面具后面走出来"，只有这样的人才能充分发挥个人的机能。

第五节　祖国传统医学的心理学思想

现代心理学仅有百余年的历史，然而人类在生产和生活实践中对心理活动的认识及上升为理论的心理思想却可以追溯到数千年前。美国心理学家墨菲曾说过："世界心理学的第一个故乡是中国。"中国是世界心理的发源地之一。中国心理思想以东方哲学认识世界的独特方法为核心，创造出独树一帜的中国心理理论。

早在春秋战国时代，我国当时许多哲学家从不同的角度对心理活动的规律进行探索，为中国心理思想打下坚实基础。如从《荀子》"关于形具而神生"、《老子》关于"形神合一"的观点等都成为中医心理思想产生的理论基础,直接影响着《黄帝内经》的认识。

《黄帝内经》是我国现存最早、最系统的古典医籍,成书于两千多年前,是中医基本理论的奠基之作。

《黄帝内经》的心理学思想主要体现在"形神论""天人观""人贵论"之中。对现代心理学所涉及的基本范畴均有不同程度的论述。如对知、情、意的心理过程的认识体现在"魂""魄""意""思""虑""智""情""志"的论述中。这里的"神"即人体生命的主宰力,决定着人体心身活动的产生,"魂魄"可解释为魄与作为先天之本的精一起出入,因此和人的本能心理活动有关。魂作为主宰的神而往来,因此可以认为魂与人的意识状态有关。心是心理活动的中枢,它的活动体现为:心对事物的记忆过程就叫意;成熟而坚定的意向形成意志;为了适应事物的变化而全面思考,去实现志向的即为思;在思考的基础上想象叫作虑,能深谋远虑妥善处理事物的叫作智力,下面试将其与现代心理学的概念作一比较:

心理(神)——心理活动的中枢(相当于脑心)

本能活动——魄

意识状态——魂

认识过程——记忆——意

　　　　　　思维——思

　　　　　　想象——虑

情感过程——喜怒思忧(悲)恐(惊)

意志过程——志

智力　　——智

对个性的认识体现在"阴阳五态之人""阴阳二十五人"的论述中,在医学心理思想方面以"五神脏"理论为核心,病理心理着重阐发了情志致病的发病机理,诊断心理突出了"得神者昌""失神者亡""顺志"的观点,治疗心理则以"标本相得"为原则,心理卫生则以"治未病"和"养神"为要旨。《黄帝内经》心理思想中的理论,至今仍然有效地指导着中医的临床实践。

东汉张仲景著的《伤寒杂病论》在确定中医临床医学辨证体系的同

时，也确定了心神情志疾病的辨证治疗原则。他将异常心理与躯体疾病联系起来认识，对脏躁（癔病）惊悸、失眠等常见的一些与心理因素有关的疾病确立了完整的理、法、方、药的治疗原则，至今仍有临床实用价值。三国时期名医华佗，也擅长心理治疗，据《后汉书》载，华佗曾以心理疗法治疗一位太守的久病，使其"盛怒""吐黑血数升而愈"。

宋代陈无择《三因极—病症方法》在《黄帝内经》的基础上将喜、怒、忧、思、悲、恐、惊明确为"七情"，提出"七情"为三大类致病因素之一的著名论断，情志异常可致气机失调而致病，指出怒则气上，喜则气缓，悲则气消，恐则气下，惊则气乱，思则气结忧则气。

明代李时珍在《本草纲目》中首先提出了"脑为元神之府"的论断。清代王清根据人体解剖的研究，提出"灵机论性不在心在脑"，从而冲破了"心之官则思"的长期束缚，首创了心理器官的"脑髓说"，这是对科学心理学的杰出贡献。

传统医学中的心理学思想影响并指导着中医临床实践从疾病的发病机制、诊断、治疗和预防保健等一系列临床实践活动，是中医基本理论的一个重要组成部分。

参考文献

[1] 景怀斌．中国人心理调节模式及其文化原因．社会心理研究，1998，4：1-4
[2] 景怀斌，郑晨，肖海鹏．人的文化素质与现代化——中国城市居民文化素质研究报告．北京：人民出版社，1995：246-248
[3] 杨鑫辉．中国传统心理治疗探讨．南京师大学报，1995，4：50-55
[4] 景怀斌．心理意义实在论．广州：广东人民出版社，1999：126
[5] 朱熹．四书章句集注．北京：中华书局，1996：71
[6] 吴根友．四书五经简注．北京：中国友谊出版公司，1993：9
[7] 方立天：佛教哲学．北京：中国人民大学出版社，1986
[8] 印顺．佛法概论．上海：上海古籍出版社，1998
[9] 车文博．弗洛伊德主义论评．长春：吉林教育出版社，1992：182-188
[10] 黎靖德．朱子语类（十二）．北京：中华书局，1978：216
[11] 周文泉，刘正才．中国传统养生术．广州：广东科技出版社，1991：274-298
[12] 张恩勤．中国气功．上海：上海中医出版社，1990：51-61

[13] 王米渠. 中国古代医学心理学. 贵阳: 贵州人民出版社, 1988: 157-159

[14] Ellis A. Therapy grows up. Psychology Today, 1999, 32 (6): 34-35

[15] Geore LK, Lurson CB, Koenig HG, et al. Spirituality and health: What we know, what we need to know. Journal of Social and Clinical Psychology, 2000, 19: 102-116

第四章 心理评估

本章导读

- 心理评估概论
- 智力评估
- 人格测验
- 临床常用评定量表

第一节 心理评估概述

心理评估（psychological assessment）亦称心理诊断（psychological diagnosis），是运用心理学的方法和技术，对就诊者心理特质（认知、情绪、个性、能力、行为方式等）及存在的心理障碍进行检查和评定，从而确定其正常或异常的原因、性质和程度，以帮助临床做出判断的一种综合诊断的方法。

一、心理评估的目的和意义

心理评估在心理学、医学、教育、人力资源、军事司法等部门有多种用途，其中为临床医学目的所用时，便称为临床心理评估。我国临床心理评估在心理或医学诊断，心理障碍的防治措施的制定，疗效判断等方面广泛应用，也是医学和心理学研究的常用方法。

由于心理现象相对复杂，受主观因素影响较大，要做好心理评估，对心理评估者的技术和心理素质要求都比较高。

在技术方面，要求对心理学、病理心理学及其与健康和疾病关系的知识有系统的了解，对心理评估理论和操作有较好的掌握，要有与各种年龄、教育水平、职业性质、社会地位及各种疾病的人交往的经验。

在心理素质方面，要求评估者具备健康的人格，乐于并善于与人交往，愿意助人，尊重人，有接纳性和共情（empathy）。

二、心理评估方法

临床上常用的评估方法有：观察法、会谈法、个案法、心理测验和评定量表法。

1. 观察法

观察法是在自然条件下，借助感官对患者的言语、表情、动作、姿态等心理行为表现进行有目的、有计划、有系统的观察，并在所得资料基础上分析研究患者的心理活动及其规律性的方法。

其优点是使用方便，所得资料来自日常生活，比较真实可靠。

缺点是观察者比较被动，要消极等待所观察的心理活动自然出现。同时由于被观察者的心理行为易出现随意性、偶然性，不能做精确的重复观察及定量分析，如果观察时间较短易造成主观臆断，为此，观察者必须结合其他方法以弥补其不足。

2. 会谈法

最基本的心理诊断方法之一，在临床上兼有诊断与治疗两种功能。通过会谈，了解和掌握患者的心理问题或心理异常表现的性质及产生的原因。病前的生活经历和遭遇，患者的性格特点、行为习惯等达到诊断的目的。

会谈有两种方式：结构式和非结构式会谈，前者编制出提纲，依次提出问题，让患者按序回答，后者则以自由的方式，不按固定的提纲进行提问和回答，可根据患者心理特点，灵活运用。

3. 个案法

主要是依靠广泛收集与患者有关的个案资料，通过系统的综合分析，查清患者心理障碍的表现及其产生的原因和机制，从而对疾病作出判断的方法。它也是心理学研究的基本方法之一。其优点是在于对患者的心理行为特征能做出全面、深入、系统的观察分析。

4. 心理测验与评定量表法

心理测验（psychological test）与评定量表（rating scales）都是用来量化个体的心理行为特征的一种工具，是心理诊断中最常用的且较科学的检查评估方法。心理测验和评定量表在性质上接近，二者之间无绝对界限。有些评定量表如人格测验中的自陈量表、心理发展量表等既可作为测验又可作为评定量表。

三、心理测验概述

（一）心理测验的定义

心理测量学中，心理测验通常与心理量表（psychological scale）同义，是指在标准的情境下，对个人行为样本进行客观分析和描述的一类方法。这一定义有以下4点重要含义：

（1）行为样本（behavior sample）：一般情况下，人的心理活动都是通过行为表现出来的，心理测验就是通过测量这些人的行为表现来间接地反映心理活动的规律和特征。但是，任何一种心理测验都不可能也无必要测查反映某项心理功能的全部行为，而只是测查其部分有代表性行为，即取部分代表全体。在编制某种心理测验时，必须考虑测查行为样本的代表性，也就是测题（item，也称条目或项目）的代表性；而要获得有代表性的行为样本，关键在于控制影响该行为的诸多因素。再采用许多复杂的测量学方法来筛选行为样本，这一过程称为测验内容标准化过程。心理测验是否编制成功，很大程度上取决于测验内容（行为样本）的代表性。由于只是一个行为样本，即使一个成功编制的心理测验，也难免不在一定范围内出现误差，这种误差大小可通过测验的信度来估计。

（2）标准情境：从测验情景来看，要求所有被试者均用同样的刺激方法来引起他们的反应，也就是测验的实施条件、程序、记分方法和判断结果标准均要统一；从被试者的心理状况来看，要求被试者处于最能表现所要测查的心理活动的最佳时期。

（3）结果描述：心理测验的结果描述方法很多，通常分为数量化和划分范畴两类。例如，以智商（intelligence quotient，IQ）为单位对智力水平进行数量化描述，用记忆商数和损伤指数分别对记忆能力和脑损伤的程度进行数量化描述等。有些心理现象不便数量化，就划分范畴，如正常、可疑或异常等范畴。一般而言，可数量化的结果也可以划分范畴，如智力水平高低也可根据IQ值划分为正常、超常和缺损等。

（4）心理测验工具：一种心理测验就有相应的一套工具或器材，如同天平或复杂的测量装置一样。这套工具包括测验材料和使用手册。测验材料就是测验的内容，通过被试者对其做出的反应来测查他们的心理现象。

（二）心理测验意义

心理测验是指对人的心理现象或行为做出数量化测验分析的一种方法，它必须具备标准化的条件，样本数要大，要有代表性。

心理测验也像其他科学领域中的测验（检验）一样，所观察的范围只是一个经过核心设计的、有代表性的行为样本，而不可能是全体。要有可比较的常模或正常值，要有信度即测验结果的可靠性，或一致性。要有效度即限额验结果是有效的，准确是真实的实验方法标准化，即无论谁进行测验都必须按统一规定的方法进行，如用标准的指导语、施测时间、记分的标准及测验分数的解释等去实施，以确保测验不因人、因地或因其他条件而受影响。

（三）常用心理测验分类

有关心理测验的分类方式有以沟通方式、测验内容、测验对象、测验功能分类的方法。如以测验功能分类有能力测验、个性测验、神经心理测验、临床评定量表、职业咨询测验等。

第二节 智力评估

一、智力与智商

（一）智力的概念

智力大致可归纳为以下几种能力：
（1）获得知识的能力。
（2）保持知识的能力。
（3）理解和推理能力。
（4）应付新情境和解决问题的能力。
我国心理学家对智力的看法也可以概括如下：
（1）智力主要包括观察力、判断力和创造力。
（2）智力是多种认识能力的综合表现，其中最基本的观察力、记忆力是思维能力，思维能力是核心，这种观点是把智力看作属于认识范围的能力的综合表现。

(3) 从神经机制分析，智力是脑神经活动的多种特性及由它引起并相互作用的意识性的心理活动的协调反应。

目前，比较一致的看法是智力属于认识范畴，它既是认识客观事物的多种能力，又是改造客观事物的多种能力，如观察力、记忆力、想象力等思维能力，思维能力是智力的核心，而创造性思维能力尤其是衡量智力的重要标志。

(二) 智力分数

在智力测验中，根据被测者正确回答项目的多少，可以得到被测者得分多少，但这个原始分仍不能表示被测者智力水平的高低，只能把原始分数转换成智力分数才能说明被测者的智力水平，常用的智力分数有以下几种。

1. 项目数

根据被测者通过智力测验项目的多少来表示智力水平。

2. 智力年龄

简称智龄（Mental age，MA），是指智力达到某一年龄水平。比奈（Binet）认为智力随年龄而系统地增长。每一年龄的智力可用该年龄大部分儿童能够完成的智力作业题来表示。如一个人的智龄是10岁，即表示他的智力与10岁儿童的平均智力相等。

3. 比率智商

1916年美国斯坦福大学特尔曼（Terman）教授首次提出以"智商"为智力单位，比率智商（Ratio Intelligence Quotient，RIQ）指智力年龄MA与实年龄（chronological age）CA两者的比率。以比率表示智力的相对水平。

其计算公式为 $IQ = MA/CA \times 100$。

智商概念不仅可以说明一个人本身的智力水平，而且能够与同龄人相比较，表明其在同龄人中智力处于何种程度。但是它仍引用了智龄这一概念，把智力看成是与生理年龄发展相平衡的。实际上，各种能力发展的起点、速度、达到峰值与停止时间存在个体差异，因而比率智商存在很大局限性。

4. 离差智商

韦克斯勒（1949）应用统计学的平均数和标准差来计算智力。他的基本原理是把每个年龄阶段的智力分布看成是正常分布，其平均数就是该年龄组的平均智力，某个被试者的智力高低是把他的得分与平均数作比较，以它与平均数之间的距离来表示。这个距离在心理统计学上称为"离差"（以标准差为单位来计算）。尽管这样的计算已没有商数的意思了，但是由于 IQ 早已为人所熟知，所以用离差智商（Deviation IQ，DIQ）来表示。为了使 DIQ 的数值与传统的 RIQ 相当，需要选择接近于 RIQ 的平均数（M）和标准差（S），因而韦氏量表中 DIQ 的 M 定为 100，S 定为 15，离差智商的计算公式为 $DIQ = 15 \times (X - M)/S + 100$（$X$ 为被测者得分）。

5. 百分等级

百分等级（Percentile Rand，RP）是应用最广泛的表示测验分数的方法。一个分值的百分等级是指在常模团体中低于这个分值的人数百分比。是以百分率的形式来表示一个人的相对等级。在百分等级中，将标准化样组的全体人数作为一百分，从而以某一原始分值换算出其在全体中所占的地位。说明分值比他低的人占人数的百分之几。百分等级的主要优点是直观易理解，但它的主要缺陷在于其是一种等级量表，无法适用于大多数心理统计分析。

（三）正确对待 IQ

当代智力测验中，最多采用的是离差智商，习惯称之为智商（IQ）。IQ 曾经成为表示智力水平高低的一种社会生活概念。

但也应该清醒地看到，任何一种测验都不可能准确无误地测出生物的真实分数，每次测的分值与真实分值之间往往存在着一个测量误差。因此，IQ 分值只是一个得分范围，而不是一个绝对分数。

所以，我们在对智力分数进行解释时，就必须考虑到标准误的大小、信度、指标及受测总体的分数分布情况。尽管我们可以从总体上说 IQ 115 的人比 IQ 110 的人要聪明些，但对一个具体的人来说，IQ 的几分之差甚至十几分之差也可能是误差所致，对于不同被试的 IQ，仅凭几分或十几分之差论智力高低，依据并不充分。

另外，虽然IQ有较好的预测性，但其功能仍有局限性。没有一个智力测验的题目是全面的，更不可能包罗万象，对每一个人都适用。所以，IQ不足以精确预测一个人未来的成就。

二、常用的智力测验简介

（一）比奈量表系列

1. 比奈-西蒙量表

1905年，法国心理学家比奈·阿尔弗雷德（Binet Alfred）与助手西蒙（Simon）首创智力测验的理论和方法，编制了世界上第一个智力测验量表，即比奈-西蒙量表（Binet-Simon Intelligence scale）。

该量表共有30个项目，由易到难按年龄编排，也称年龄量表。测验以通过项目的多少作为鉴定智力高低的标准。后于1908年及1911年分别作了修订，并引入了智力年龄的概念，又增加了成人组题目，将测验项目增加到了54项。

表4-1 智力水平的等级名称与划分（按智商值划分）

智力等级名称	韦氏量表（s=15）	斯坦福-比奈量表（s=16）
极优秀	130以上	132以上
优秀	120~129	123~131
中上	110~119	111~122
中等（平常）	90~109	90~110
中下	80~89	79~89
边缘（临界）	70~79	68~78
轻度智力缺损	55~69	52~67
中度智力缺损	40~54	36~51
重度智力缺损	25~39	20~35
极重度智力缺损	<25	<20

2. 斯坦福-比奈量表（第四版）

1916年，美国斯坦福大学的特尔曼（Terman L. M.）教授对比奈-西蒙智力量表进行了修订，成为斯坦福－比奈量表，修订中不仅将量表标准化，而且提出以"智商"（IQ）为智力单位。1960年修订时（第三版）舍弃了比率智商的概念，引用了以平均数为100，标准为16的"离差智商"的概念。其后，1985年桑伐克（Thomdike）等人对斯坦福－比奈量表进行了重大修改，形成了第四版的斯坦福－比奈量表（表4－1）。其特点是：

（1）采用分测验形式。把相同测验集中起来，分为15个分测验。

（2）测验编制依据智力结构理论对语言推理、数量推理、抽象/形象推理和短时记忆四个认识区域进行评估。

（3）应用多阶段测验，即适应测验模式。用词汇测验安排施测程序，决定其他分测验的起始水平。

（4）抛弃智商（IQ）概念，采取标准年龄分方法。

首先把各分测验的原始分转化为标准年龄分（Standardized age score, SAS），SAS以50为均值，8为标准差，每个认知区域所含分测验的标准年龄分相加，分别得到该区域分，各认知区域分相加转化为合成标准年龄分（Composite SAS），按均值100，标准差为16计算公式进行计算。

3. 中国比奈测验

我国心理学家从20世纪20年代起开始修订斯坦福－比奈量表。1924年，陆志伟发表了《中国比奈－西蒙智力测验》应用于江浙地区，1936年，陆志伟与吴王敏合作进行第2次修订，把适用范围扩大到北方。1981年，吴王敏第3次修订出版了《中国比奈智力测验》，1988年，中国科学院心理研究所范存仁等进行第4次修订，测验内容包括语言、记忆、概念思考、推理、数目推理、视觉动作和社会性智慧7个方面，每个年龄组6道题，另外，有两个年龄组4道题，组成简化测验，以求在较少的时间内能获得智力发育状况的诊断。

（二）韦氏量表

韦氏量表是继斯坦福－比奈量表之后世界上最通用的另一个重要的智力测验，是由美国心理学家韦克斯勒（Wechsler D.）编制的一组智力量表，共有3种：即韦氏成人智力量表（Wechsler Adult Intelligence Scale,

WAIS）；韦氏儿童智力量表（Wechsler Intelligence Scale for Children，WISC）；韦氏学龄前及幼儿智力量表（Wechsler Preschool and Primary Scale of Intelligence，WPPSI）。前两种版本的修订分别称为 WAIS-R 和 WISC-R。韦氏的 3 个量表各自独立，又相互衔接，适用于 4～74 岁这一广泛范围，尤其是成人。韦氏的每一种智力量表均包括两个部分——语言量表（verbal scale）和操作量表（performance）。每一量表又分为 5 个或 6 个分测验，每一个分测验旨在测量一个不同的智力侧面。所以，韦氏量表所测量的一般智力是多种能力的综合测验，由于每个测验的分数可以单独计算，也可以合并计算，所以智力的各个测分侧面或综合就能够从测验中直接获得。以离差智商评估智力是韦氏量表的重要特点之一，所谓离差智商就是以均数为参照点，标准差为单位来表示人的智力水平。每个年龄组的平均水平定为 100 IQ，标准差为 15 IQ，如果一个人测得的智商比同年龄组的平均成绩高出一个标准差，那么他的智商就是 115 IQ，相反，如果低于一个标准差，他的智商就是 85 IQ。

离差智商的计算公式为 $IQ = 15(X-M)/S + 100$，公式中 X 为某人测验实分数，M 为所在年龄组的平均数。S 为该年龄组分数的标准差。

这一计算方法克服了比率智商的不足，能适用于任何年龄的被试者。从大量统计分析来看，人类的智力水平呈正态分布现象，这种分布反映了智商的个别差异。

韦氏智力测验分数的临床意义：韦氏智力量表各个分测验间和言语智商与操作智商显著差异，有时可作为脑器质性损害的诊断，由于脑器质性损害经常引起患者抽象推理能力、短时记忆、感知觉能力和新环境中的灵活性的减退，所以，这些功能常会影响测验中的相似性、积木图案、数字广度测验的成绩。

因此，临床心理学家常使用韦氏智力测验来检查神经系统的上述功能，并以在病理情况下，不能保持原来的成绩的测验成绩总和与能保持原来水平的测验的成绩综合之比来表示脑器质性损害引起的神经系统功能衰退，WAIS 中言语智商（VIQ）显著低于操作智商（PIQ）可作为左半球损害的诊断标准。PIQ 低于 VIQ 则表示右半球的损害，但临床应用中应注意的是差别必须显著时才有意义，因为一般人倾向于 VIQ 高于 PIQ，有些聪明人和成就大的人其 VIQ 也往往高于 PIQ，只有当某种智商处于较低水平时（如 90 以下）其差异分析才具有临床意义。

第三节　人格测验

评估个体人格的技术和方法很多，包括观察、晤谈、行为评定量表、问卷法和投射测验等。每一种人格理论都假定个别差异的存在，并假定这些差异是可以测量的。最常用的人格测验方法为问卷法和投射法，问卷法也称为自测量表。临床上常用的人格自测量表有明尼苏达多相人格调查表、艾森克人格问卷、加利福尼亚心理调查表、卡特尔人格测验等；常用的投射测验有洛夏墨迹测验和主题统觉测验等。

一、明尼苏达多相人格调查表

（一）概况

明尼苏达多相人格调查表（Minnesota multiphasic personality inventory，MMPI）由哈萨威（Hathaway SR）和麦克金利（McKingley JC）等于20世纪40年代初期编制。最初是想编制一套对精神病有鉴别作用的辅助调查表，后来发展为人格测验。该量表问世以来，应用非常广泛，在美国出版的《心理测验年鉴》第9版（1985年）中为最常用的人格测验。1989年Butcher等完成了MMPI的修订工作，称MMPI-2。我国宋维真等于20世纪80年代初完成了MMPI修订工作，并已制定了全国常模，MMPI-2已引入我国。

MMPI适用于16岁以上至少有6年以上教育年限者，MMPI-2提供了成人和青少年常模，可用于13岁以上青少年和成人。既可个别施测，也可团体测查。

MMPI共有566个自我陈述形式的题目，其中1~399题是与临床有关的，其他属于一些研究量表，题目内容范围很广，包括身体各方面的情况、精神状态、家庭、婚姻、宗教、政治、法律、社会等方面的态度和看法。被试者根据自己的实际情况对每个题目作出"是"与"否"

的回答，若确定不能判定则不作答。根据患者的回答情况进行量化分析，也可做出一个人格剖面图。除了手工分析方法，现在还出现多种计算机辅助分析和解释系统。在临床工作中，MMPI 常用 4 个效度量表和 10 个临床量表。

（二）量表

1. 效度量表

（1）？（即问题数，Q）：被试者不能回答的题目数，如超过 30 个题目，测验结果不可靠。

（2）掩饰（L）：测量被试者对该调查的态度。高分反映防御、天真、思想单纯等。

（3）效度（F）：测量任意回答倾向。高分表示任意回答、诈病或确系偏执。

（4）校正分（K）：是测量过分防御或不现实倾向。高分表示被试者对测验持防卫态度。正常人群中回答是或否的机遇大致为 50/50，只有在故意装好或装坏时才会出现偏向。因此对一些量表（Hs、Pd、Sc、Ma）加一定的 K 分，以校正这种倾向。

2. 临床量表

（1）疑病量表（hypochondriasis，Hs）：测量被试者疑病倾向及对身体健康的不正常关心。高分表示被试者有许多身体上的不适、不愉快、自我中心、敌意、需求、寻求注意等。条目举例：我常会恶心呕吐。

（2）抑郁量表（depression，D）：测量情绪低落、焦虑问题。高分表示情绪低落，缺乏自信，自杀观念，有轻度焦虑和激动。条目举例：我常有很多心事。

（3）癔病量表（hysteria，Hy）：测量被试者对心身症状的关注和敏感，自我中心等特点。高分反映被试者自我中心、自大、自私、期待别人给予更多的注意和爱抚，对人的关系是肤浅、幼稚的。条目举例：每星期至少有一两次，我会无缘无故地觉得周身发热。

（4）精神病态性偏倚量表（psychopathic deviation，Pd）：测量被试者的社会行为偏离特点。高分反映被试者脱离一般社会道德规范，无视社会习俗，社会适应差，冲动敌意，具有攻击性倾向。条目举例：我童年时期中，有一段时间偷过人家的东西。

（5）男子气或女子气量表（masculinity-femininity，Mf）：测量男子女性化、女子男性化倾向。男性高分反映敏感、爱美、被动等女性倾向，女性高分反映粗鲁、好攻击、自信、缺乏情感、不敏感等男性化倾向。条目举例：和我性别相同的人最容易喜欢我。

（6）妄想量表（paranoia，Pa）：测量被试者是否具有病理性思维。高分提示被试者常表现多疑、过分敏感，甚至有妄想存在，平时的思维方式就容易指责别人而很少内疚，有时可表现强词夺理、敌意、愤怒、甚至侵犯他人。条目举例：有人想害我。

（7）精神衰弱量表（psychasthenia，Pt）：测量精神衰弱、强迫、恐怖或焦虑等神经症特点。高分提示有强迫观念、严重焦虑、高度紧张、恐怖等反应。条目举例：我似乎比别人更难于集中注意力。

（8）精神分裂症量表（schizophrenia，Sc）：测量思维异常和古怪行为等精神分裂症的一些临床特点。高分提示被试者行为退缩，思维古怪，可能存在幻觉妄想，情感不稳。条目举例：有时我会哭一阵笑一阵，连自己也不能控制。

（9）躁狂症量表（mania，Ma）：测量情绪紧张、过度兴奋、夸大、易激惹等轻躁狂症的特点。高分反映被试者联想过多过快，夸大而情绪高昂，易激惹，活动过多，精力过分充沛、乐观、无拘束等特点。条目举例：我是个重要人物。

（10）社会内向量表（social introversion，Si）：测量社会化倾向。高分提示被试者性格内向，胆小退缩，不善社交活动，过分自我控制等；低分反映外向。条目举例：但愿我不要太害羞。

（三）结果和应用

各量表结果采用 T 分形式，可在 MMPI 剖析图上标出。一般某量表 T 分高于 70 则认为该量表存在所反映的精神病理症状，比如抑郁量表（D）≥70 认为被试者存在抑郁症状。

但在具体分析时应综合各量表 T 分高低情况来解释。例如，精神病患者往往是 D、Pd、Pa 和 Sc 分高，神经症患者往往是 Hs、D、Hy 和 Pt

分高。

MMPI 应用十分广泛，主要用于病理心理的研究。在精神医学中主要用于协助临床诊断，在心身医学领域用于多种心身疾病，如冠心病、癌症等患者的人格特征研究，在行为医学中用于行为障碍的人格特征研究，在心理咨询和心理治疗中也采用 MMPI 评估来访者的人格特点及心理治疗效果评价等，现在还用于司法鉴定领域。

二、艾森克人格问卷

艾森克人格问卷（Eysenck personality questionnaire，EPQ）是由英国 Eysenck HJ 根据其人格 3 个维度的理论，于 1975 年在其 1952 年和 1964 年两个版本基础上增加而成，在国际上被广为应用。EPQ 成人问卷适用于测查 16 岁以上的成人，儿童问卷适用于 7~15 岁儿童。国外 EPQ 儿童版本有 97 项，成人 101 项。我国龚耀先的修订本成人和儿童均为 88 项；陈仲庚修订本成人有 85 项。

EPQ 由 3 个人格维度和 1 个效度量表组成。

（1）神经质（N）维度：测查情绪稳定性。高分反映易焦虑、抑郁和较强烈的情绪反应倾向等特征。举例：你容易激动吗？

（2）内外向（E）维度：测查内向和外向人格特征。高分反映个性外向，具有好交际、热情、冲动等特征，低分则反映个性内向，具有好静、稳重、不善言谈等特征。举例：你是否健谈？

（3）精神质（P）维度：测查一些与精神病理有关的人格特征。高分可能具有孤独、缺乏同情心、不关心他人、难以适应外部环境、好攻击、与别人不友好等特征；也可能具有与众极其不同的人格特征。

（4）掩饰（L）量表：测查朴实、遵从社会习俗及道德规范等特征。在国外，高分表明掩饰、隐瞒，但在我国 L 分高的意义仍未十分明了。

EPQ 结果采用标准 T 分表示，根据各维度 T 分高低判断人格倾向和特征。还将 N 维度和 E 维度组合，进一步分出外向稳定（多血质）、外向不稳定（胆汁质）、内向稳定（黏液质）、内向不稳定（抑郁质）四种人格特征，各型之间还有移行型。

EPQ 为自陈量表，实施方便，有时也可作团体测验，在我国是临床应用最为广泛的人格测验。但其条目较少，反映的信息量也相对较少，故反映的人格特征类型有限。

三、卡特尔 16 项人格因素问卷

卡特尔 16 项人格因素问卷（16 personality factor questionnaire，16PF）是卡特尔（Cattell RB）根据人格特质学说，采用因素分析方法编制而成。卡特尔认为 16 个根源特质是构成人格的内在基础因素，测量某人的 16 个根源特质即可知道其人格特征。

第四节 临床常用评定量表

量表（rating scale）是临床心理评估和研究的常用方法。包括反映心理健康状况的症状评定量表，与心理应激有关的生活事件量表、应对方式量表和社会支持等量表等。评定量表具有数量化、客观、可比较和简便易用等特点。

（一）90 项症状自评量表

90 项症状自评量表（symptom check list 90，SCL-90）由 90 个反映常见心理症状的项目组成。从中分出 10 个症状因子，用于反映有无各种心理症状及其严重程度。每个项目后按"没有、很轻、中等、偏重、严重"等级以 1~5 级（或 0~4 级）选择评分，由被试者根据自己最近的情况和体会对各项目选择恰当的评分。SCL-90 的 10 个症状因子定义与其含义：

躯体化：12 个项目，主要反映主观的身体不舒适感。

强迫：10 个项目，主要反映强迫症状。

人际敏感：9 个项目，主要反映个人的不自在感和自卑感。

抑郁：13 个项目，主要反映抑郁症状。

焦虑：10 个项目，主要反映焦虑症状。

敌意：6个项目，主要反映敌对表现。
恐怖：7个项目，主要反映恐怖症状。
偏执：6个项目，主要反映思维妄想等。
精神病性：10个项目，主要反映幻听、被控制感等精神分裂症症状。
附加项：6个项目，主要反映睡眠和饮食情况。

（二）抑郁自评量表

抑郁自评量表（self-rating depression scale，SDS）由20个与抑郁症状有关的条目组成，用于反映有无抑郁症状及其严重程度。适用于抑郁症状的成人，也可用于流行病学调查。

评分：每项问题后有1~4级评分选择：①很少有该项症状；②有时有该项症状；③大部分时间有该项症状；④绝大部分时间有该项症状。但项目2、5、6、11、12、14、16、17、18、20为反评题，按4~1计分。由被试者按照量表说明进行自我评定，依次回答每个条目。

总分：将所有项目得分相加，即得到总分。总分超过41分可考虑筛查阳性，即可能有抑郁存在，需进一步检查。抑郁严重指数：抑郁严重指数=总分/80。指数范围为0.25~1.0，指数越高，反映抑郁程度越重。

（三）焦虑自评量表

焦虑自评量表（SAS）由20个与焦虑症状有关的条目组成，用于反映有无焦虑症状及其严重程度。适用于焦虑症状的成人，也可用于流行病学调查。

评分：每项问题后有1~4级评分选择：①很少有该项症状；②有时有该项症状；③大部分时间有该项症状；④绝大部分时间有该项症状。但项目5、9、13、17、19为反评题，按4~1计分。由被试者按量表说明进行自我评定，依次回答每个条目。

总分：将所有项目评分相加，即得到总分。总分超过40分可考虑筛查阳性，即可能有焦虑存在，需进一步检查。分数越高，反映焦虑程度越重。

参考文献

[1] 李栋，徐涛. 济南市部分区县老年人生活质量与生活满意度的研究. 中国心理卫生杂志，2004，18（2）：124

[2] 刘雪琴，任晓琳. 老年人的生活质量现状及其对策. 护理研究，2002，16（11）：640

[3] 姜乾金. 医学心理学. 北京：人民卫生出版社出版，2002：109-110

第五章 健康心理

本章导读

- 健康心理概述
- 中老年时期人的正常心理
- 老年人的养生之道

医学的最终目的是维护人类的健康，心理健康则是其中的重要内容。怎样才算人的心理健康，如何保持和促进个人的心理健康，是学习老年心理学时必须明确的基本问题。因此，本章重点介绍中老年时期人的健康心理特点及中医有关的养生之道。

第一节　健康心理概述

一、人的发展

（一）概念

人的发展基本含义是指人类种族在地球生物种系发生中的有关过程，如人作为个体从生物学受孕到生理死亡整个时期所经历的过程，即一个人从童年、青年、中年、老年到死亡的发展过程，其中包括生物意义上的成熟和变化过程，以及不同年龄期社会经历的变化过程。

（二）发展的基本观点

关于"发展"这一话题，长期以来一直是哲学家、宗教学者和科学家争论不休的问题。

1. 发展是毕生的过程

人的一生都在发展，这是由于人的一生不断面临各种要求，包括生物学发展、社会期望和个人活动中产生的一系列问题和挑战。一生的经验对发展有重要意义。

2. 发展是多维的

发展的形式具有多样性，发展的方向因人而异，没有一条单一的曲线能描绘个体发展的复杂性。例如，在智力领域，有晶体智力（crystallized intelligence，指人通过掌握文化知识经验而形成的一种能力）与流体智力（fluid intelligence，指不依赖人的文化知识经验的能力，表现为空间定向、知觉操作等方面），两者都随年龄的增加而增长，但晶体智力到成年后仍继续增长，只不过增长的速度减慢，而流体智力在成年早期就开始衰退了。

3. 发展是成长与衰退的结合

发展不是简单地朝着功能增长方向的运动，生命过程中任何时候的发展都是成长和衰退的结合。任何发展都是新适应能力的获得，同时包含着以前存在的部分能力的丧失。

4. 早期发展的重要性

许多理论都试图说明个体早期发展的重要性，包括精神分析理论的早期人格发展，学习理论的条件作用或示范作用等。

二、心理健康的标准

（一）"健康"的基本概念

在不同历史时期，人类对健康的理解不尽相同。"健康就是没病"，这是人们最初对健康的认识，但这种认识并不全面。实际上，健康和疾病是人体生命过程中两种不同的状态，从健康到疾病是一个过程中两种不同的状态，是一个由量变到质变的过程，而且健康水平也有不同的状态。世界卫生组织在1948年成立时，向全世界发出了健康重新认识倡议，这就是"健康（health），不仅仅是没有疾病和身体不虚弱，而是一种在身体上、心理上和社会上的完满状态"。

因此，世界卫生组织向全世界的医务工作者提出了一个神圣的任务：在医治人的躯体健康问题的同时，还要注意从社会、心理等多方面去干预；只有这样，人类的健康才能得到真正的维护。

（二）心理健康的标准

关于心理健康的标准，许多学者提出了不同的看法，其中影响比较大的有马斯洛（Abraham H. Maslow）与米特尔曼（Bela Mittleman）提出的10条标准，包括：

（1）有充分的安全感。

（2）充分了解自己，并对自己的能力作恰当的估计。

（3）生活目标能切合实际。

（4）与现实环境保持接触。

（5）能保持人格的完整与和谐。
（6）具有从经验中学习的能力。
（7）能保持良好的人际关系。
（8）适度的情绪表达与控制。
（9）在不违背集体意志的前提下，能作有限度的个性发挥。
（10）在不违背社会规范的情况下，个人的基本需求能恰当满足。

我国的一些学者认为心理健康的标准应该有以下几个方面：

（1）智力正常：包括分布在智力正态分布曲线之内者以及能对日常生活做出正常反应的智力超常者。

（2）情绪良好：包括能够经常保持愉快、开朗、自信的心情，善于从生活中寻求乐趣，对生活充满希望。一旦有了负性情绪，能够并善于调整过来，具有情绪的稳定性。

（3）人际和谐：包括乐于与人交结，既有稳定而广泛的人际关系，又有知己的朋友；在交往中保持独立而完整的人格，有自知之明，不卑不亢；能客观评价别人，取人之长补己之短，宽以待人，乐于助人等。

（4）适应环境：包括有积极的处世态度，与社会广泛接触，对社会现状有比较清晰正确的认识，其心理行为能适应社会改革变化的进步趋势，勇于改造现实环境，达到自我实现与社会奉献的协调统一。

（5）人格完整：心理健康的最终目标是培养健全的人格和保持人格的完整，包括人格的各个结构要素不存在明显的缺陷与偏差；具有清醒的自我意识，不产生自我同一性混乱；以积极进取的人生观作为人格的核心，有相对完整的心理特征等。

第二节　中老年时期人的正常心理

一、中年期及更年期心理

（一）中年期的心身特点

中年是处于青年与老年之间的年龄阶段。人到中年，知识经验在日益丰富，然而人体的生理功能却在不知不觉中衰弱。

1. 生理功能逐步衰弱

进入中年期以后，人体的各个系统、器官和组织的生理功能逐步从成熟走向衰退。

（1）心血管系统：血管壁弹性因动脉逐渐硬化而降低，血管运动功能和血压调节能力减弱，血液胆固醇水平常常随年龄增长而增高，动脉管腔变窄，引起心脑供血不足甚至缺血，造成诸如冠心病、心肌梗死、脑卒中等心脑血管病。

（2）呼吸系统：肺组织弹性逐渐减小，肺泡间质纤维增生，毛细血管壁增厚，肺的气体交换功能下降，其抗病能力下降，慢性支气管炎等呼吸道慢性病的发病随年龄增长而增高。

（3）内分泌系统：胰岛素分泌量减少，使一些人出现糖尿病倾向或患糖尿病。性腺功能降低，使性欲减退。到中年后期，还会因内分泌功能紊乱而出现更年期综合征。

（4）其他系统：肌肉开始萎缩，弹性降低，致使骨质密度降低；免疫监视系统对发生癌性突变细胞的监视功能减弱。这也是五十岁前后的中年人常常心力交瘁，易患多种疾病的重要原因。

2. 心理能力继续发展

孔子曾描述过人的变化"三十而立，四十而不惑，五十而知天命，六十而耳顺"，形象地说明了人的心理能力进入中年期后许多方面仍在发展。

（1）智力发展到最佳状态：中年时期，知识的积累和思维能力都达到了较高的水平，善于联想，善于分析并做出理智的判断，有独立的见解和独立解决问题的能力。中年时期是最容易出成果和取得事业成功的阶段。

（2）情绪趋于稳定：中年人较青年人更善于控制自己的情绪，较少冲动，有能力延迟对刺激的反应。

（3）意志坚定：中年人的自我意识明确，了解自己的才能和所处社会地位，善于决定自己的言行，有所为和有所不为。对既定目标，勇往直前，遇到挫折不气馁。同时也能有理智地调整目标并选择实现目标的途径。

（4）个性固定，特点突出：人到中年，个体在能力、气质、性格等心理特征以及需要、兴趣、信念等个性倾向性上存在着明显的差异。在几十年的生活实践中，经历了自我意识的建立、改造与再完善的反复锤炼和增长的社会化过程，稳定的个性表现出每个人自己的风格，有助于其排除干扰，坚定信念，以自己独特的方式建立稳定的社会关系，并顺利完成自己追求的人生目标。

（二）中年期心理发展中的常见问题与对策

1. 心理压力超负荷

中年人是社会的中坚力量，肩负着社会与家庭的重担。是各行各业的主力，同时又是家庭的"顶梁柱"。中年人对事业成就的期望高，劳心劳力，尽职尽责，但由于主客观的种种因素，事业上经常会遇到困难、挫折与失败，长期承受的高强度的精神紧张与心理压力，严重威胁到中年人的心身健康，特别是中年知识分子的情况更为突出。

对中年人如此"不堪重负"境况的对策：

（1）量力而行：中年人要权衡自己的精力和时间，停止超负荷运转，对不适合健康的过重任务，要学会说"不"。

（2）淡泊名利：中年人的成就欲与时间紧迫感常引导自己不由自主地与别人比较。真正的成功者具有远大的目标，平和的心态，不为眼前利益而牺牲健康。因此，主动发展业余爱好，不断丰富精神生活。

（3）学会放松：在工作与精神压力过大时，学会用放松方法来调节。对照法、直接法、生物反馈、气功、太极拳等均是很好的放松方法。

2. 人际关系错综复杂

中年期是人际关系最为复杂的时期。在工作关系中，中年人要小心处理好与老年（上级）同事的关系，搞不好，会被认为"翅膀硬了"；还要处理好与青年（下级）同志的关系，指导多了会被认为"絮絮叨叨"，关注少了会被认为"自私冷漠"。

在社会关系中，可能会因自身社会地位的变化，疏远或失去过去的朋友。对已进入老年的长辈投入时间、精力及经济照顾的"反哺现象"，也时常让中年人不得不牺牲休息甚至工作，既要作"孝子"又要作"忠臣",搞得中年人往往"忠孝不能两全",从而整天感到疲惫不堪,甚至"英年早逝"。

应付中年人这一复杂矛盾的对策:

(1) 调整认知结构:对人际关系有一种积极、全面、善意的认识是良好的交往基础。克服视人际关系为尔虞我诈、演戏冷漠等心理定式,以诚相交,常常会广交朋友,建立良好的社会支持系统。

(2) 改善个性品质:个性缺陷常常是导致人际交往心理障碍的背景因素,甚至是关键因素。因此应养成热情、开朗、宽宏、富有责任心、抛弃妒忌心等良好的个性品质。

(3) 学会交往技能:处理人际关系是一种能力,也是一种技术,可以通过训练来培养。比如,适度地真诚地赞赏对方,善于倾听,设身处地,学会找到相似性,宽以待人,乐于助人,增加主动性,求大同存小异,等等,都是在人际关系中十分有用的技术。

3. 家庭与婚姻矛盾

中年人要在行业上有所作为,需要一个安定、和睦的家庭作后盾。家庭是一个人心身调养的小岛,是避开社会风浪的港湾。

近年来,随着国门开放和意识渗入,离婚率上升,影响中年人心理健康。诚然,离婚不能一概而论,不一定对每一个人都是坏事。但是,"第三者插足""包二奶"现象,以至离婚带来的种种负面影响困扰着在事业上亟待发展的中年人。

父母与子女的关系也是中年人常常遇到的困惑之一。望子成龙的期望与子女现实的差距对中年人的心理带来极大的负面影响。夫妻间,常常因为对教育子女的问题上态度不一致,产生矛盾或发生口角,伤了夫妻感情。

营造一种良好家庭氛围的策略:

(1) 增进夫妻间的"沟通交流":即使是多年夫妻,也要相互沟通,消除误会。促进建立"夫妻认同感",夫妻双方在情感与行为上就会表现出较高的同一性。当出现"第三者插足"时,要避免灾难性暴力,应采取冷静的方式,找到解决问题的最佳方案。

(2) 培养良好的子女养育方式:"孩子是父母的镜子",父母是孩子的第一任老师。父母的身教是最好的言教。要想培养高质量的后代,父母要有良好的教育与修养,不过度保护,也不放纵姑息,采取一致的态度与处理问题的口径,也要调整好适度的期望值。

(三) 更年期性心理

更年期是成年走向老年的过渡。妇女更年期在 45~55 岁,男性在 50~60 岁。从生理、心理和社会功能角度而言,这一年龄阶段的人比较成熟,但由于他们肩负重要的社会及家庭责任,内分泌改变以及其他生理功能逐渐衰退和老化,导致他们在性心理方面存在一些特点。

1. 空巢综合征

人到更年期,事业有一定成就,但仍重任在肩,心理应激较多。子女已长大成人而独立生活,出现了所谓的"空巢综合征";如仍与孩子住在一起也可能成为应激的来源。

随着年龄增长,不再担任行政职务或已退休、离休,发生社会角色变化,不免增加心理上的困扰。成年阶段忙于工作和家务(包括抚育和管教孩子),夫妻之间较少情爱上沟通,及至孩子离去和双方退休在家,朝夕相处即显露出一些不协调或格格不入的局面,在性爱和情爱方面不如年轻时那样热烈,一些妇女认为绝经标志着性生活的终结,不愿适应丈夫的性要求,常常导致夫妻感情生活恶化。

2. 围绝经期和绝经期综合征

妇女更年期或绝经期的概念近年来得到发展,称之为围绝经期,包括绝经前期、绝经期和绝经后期,可以持续数年之久。

绝经期对妇女是危机。全国妇女月经生理常数协作组于 1978 年 11 月到 1980 年 2 月对 29 个省市自治区进行调查,发现 70% 的更年期妇女有情绪症状,约 4.4% 发展为绝经期综合征。更年期妇女不仅蒙受躯体和精神上的痛苦,而且由于家庭环境变化和性格改变(主观、唠叨、易激动)可引起婚姻和家庭矛盾,甚至导致夫妻感情破裂。由于阴道和子宫黏膜萎缩,自然影响她们的性体验和性表达。

然而,绝经只是反映卵巢功能减退,并不明显影响妇女的性体验和性表达。事实证明,一个在绝经前一直保持有规律性生活的妇女,绝经后仍可保持良好的性适应，甚至 60 岁以后仍如此。妇女对绝经所持的负性态度，极大地影响她们的性适应。

更年期妇女由于雌激素水平减低，容易发生骨质疏松症和冠状动脉疾病。基于同样原因，妇女盆腔组织、神经肌肉组织、血管以及其他器官都会逐渐发生改变，阴道黏膜萎缩也增加发生局部炎症的机会。

总之，由于诸多心理、社会因素和内分泌改变的影响，可出现绝经期综合征，表现潮热、出汗等症状和烦躁、焦虑、紧张和抑郁等心境改变，这些都会增加更年期妇女性适应的困难。建议有严重绝经期综合征的妇女，应去精神科诊治。

3. 性心理调适

一些原因可能会影响更年期夫妻的性欲和性生活的协调。男性在 50 岁左右处于上有老下有小（指家中）和承上启下（指事业）的中坚地位，是创造活动的关键时刻。为了事业他们往往投入极大的精力和体力，而其身体生理功能下降可能与社会事业的实际需要发生矛盾，容易导致身体疲劳。由于注意力投向工作，加之身体的疲劳，便可能出现一定程度的性冷淡。

女性方面，随着卵巢功能衰退和心绪的变化，在性爱方面也会出现淡化现象。另外，男性比妇女衰老较晚和较慢，许多 50 岁左右的男性在事业发展和社会活动方面显示出巨大的魄力，会成为异性崇拜的目标，无形中增加了男性的优越感。

更年期妇女常出现躯体形态的改变，如肥胖、不灵活、苍老、失去往日的娇姿，这样就会使妇女在丈夫面前产生自卑心理，认为自己失去对丈夫的吸引力，导致在性生活方面出现被动应付，而不主动地唤起性欲。在夫妻生活中，如果一方总是被动配合，势必影响性生活的和谐，达不到性高潮，长此以往会发生性兴趣缺乏和性冷淡。因此，更年期对妇女是一困难阶段，丈夫应对这些暂时性生理变化给妇女带来的不适予以谅解和容忍，对她们的痛苦予以同情和关怀，这样既有利于她们度过更年期，也有助于家庭和睦和性适应。

更年期夫妻虽然面对平淡的生活、繁忙的工作和无味的家务，仍应经常共同缅怀甜蜜的初恋和激情的新婚，不断增加彼此间的理解，一起感受家庭生活和夫妻生活的温暖。适度的利用性爱来激发情爱是很重要的。当双方遇有困难（工作不顺利，亲人或挚友去世）时，这样做可起到安慰和支持作用。合理的性生活对双方都是有益的，可以防止因生理和心理、社会等复杂因素而引起性淡漠和性衰老。

夫妻双方都应注意性美感，不断地留意对方的感官爱好和审美特点，经常调整自己的打扮和言语，把自己应有的美尽量显露在配偶面前，随时让对方体验到情爱和性爱的美好感受，把"性"引导到深厚的情感之中。

夫妻一方有病，应倍加关心和照顾，如不影响疾病的恢复，仍可保持适当的性生活。家庭条件不良（如居室不宽阔、子女同住，照料风烛残年父母等）、工作压力和潜在第三者等因素都会对更年期性生活带来影响，需要妥善予以解决。

无论年龄如何，两性之间性欲的个体差异是现实存在的，更年期亦不例外。由于更年期对妇女带来的困难较多，这种差异更加显著，需要夫妻双方认真地协调与配合，要相互尊重、相互理解、相互帮助、相互支持，否则会影响性生活的协调，有损彼此情感交流。性欲和性能力的强弱是受心理因素制约的，而性生活不协调又成为许多不良心理产生的原因，而且互为因果，因此不能强调工作和家务忙而忽视性生活。

（四）正确对待男性更年期

人们对女性更年期比较熟悉，可是说男性也有更年期，许多人会觉得这个问题很新鲜，其实这个问题在医学界也一直存在争论。

更年期是指人们的生理在步入衰老时发生突然变化的年龄段。从女性来说其标志是卵巢功能衰竭到不能再使子宫内膜出现周期性变化而出现月经，也就是发生绝经现象。从这个意义上说，男性睾丸的生精能力虽然从中老年期就开始逐步减退，但即使到 90 岁也仍然能生成活动精子。所以男性生殖生理的这种衰退变化不是突然发生的，它比女性来得更迟且变化更为缓慢。

估计在 60 岁以上的男子中有 5% 患有较为明显的更年期综合征。每个人的衰老年龄有所不同，表现在睾丸重量和体积的减少，雄激素活性的降低，男子体内睾酮水平在 40 岁后将随年龄增长而下降，50 岁以后每年下降，游离睾酮水平下降从 35 岁开始，60 岁以后更趋明显。75~80 岁男子的总睾酮水平相当于25岁男子的50%～60%，中老年男子雄激素水平的个体差异是很大的，性腺功能低下的男子若将激素补充到这一水平，便能维持正常的性活动。但有的80岁老翁雄激素水平仍在正常范围之内。

有人认为激素水平的下降更多的是健康状况下降，而非衰老所致。造成睾酮水平个体差异的因素有遗传因素，身材大小指数，紧张，动脉硬化（冠状动脉缺血者睾酮水平较低），吸烟者的睾酮水平比不吸烟者高5%～10%，睾酮水平与性兴趣有关，但与阴茎勃起的关系不大，因此给阳痿患者补充睾酮没有明显疗效。

1. 男性更年期常见的症状

（1）精神与心理症状：神经过敏（约占就诊者的90%）、健忘、效率低、注意力不集中（76%），焦虑、急躁、爱发脾气（80%），抑郁或压抑感（77%），容易缺乏自信心，常有孤独感，易纠缠琐事等。

（2）血管调节失常症状：潮红、发热、躁动不安、出汗等与妇女更年期相同的血管舒缩功能失调的症状，此外还有头痛、心悸、眼前有黑点，也有人自觉四肢冰凉。

（3）生理体能症状：失眠、食欲不振、骨骼与关节疼痛、性体毛的减少、肌肉软弱无力、易疲倦。

（4）性功能减退：性兴趣减少，性欲低下和阳痿。更年期阳痿是最常见的自我感觉症状。上述症状的出现与睾酮分泌减少确实会在不同程度上对男性的体力和精力产生一定的影响有关。如果对雄激素部分缺乏缺少心理和精神准备，还像年轻时那样事事跃跃欲试，处处奋力拼搏，直到事态发展到力不从心时就会突然出现失落感，心绪不宁，忧心忡忡，未老先衰，尤其是知识分子更要处理好这一时期的保健问题。

2. 男性更年期的治疗

一般来说，只有1/3～1/2的更年期男子需要治疗，关键是自我控制情绪，减少精神创伤，控制工作量，但又要保持一定的运动量，饮食上限制脂肪和糖类食物，性生活则需要相互体贴，不可纵欲，但也不必禁欲。

对于确属睾酮水平低的老年男性，可以应用睾酮激素进行治疗，服用时应在医生指导下进行，并不断监测，患前列腺癌、乳癌、前列腺增生等均是服用激素的禁忌证。

二、老年期心理

老年期从什么时候开始，不同的国家、不同的种族是不同的。我国现时规定为60岁，一些欧美国家则定为65岁。古人云："人生七十古来稀"，说的是旧中国，人活到50岁就算是老了，难得活到70岁。而现在活到80多岁的人很多，还出现不少超过百岁的寿星！随着人类寿命的延长，将来老年期的计算可能推迟。

人到老年，生理、心理、生活环境和人际关系等都会发生许多变化，会带来许多新的问题，往往使老年人心理状态失去平衡，影响心身健康。要使老年人尽快适应改变了的生活环境，改变无聊、空虚、无所事事的消沉状态，就要学习老年心理与生理变化的相互关系及其规律，进行自我调节。一些老年人学习老年心理学后，掌握了心理活动的规律，从事一些符合自己的、有意义的活动，主动调节情绪情感，把消极的心理状态变为积极的心理状态，达到心身健康、抗衰防老、延年益寿，使自己的晚年幸福。

（一）老年期的心身特点

1. 生理功能衰退

人体衰老是涉及全身性各种细胞、组织和器官的退行性改变，既有形态的改变，又有功能的下降；既有随年龄逐步出现生理性衰老的特点，又可能有因老年病影响而出现病理性衰老的表现。外表上，老年人皮肤松弛、面部皱纹增多，出现棕褐色老年斑；毛发稀疏、两鬓斑白，最后成白发银须；体形方面，容易发生骨质疏松症，可引起脊柱压缩性骨折，身高普遍下降、甚至出现躯干弯曲、驼背；身体各系统、各器官会发生程度不一的器质性或功能性改变，其中肾、心、肺等重要器官的储备能力下降较明显；老年人常有远视（老花眼）、视力减退、老年性白内障、听力下降、动作缓慢等现象，给老年人带来烦恼和不便，产生老化感。

2. 老年期心理变化

因中枢和周围神经系统发生变化，脑细胞减少、脑组织萎缩、容积缩小，脑血流量比青壮年期减少1/5，脑功能下降、可以发生一系列心理上的改变。

(1) 记忆能力下降：近期记忆保持效果差、近事易遗忘，但远期记忆保持效果好，对往事的回忆准确而生动；机械记忆能力下降，速记、强记困难，但有意记忆是主导，在理解性、逻辑性记忆方面并不逊色。

(2) 智力改变：老年人的晶化智力易保持，而液化智力却下降，老年人解决问题的能力随年龄而下降。

(3) 情绪改变：情绪趋向不稳定，常表现为易兴奋、易激惹、喜唠叨、常与人争论，情绪激动后的恢复需要较长的时间。

(4) 性格改变：由于抽象概括能力差、思维散漫、说话抓不住重点，学习新鲜事物的机会减少，故老年人多办事固执、刻板；有些老年人由于以自我为中心，常常影响人际关系，乃至夫妻感情；进入老年后两性出现同化趋势，男性爱唠叨变得女性化，女性更爱唠叨。

（二）影响老年人心理变化的因素

1. 生理因素

老年人的大脑发生退行性变化，易导致心理上的衰老。

2. 环境因素

地位变化，亲人死亡，家庭不和，以及退休后缺乏寄托等，都会给人带来精神刺激。

3. 生活因素

起居无常，饮食无节，营养不良，酗酒抽烟，过度劳累等。

4. 文化因素

缺乏文化素养和正确的养老观，悲观的人生态度。

5. 疾病因素

老年性疾病如高血压、冠心病等会促使心理老化。这些因素在一定程度上确实会影响老年的生理与心理状态。

（三）老年期常见的心理问题与对策

1. 孤独心理

老年人从工作岗位上退下来后，生活学习从紧张有序转向自由松散状态，子女离家（空巢现象），亲友来往减少，门庭冷落，信息不灵，出现与世隔绝的感觉，感到孤独无助，甚至伤感。

克服孤独心理状态的对策是认识孤独带来的危害（老年人的孤独与封闭常会加快老化的过程，认识孤独会带来伤害是克服孤独的第一步）；加强人际交往（离退休后应尽可能保持与社会的联系，量力而行、发挥余热；要走出家门，加强人际交往）。

2. 权威心理

离退休的实质是人的社会功能的转变，这种转变意味着社会角色的转变。许多老人难以适应而产生"离退休综合征"，不知道自己该干什么，心情抑郁焦急。个人的经历和功绩易使老年人，尤其是男性产生权威思想（要求晚辈听话与尊重，否则就生气、发牢骚），常因此造成矛盾和冲突。老年人的行为及各项操作变得缓慢、不准确、不协调，为此苦恼又不服气。

对此，应注意的对策：

（1）善于急流勇退：老人要经常看到年轻人的长处，大力扶持年轻人走上领导与关键岗位，让年轻人在自己的实践中不断成长起来。

（2）找回自己的兴趣与爱好：每位老年人都曾有兴趣爱好，但年轻时"有闲无钱"、中年时"有钱无闲"，只有到了老年才"有钱有闲"，也到了该享受人生的最佳时间。离退休后应培养自己的享乐能力，找回自己的兴趣爱好。

（3）坚持用脑：遵循"用进废退"的原则，坚持学习、坚持科学用脑，有利于减慢心理的衰老进程，而且能继续为社会做贡献。

3. 恐惧心理

人生的终结是死亡，老年期最大的恐惧是面对死亡。老年人常常患有一种或多种慢性疾病，给晚年生活带来痛苦和不便；因为体弱多病而常会想到与死亡有关的问题，并不得不做出随时迎接死亡的准备，常表现出惊恐、焦虑、抑郁、睡眠障碍；有些老年人表示并不怕死，但考虑最多的是如何死？一般老年人都希望急病快死，最怕久病缠绵，为此四处求医，寻找养生保健之术。

老年人调节恐惧心理的方法有：

（1）确立生存与死亡的意义：有意识地迎接死亡的来临，只有对死亡有思想准备、不回避，必要时对死亡做出决断，才能从容不迫；只有对死赋予生的意义，才能不恐惧，更能珍惜时间、尽量完成尚未完成的心愿，安然平静地度过生命的终点，在有生之年做到老有所为、退而不休。

（2）树立与生命抗争的信念：承认衰老的同时，在体能上保持积极抗争的心态，积极适度的锻炼（建立和保持有益于自己体能的生活方式，起居要有规律、饮食讲究营养，蛋白质、维生素、纤维素要多，糖类、脂肪、食盐要少，在身体状况力所能及的前提下，坚持适合自己的身体锻炼活动），增强体质、防止疾病。

（3）亲子关系的调整：进入老年期后，对进入青壮年的子女，应适时改变自己在中年期的思维、行为习惯，转而接受成年子女的合理建议、接受子女的生活照顾和体力体能上的帮助。

（4）保持情绪愉快：努力保持乐天知命、性格开朗、顺其自然、怡然自得的心态，维持与社会的接触、保持良好的人际关系，放松情绪、克服焦虑。

（5）家庭与婚姻的和睦：生活有子女的体贴照料，有病能及时诊治，经济上有保障，父慈子孝能使老人感到温暖。家庭成员和睦，特别是与老伴的关系，友爱互助，能使老人倍享天伦之乐。

（6）老年人也要有合适的性生活：适当的性生活是生命质量的体现，也是老年人面对死亡恐惧的一种较好的缓解方法。66～71岁老年人对性有兴趣的比例：男性为90%，女性为50%，性是爱与生命的源泉，对生活的"内驱力"有重要影响。

女性阴道润滑作用减弱，可采取局部使用滑润剂等方法，有时甚至皮肤的接触也能获得性的满足。而对于男性，如果没有患什么疾病的话，阴茎勃起功能不会由于年纪大而丧失。60岁以上的男人所分泌的睾酮足够维持他们的性行为。随着年龄变老，只不过是性唤起所需的时间、达到性高潮所需的时间以及性高潮过后的不应期长，射精不如以前有力，而且也不会每次性交都会射精。不要误认为这是男子阳刚之气衰退的表现，而应当看到这些变化所带来的积极作用。这些变化，避免了性活动中激烈鲁莽的行为，从而有更长时间的爱抚活动。在这种较长时间的性爱活动中，男人要更加注意女方的感受，给女方更多的乐趣，显得体贴。

研究表明，能将性活动保持到晚年的夫妇，一般都是那些在初期性活动中即能共同体验到性快乐的人。因此，除了身体健康情况之外，年轻时期的性快感对今后一生的性反应有很大影响。

年老、慢性病以及配偶的去世，会影响老年人的性功能。根据美国的资料，65岁时，大约20%的已婚男人和50%的已婚女人丧偶。许多老人的配偶虽然还活着，却由于慢性病而损害了他们的性功能（男人多于女人）。虽然如此，大部分老年人的性功能依然存在，并能从中得到乐趣。帮助丧偶老人在自愿前提下重组家庭，也是一个重要环节。

第三节　老年人的养生之道

一、养生概念：天年

天年，是中医老年学中的一个基本概念，指人的天赋寿命，即自然寿命。

寿命具有种属的特殊性，不同的种属有着不同的寿命期限。

而各个种属的个体寿命主要是由遗传来决定。人究竟可以活多久？至今认识仍不统一。科学家提出了寿命系数学说，认为哺乳类动物的寿命应为生长期的5~7倍。

根据这个方法推算，人的生长期为25岁，寿命极限应为125~175岁；美国学者弗里克根据细胞分裂次数推算，人的寿命应在120年左右；还有人认为哺乳动物的寿命应为性成熟期的8~10倍，男子的性成熟期为16岁，女子的性成熟期为14岁，那么男子最大寿命应为128~160岁，女子最大的寿命应为112~140岁。

可以看出，以上各种方法推算的结果，都推测人类的寿命极限至少在120岁以上，但仅仅是推测而已。

我国古代对天年的期限认识主要有3种。

一是以《黄帝内经》为代表的"百岁"，二是以《尚书》为代表的"百二十岁"，三是以《三元参赞延寿书》为代表的"一百八十岁"。有人认为人的寿命期限的决定因素，70%来自先天父母禀赋，30%来自后天调养。

自然界生物都有一个生长壮老的过程，衰老退化亦就成为生物发展的一种规律。人也是这样，要阻止衰老是不可能的。人体的衰老，是身体组织结构与功能的逐渐退化过程。

从中医学角度看，人体衰老亦就是肾脏精气的逐渐减少。如《素问·上古天真论》云："丈夫八岁，肾气实，发长齿更；二八，肾气盛，天癸至，精气溢泻，阴阳和，故能有子；三八，肾气平均，筋骨劲强，故真牙生而长极；四八，筋骨隆盛，肌肉满壮；五八，肾气衰，发堕齿槁；六八，阳气衰竭于上，面焦，发鬓颁（斑）白；七八，肝气衰，筋不能动，天癸竭，精少，肾脏衰，形体皆极；八八，则齿发去。"指出男子随着"肾气"的充盛而逐渐发育成熟，又随着"肾气"的衰减而逐渐衰老。根据中医学的这种衰老理论，有人试图从现代医学的角度阐明这个问题，于是提出肾气-免疫寿命说、肾气-内分泌寿命说、肾气-遗传寿命说。

现代医学对衰老的原因也提出了多种多样的学说。如自身中毒学说、自由基学说、自身免疫学说、内分泌功能减退学说、中枢神经系统衰退说、生物钟学说、差错灾难学说、体细胞突变学说、衰老色素学说等。应该认识到，人体是一个有机的整体，各种导致衰老的因素往往密切相关，相互影响，有时也难以截然区分。因此，衰老是各种内外因素共同作用的结果。

二、中医养生心理概述

关于老年人心理活动的特点，我国古书上有不少精辟的阐述，如《老老恒言》说："老年肝血渐衰，未免性生急躁，旁人不及应，每至急躁益甚……"这说明性格的改变。

唐代孙思邈在《千金翼方》中说："人年五十以上阳气日衰，损与日至，心力渐退，忘前失后，心居怠堕，计授皆不称心，视听不稳，多退少进，日月不等，万事零落，心无聊赖，健忘嗔怒，性情变异，食欲不妙，寝处不安……"这更全面地说明了视觉、听觉、味觉、记忆、性格、情绪等方面的变异。

人到老年虽然生理机能会衰退，但人的活动能力并不仅仅由生理机能决定，在一定程度上人的精神还可反作用于人的生理机能。古往今来，在老年能做出创造性的成就者不胜枚举。像孙思邈在100岁完成了《千金翼方》。

老年期是生命的衰老阶段，也是人生历程的最后一个时期。虽然自古以来人们即追求长生不老，但是谁也不能抗拒生、长、壮、老、死这个生命过程的必然规律，做到"长生不死"。然而，历史上却有不少养生之士，掌握了抗衰延年之道，从而享以高龄，寿至天年。

男子进入老年期后，心身进一步发生了变化，其主要特点如下。

1. 五脏虚弱，形体老化

《灵枢·天年》指出："五十岁，肝气始衰，肝叶始薄，胆汁始减，目始不明。六十岁，心气始衰，苦忧虑，血气懈惰，故好卧。七十岁，脾气虚，皮肤枯。八十岁，肺气虚，魂魄离散，故言善误。九十岁，肾气焦，四脏经脉空虚。百岁，五脏皆虚，神气皆去，形骸独居而始矣。"

该学说提出，50岁以后，五脏精气逐渐亏虚，生理功能逐渐衰退，形体组织、五官七窍发生多方面的老化征象。具体表现为：容貌憔悴、毛发脱落、骨质疏松、眼睑下垂、耳目不聪、健忘少寐、嗅觉减退、牙齿脱落、肌痒溺数、鼻涕涎多、久坐兀睡、未风先寒、笑则有泪等。

2. 天癸数穷，衰阳衰阴

男子进入老年期，天癸渐少，精气渐衰，到了60岁以后，天癸数穷，以至精竭无子。这个事实，早在《内经》时代就有认识。现代研究发现：睾丸容积的缩小自50岁开始，到60~70岁最为明显，50~60岁男子尿中的雄激素则减少到青年期的1/3。有人发现，60~70岁时，已有31.5%的男子无精子产生，70~80岁时，就有40.5%的男子无精子。总之，老年男性精气逐渐减少，机体处于衰阳衰阴的状况。但这种低水平的平衡稳定性较差，易被破坏而发病。当然，中医讲的"精"具有十分广泛的内涵，并非仅仅指精子，精子的多少与衰老并无必然的联系。

3. 神不守舍，心火易炽

老年男子由于阴精阳气亏虚，神失所养，最易浮越，导致神不守舍，出现健忘、言误等症。同时由于精血耗损，导致心火易炽，往往思前想后，患得患失，常有"夕阳无限好，只是近黄昏"之感。另外，由于精血不足，难以养肝制怒，因而一不顺心便怒气发作。正如朱丹溪在《养老论》中说："人生到六十、七十以后，精血俱耗，百不如意，怒火易炽。"

4. 老而还少，自信固执

希腊谚语说："老人是第二次当小孩。"我国民间也有"老还小"之说。由于神经内分泌功能衰退等原因，一些老年男子变得思想简单，说话幼稚，言语啰唆，喜欢自夸，爱发牢骚，自信固执，思维执拗，容易发生颇似幼儿那样以我为中心的现象。

三、老年心身疾病特点

1. 病老难分

中医学家蒲辅周认为"老年人是老不是病，又是病"。病与老两者不可截然分开，这是老年男子的重要发病特点，如头昏目眩、视物不明、失眠健忘、饮食减退等症，既是衰老之症，又是疾病之症。

2. 虚非全虚

男子疾病以虚为本，但并不单独是虚，往往虚中夹实，或虚实兼夹。这是由于精气虚衰，抗邪无力，复感外邪，或脏腑功能衰退，以致夹痰、夹瘀、夹湿等，病情表现复杂。

3. 下虚上盛

医家陆九芝在《世补斋医书》中认为"垂暮之年，阴易虚，阴易亏而阳易强"。老年男子，由于肝肾阴精常亏于下，因而心之虚火易炎于上，最易形成阴虚阳亢、下虚上盛之症。"下虚"之症表现为：腰膝酸软，步履不稳等；上盛则表现为：头昏目眩，视物昏花，耳鸣耳聋，多梦健忘，虚烦少寐，甚则猝然昏仆，不省人事，口眼㖞邪，半身不遂，而为中风。

4. 脾胃易病

"衰老人肠胃薄弱，不能消纳"。老年慢性病往往多伴有神疲倦怠，气短乏力，纳食减少，大便失常等脾虚之症。

5. 百疾易攻

《寿亲养老新书》指出："上寿之人，血气已衰，精神减耗，危若风烛，百疾易攻。"老年男子由于正气不足，机体抵抗力差，故易外感邪气而为病。同时，由于脏腑器官退化，功能低下，而易内生种种病变。如骨质增生、癌症等。

四、老年期养生概要

1. 调摄精神

老年男子的精神保养重在养心安神，精神乐观。孙思邈《千金翼方》说："养老之要，耳不妄听，口不妄言，身无妄动，心无妄念，此皆有益老人也。"老年男子平时闲居无事，无妨闭目养神，做到清心寡欲，排除杂念，戒忧愁，少思虑，节愤怒。凡事不可强求，随遇而安，使情绪稳定，乐观开朗。尤应注意的是，脑用则健，不用则废，老年男子不可心理老化，平时应坚持看书学习，活到老，学到老，以健脑益寿。

2. 慎于起居

老年男子应顺四时，避寒暑，慎起居，勿过劳，生活规律，不嗜烟酒，同时还应注意以下几点：

（1）保证睡眠：少寐乃老年男子之大患，所以保证足够睡眠时间，睡得香甜舒适是其养生保健的重要内容。"华山处士如客见，不觅仙方觅睡方"，就是寻求科学睡眠方法的著名诗句。睡眠的学问很多，老年男子则以睡眠时间相对长些为要。最好采取右侧卧位，注意床应宽大，床铺软硬适中，枕头偏低稍长，松软适度，睡眠环境安静，光线幽暗，睡时不可多言、恼怒，或饱食、饥饿，睡时切勿蒙头、张口。此外，也要讲究睡眠方向等。

（2）常晒太阳：中医学认为天人相应，自然界的阳光能够资助人身阳气。英国专家也认为裸体晒太阳可延年益寿，提高人体荷尔蒙水平，增强性机能，又能治疗许多慢性疾病。因此，老年男子要经常晒晒太阳，以补阳壮身。

（3）睡前洗脚：老年男子多阴虚阳亢，上盛下虚，上热下寒，睡前热水洗脚，补下抑上，从而保持阴阳平衡。另外，热水洗脚还有多方面的作用。

(4) 不可纵欲、不必禁欲、适可而止：男子50岁以后仍有一定的性欲要求。有调查发现，在60~69岁老年男子中，有性要求者占73.63%。但老年男子精气衰亏，不可放纵性欲。老年男子多呈上盛下虚，上热下寒之象。如阴虚阳亢，血压过高，或心力衰弱而激烈性交，多易发生意外。因此，老年男子千万不可纵欲贪欢。过频射精，必然会增加睾丸的负担，反馈性地抑制脑垂体前叶激素的分泌，导致睾丸萎缩，加速衰老。所以，老年人应当节欲。但是，节欲不等于禁欲，适当的性生活对身体健康亦是有益的。

(5) 合理饮食：《养老奉亲书》说："年高之人，真气耗竭，五脏衰弱，全仰饮食，以资气血。"因此，老年男子的饮食宜多样化。在食谱上要以米、谷、豆类为主食，以各种肉类和蔬菜为副食及水果。由于年老之后，脾胃虚弱，消化功能差，尤其要注意食用易于消化的食物。以清淡素食为主，不可过咸和过于滋腻。

老年男子宜多食粥。《老老恒言》说："粥能益人，老年尤宜。"因此，经常食用龙眼粥、粟子粥、胡桃粥、肉苁蓉粥等，可强精益气，益寿延年。此外，要注意定时定量、少吃多餐，做到食不过饱、饥不多饮，饮食皆以温热为要，切忌生冷，平时戒烟节酒，少饮茶，注意食后摩腹、散步，以促进消化吸收，增进健康。

(6) 坚持锻炼：老年男子平时应采取多种方式，坚持一定量的运动锻炼。要着重注意以下几点：①椎体锻炼：每天有规律地活动颈、胸、腰、尾椎，尤其是颈椎、腰椎。可依次做前后屈、左右屈、左右转动，顺、逆时针方向旋转。由于椎体腔内含脊髓，是中枢神经系统的重要组成部分。脊柱部位也是督脉所在之处，督脉总督一身之阳，坚持锻炼，可使生机旺盛，推迟衰老。②心血管系统锻炼：老年男子心脑血管疾病居各种死因之首。最好的预防办法是慢跑和步行。每天坚持半小时的慢跑或快走。③腿部和关节锻炼：人老腿先老。故宜进行下蹲、打太极拳等运动锻炼。④用温热水洗会阴部及睾丸，可使睾丸血液循环加速，延迟睾丸衰老，促进内分泌功能，从而延年益寿。⑤叩齿咽津：每日坚持叩齿咽津锻炼。叩齿即把牙齿上下叩合。咽津是将舌伸出齿外唇内，上下左右搅动，津液满口后,鼓漱 5~10 次,然后用意念分次把口水徐徐送入下丹田。古人对口水极为重视,称之为琼浆玉液,人身之宝。

(7) 药物补养:老年男子补肾填精,健脾益气,调补阴阳,兼顾五脏。明代太医院院判薛己常采取朝补脾、夕补肾之法养生,即早晨用补中益气丸等,晚上用六味地黄丸、金匮肾气丸等。当然,还要根据个人体质情况,掌握时令变化,药宜平和,药量宜小,多以丸剂,补勿过偏,阴中求阳。

参考文献

[1] 姜乾金. 医学心理学. 4 版. 北京:人民卫生出版社,2004
[2] 张进楠. 现代青年心理学. 重庆:重庆出版社出版,2000
[3] 李德新. 实用中医基础学. 沈阳:辽宁科学技术出版社,1995:207
[4] 梁宝勇,王栋. 医学心理学. 长春:吉林科学技术出版社,1998
[5] 钱铭怡. 心理咨询与心理治疗. 北京:北京大学出版社,1994:213-232
[6] 张伯华. 中医心理学. 北京:科学出版社,1995:224
[7] 郑铁涛. 中医诊断学. 上海:上海科学技术出版社,1988
[8] Fride E, Weinstock M. Alteration in behavioral and striatal dopamine asymmetries induced by prenatal stress. Pharmacol Biochem Behav, 1989, 32 (2): 425-430
[9] Sherman GF, Garbanati JA, RosenGD, et al. Lateralization of spatial preference in the female rat. Life Sci, 1983, 33 (2): 189-193

第六章 心理应激

本章导读

- 应激概述
- 生活事件
- 应激反应
- 应激的相关因素

应激是指机体对内、外界各种刺激因素所做出的适应性反应的过程。应激的直接表现之一就是精神紧张。简单地说,可以把应激理解为压力或刺激。当人受到应激作用时,就会产生一种相应的反应,并在新的情况下逐渐地适应。如果人不能适应这种刺激,就可能在生理上或心理上产生异常,甚至可能生病。

第一节 应激概述

当前,在医学心理学领域中,应激的含义可概括为两部分。

1. 应激是一种刺激物

这是把人类的应激与物理学的上定义等同起来。即金属能承受一定的"应力"(stress)。当应力超过其阈值或"屈服点"(yield point)时就引起永久性损害。人也具有承受应激的限度,超过它也会产生不良后果。

2. 应激是一种反应

应激是对不良刺激或应激情境的反应。这是由汉斯·塞里(Hans Selye,1956)的定义发展而来。他认为应激是一种机体对环境需求的反应,是机体固有的,具有保护性和适应性功能防卫反应,从而提出了包含3个反应阶段(警戒期、阻抗期、衰竭期)的一般适应综合征学说。

关于应激的概念,首推塞里(1936)提出的应激学说。塞里通过对患者的观察发现,许多处于不同疾病状态下的个体,都出现食欲减退、体重下降、无力、萎靡不振等全身不适和病态表现,塞里还通过大量动物实验证实,处于失血、感染、中毒等有害刺激作用下以及其他紧急状态下的动物,都可出现肾上腺增大和颜色变深,胸腺、脾及淋巴结缩小,胃肠道溃疡、出血等现象。

塞里认为,每一种疾病或有害刺激都有这种相同的、特征性的和涉及全身的生理生化反应过程。当时他将其称作"一般适应综合征"(general adaptation syndrome,GAS)。塞里认为GAS与刺激的类型无关,而是机体通过兴奋腺垂体—肾上腺皮质轴(后来发展为下丘脑—垂体—肾上腺轴)

所引起的生理变化,是机体对有害刺激所作出的防御反应的普遍形式。他将 GAS 分为警戒、阻抗和衰竭 3 个阶段:①警戒期:是机体为了应对有害环境刺激而唤起体内的整体防御能力,故也称动员阶段。②阻抗期:如果有害刺激持续存在,机体通过提高体内的结构和机能水平以增强对应激源的抵抗程度。③衰竭期:如果继续处于有害刺激之下或有害刺激过于强烈,机体会丧失所获得的抵抗能力而转入衰竭阶段。

应激作用过程所涉及的各种因素其实是多因素相互作用的系统,同时各因素之间也存在内涵上的重叠和交叉。以往试图以一条通路、一个方向或一种因果的思路来反映应激多因素作用过程的理论构思,显然是太机械了。因此,心理应激是多因素的系统。

心理应激理论有助于从整体上认识人的健康问题。它使我们认识到个体实际上是生活在应激多因素的动态平衡之中。

在病因学方面,心理应激理论有助于我们认识疾病发生发展过程中心理、社会和生物各应激因素的作用及其内在规律。

在治疗学方面,可以通过任何消除或降低各种应激因素的负面影响入手,达到治疗的目的,如应激干预模式或压力自我管理计划。这些干预策略包括应激作用"过程"或"系统"的多个环节,例如,控制或回避应激源,改变认知评价,改善社会支持,应对指导,松弛训练等。

在预防方面,如何合理调整应激刺激和各有关中间因素的构成体系,使每个人在适宜的内外环境下健康成长或保持适应,如应激无害化或应对指导训练,都可以看成是以应激理论为指导的心理保健措施。

因此,心理应激"系统"理论对医学工作的各个领域均有指导意义。

第二节 生活事件

生活事件(life event),主要是指可以造成个人的生活风格和行为方式改变,并要求个体去适应或应对的社会生活情景和事件。

生活事件存在于各种社会文化因素之中,诸如人们的生活和工作环境、社会人际关系、家庭状况、角色适应和变换、社会制度、经济条件、风俗习惯、社会地位、职业、文化传统、宗教信仰、种族观念、恋爱婚姻等，当这些因素发生改变时，就可能成为生活事件。

应激源（stressor）是指能引起全身性适应综合征或局限性适应综合征的各种因素的总称。目前在心理应激研究领域，生活事件或应激源包括了生物、心理、社会和文化等方面的刺激。

应激源主要来自3个方面：

（1）外部物质环境：包括自然的和人为的两类因素。属于自然环境变化的有寒冷、酷热、潮湿、强光、雷电、气压等，可以引起冻伤、中暑等反应。属于人为的因素有大气、水、食物及射线、噪声等方面的污染等，严重时可引起疾病甚至残废。

（2）个体的内环境：内、外环境的区分是人为的。内环境的许多问题常来自于外环境，如营养缺乏、感觉剥夺、刺激过量等。机体内部各种必要物质的产生和平衡失调，如内分泌激素增加，酶和血液成分的改变，既可以是应激源，也可以是应激反应的一部分。

（3）心理社会环境：大量事实说明，心理社会因素可以引起全身性适应综合征，具有应激性。尤其亲人的离丧常常是更加令人注意的应激源，因为在悲伤过程中往往产生明显躯体症状。有研究表明，新近丧偶者在其居丧之年死亡率比同年龄其他人高得多。

（一）按事件的生物-心理-社会属性分类

1. 躯体性应激源

指直接作用于躯体的理化与生物学刺激物，是塞里早年提出的生理应激源，最初只是把这些刺激物看作是引起生理反应的因素。现在则认为刺激物可导致心理反应。

2. 心理性应激源

包括人际关系的冲突。个体的强烈需求或过高期望、能力不足或认知障碍等。

3. 社会性应激源

可以概括为两大类：

（1）客观的社会学指标：指经济、职业、婚姻、年龄、受教育水平等差异。

(2) 社会变动性与社会地位的不合适：包括世代间的变动（亲代与子代的社会环境变异）；上述社会学指标的变迁；个人的社会化程度、社会交往、生活、工作的变化；重大的社会政治、经济的变动等。

4. 文化性应激源

这是指因评议、风俗、习惯、生活方式、宗教信仰等引起应激的刺激或情境。如迁居异国他乡、语言环境改变等"文化性迁移"。

(二) 生活事件的现象学分类

1. 工作问题

包括长期高温、低温、噪音、矿井等环境中的工作；注意力高度集中和消耗脑力的工作；从事长期远离人群（远洋、高山、沙漠）、高度消耗体力、威胁生命安全、经常改变生活节律、无章可循以及单调重复的流水线工作；超出本人实际能力限度的工作；调动、转岗或离岗等。

2. 恋爱、婚姻和家庭问题

包括觅配偶、失恋、夫妻不和、分居、外遇和离婚；亲人亡故、患病、外伤、手术和分娩；子女管教困难、老人需要照料、住房拥挤以及家庭成员关系紧张等。

3. 人际关系问题

包括与领导、同事、邻里、朋友之间的意见分歧和矛盾冲突等。

4. 经济问题

包括经济上的困难或变故，如负债、失窃、亏损和失业等。

5. 个人健康问题

指疾病或健康变故给个人造成的心理威胁，如癌症诊断、健康恶化、心身不适等。

6. 自我实现和自尊方面的问题

指个人在事业和学业上的失败或挫折，以及涉及案件、被审查、被判罚等。

7. 喜庆事件

指结婚、再婚、立功、受奖、晋升、晋级等，需要个体做出相应心理调整。

但是，由于生活事件内容很广，许多事件相互牵扯交织在一起，对其进行严格的分门别类较为困难。这也是导致各种生活事件评估量表对事件的分类各不相同的原因。

（三）生活事件对个体的影响分类

1. 正性生活事件

正性生活事件（positive events）指个人认为对自己的心身健康具有积极作用的事件。日常生活中有很多事件具有明显积极意义从而产生积极的体验，如晋升、提级、立功、受奖等。

但也有在一般人看来是喜庆的事情，而在某些当事人身上却产生消极的体验，成为负性事件。例如，结婚对于某些当事人却引起心理障碍。

2. 负性生活事件

负性生活事件（negative events）指个人认为对自己产生消极作用的不愉快事件。这些事件都具有明显的厌恶性质或带给人痛苦悲哀心境，如亲人死亡、患急重病等。

研究表明，负性生活事件对心身健康的影响高于正性生活事件。

（四）按事件的主客观属性分类

1. 客观事件

不以人们的主观意志为转移的事件。这些事件其他人也能明显体验。这些事件一般是个体以外的因素所造成的，如生老病死以及地震、洪水、火灾、山体滑坡、车祸、空难、海难、空袭、战争等人们常说的天灾人祸。这些事件往往会造成强烈的精神创伤，或创伤后应激障碍（post traumatic stress disorder，PTSD）。客观生活事件在评定时具有较高的重测信度。

2. 主观事件

有时难于被其他人所体会和认同，包括人际矛盾、事业不顺、负担过重等。由于这些事件具有一定的主观性，在评定时具有较低的重测度。

许多事件既具有客观属性又具有主观属性，在具体研究工作中应加以注意，这些划分并不是绝对的。

第三节　应激反应

一、应激反应的概念

（一）应激反应与心身反应

应激反应（stress reaction）是指个体因为应激源所致的各种生物、心理、社会、行为方面的变化，常称为应激的心身反应（psychosomatic response）。

不过，由于各种应激因素存在交互关系，在应激研究中要对应激反应概念作严格的界定，实际上有一定的难度。例如，个体由于生活事件引致的认知评价活动，其本身就是事件引起的一种心理"反应"。同样，许多应对活动也可以被看成是对生活事件的"反应"，甚至许多继发的主观事件也仅仅是个体对原发事件的进一步"反应"。对此，我们在学习理解应激反应时也应持灵活的态度。

即使目前人们已普遍接受应激具有"刺激"和"反应"两个方面，或者承认心理行为因素在应激中的重要作用，但由于历史或职业的缘故，在某些心理学或医学学术领域所涉及的"应激"概念往往近似于这里的应激反应。

（二）应激反应在心理病因学中的意义

心理应激反应在健康和疾病中具有重要的理论和实际意义。首先必须看到，应激反应是个体对变化着的内外环境所做出的一种适应，这种适应是生物界赖以发展的原始动力。对于个体来说，一定的应激反应不但可以看成是及时调整与环境的关系，而且这种应激性锻炼有利于人格和体格的健全，从而为将来的环境适应提供条件。应激的反应并不总是对人体有害的，这已被各种研究所证实。

临床医学中的许多问题实际上就是平衡与不平衡的关系，如生理与病理、健康与疾病。应激反应与一些功能性疾病的症状常常具有直接联系。目前严重影响人类健康的疾病当中多数与心理应激因素的长期作用有关。从应激的心身反应，到心身障碍的症状，再到心身疾病，在逻辑上显然存在某种联系。这就是病因心理学的研究内容。

二、应激的心理行为反应

应激的心理反应可以涉及心理和行为的各个方面，如应激可使人出现认识偏差、情绪激动、行动刻板，甚至可以涉及个性的深层部分如影响到自信心等。但与健康和疾病关系最直接的是应激的情绪反应。以下重点介绍应激的情绪反应和行为反应。

（一）情绪反应

个体在应激时产生什么样的情绪反应及其强度如何，受很多因素的影响，差异很大。这里介绍几种常见的情绪反应。

1. 焦虑

焦虑（anxiety）是应激反应中最常出现的情绪反应，是人预期将要发生危险或不良后果的事情时所表现的紧张、恐惧和担心等情绪状态。

在心理应激条件下，适度的焦虑可提高人的警觉水平，伴随焦虑产生的交感神经系统的被激活可提高人对环境的适应和应对能力，是一种保护性反应。但如果焦虑过度或不适当，就是有害的心理反应。这里指的是状态焦虑（state of anxiety），还有一种特质焦虑（trait of anxiety）是指无明确原因的焦虑，属一类人格特质。

2. 恐惧

恐惧（fear）是一种企图摆脱已经明确的有特定危险，会受到伤害或生命受威胁的情景时的情绪状态。恐惧伴有交感神经兴奋，肾上腺髓质分泌增加，全身动员，但没有信心和能力战胜危险，只有回避或逃跑，过度或持久的恐惧会对人产生不利的影响。

3. 抑郁

抑郁（depression）表现为悲哀、寂寞、孤独、丧失感和厌世感等消极情绪状态，伴有失眠、食欲减退、性欲降低等。抑郁常由亲人丧亡、失恋、失学、失业，遭受重大挫折和长期病痛等原因引起。这里指的是外源性抑郁，还有一种内源性抑郁，与人的素质有关。

4. 愤怒

愤怒（anger）是与挫折和威胁有关的情绪状态，由于目标受到阻碍，自尊心受到打击，为排除阻碍或恢复自尊，常可激起愤怒。愤怒时交感神经兴奋，肾上腺分泌增加，因而心率加快，心输出量增加，血液重新分配，支气管扩张，肝糖原分解，并多伴有攻击性行为。

上述应激的负性情绪反应与其他心理功能和行为活动可产生相互影响，可使自我意识变狭窄、注意力下降，判断能力和社会适应能力下降等。

（二）行为反应

伴随应激的心理反应，机体在行为上也会发生改变，这也是机体顺应环境变化的需要。

1. 逃避与回避

逃避和回避都是为了远离应激源的行为。

逃避（escape）是指已经接触到应激源后而采取的远离应激源的行动；回避（avoidance）是指率先知道应激源将要出现，在未接触应激源之前就采取行动远离应激源。

两者的目的都是为了摆脱情绪应激，排除自我烦恼。

2. 退化与依赖

退化（regression）是当人受到挫折或遭遇应激时，放弃成年人应对方式而使用幼儿时期的方式应付环境变化或满足自己的欲望。

退化行为主要是为了获得别人的同情支持和照顾，以减轻心理上的压力和痛苦。退化行为必然会伴随产生依赖（dependence）心理和行为，即事事处处依靠别人关心照顾而不是自己去努力完成本应自己去做的事情。

退化与依赖多见于病情危重经抢救脱险后的患者以及慢性病患者。

3. 敌对与攻击

敌对与攻击的共同心理基础是愤怒。

敌对（hostility）是内心有攻击的欲望但表现出来的是不友好、谩骂、憎恨或羞辱别人。攻击（attack）是在应激刺激下个体以攻击方式做出反应，攻击对象可以是人或物，可以针对别人也可以针对自己。例如，临床上某些患者不肯服药或拒绝接受治疗往往表现出自损自伤行为，如自己拔掉引流管、输液管等。

4. 无助与自怜

无助（helplessness）是一种无能为力、无所适从、听天由命、被动挨打的行为状态，通常是在经过反复应对不能奏效，对应激情境无法控制时产生，其心理基础包含了一定的抑郁成分。无助使人不能主动摆脱不利的情境，从而对个体造成伤害性影响，故必须加以引导和矫正。

自怜（self-pity）即自己可怜自己，对自己怜悯惋惜，其心理基础包含对自身的焦虑和愤怒等成分。自怜多见于独居、对外界环境缺乏兴趣者，当他们遭遇应激时常独自哀叹、缺乏安全感和自尊心。倾听他们的申诉并提供适当的社会支持可改善自怜行为。

5. 某些物质滥用

某些人在心理冲突或应激情况下会以习惯性的饮酒、吸烟或服用某些药物的行为方式来转换自己对应激的行为反应方式。尽管这些物质滥用对身体没有益处，但这些不良行为能达到暂时麻痹自己，摆脱自我烦恼和困境之目的。

三、应激的生理反应机制

心理应激的生理反应最终可涉及全身各个系统和器官，甚至毛发。各种心理刺激通过脑干的感觉通路传递到丘脑和网状结构，而后继续传递到涉及生理功能调节的自主神经和内分泌的下丘脑以及涉及心理活动的"认知脑"区和"情绪脑"区。在这些脑区之间有广泛的神经联系，以实现活动的整合；另外，通过神经体液途径，调节脑下垂体和其他分泌腺体的活动以协调机体对应激源的反应。

应激的生理反应以及最终影响心身健康的心身中介机制（mediating mechanism）涉及神经系统、内分泌系统和免疫系统。

必须指出，这3条中介途径其实是一个整体，而且其中有关细节问题正是目前深入研究的领域。

（一）神经递质与心理应激

1. 单胺类递质

这类递质主要有肾上腺素、去甲肾上腺素（NE）和多巴胺（DA）。

肾上腺素和去甲肾上腺素也是导致人体在应激条件下产生某些疾病的重要因素。心脏交感神经活动增强而导致NE大量释放是引起心律失常和心肌损伤加剧的重要因素。

多巴胺曾被认为是NE合成过程中的中间产物，可使脑组织兴奋和保持一定的警觉性，有证据表明DA与人的精神亢奋及精神分裂症的发生有关，并广泛参与心理应激活动。

2. 胆碱类递质

胆碱类递质主要是乙酰胆碱（Ach）。人们在研究记忆时提出边缘系统的海马回和杏仁核与近期记忆有关，而皮质联合区与远期记忆有关，这些部位都有胆碱能通道的存在，所以认为Ach在促进学习和记忆方面可能起着重要作用，这为解释为什么某种短暂的强烈心理刺激会使人们留下终身的记忆提供理论依据。

3. 氨基酸类递质

γ-氨基丁酸（GABA）是一种重要的抑制性神经递质（inhibitory neurotransmitter），主要分布在脑内，外周神经和其他组织中很少。GABA被认为对中枢神经元有普遍的抑制作用。研究表明，GABA参与了学习和记忆过程的调节，在对动物进行训练后注射GABA拮抗剂对保持动物的记忆有增强作用，而注射GABA的激动剂则会损坏记忆的保持。

4. 神经肽类递质

已有研究表明肾上腺皮质激素在应激导致的心血管病变和一些自身免疫性病变中具有特别重要的意义。

（二）应激时的神经内分泌反应

当机体受到强烈刺激时，就会出现以交感神经兴奋、儿茶酚胺分泌增多和下丘脑、垂体－肾上腺皮质分泌增多为主的一系列神经内分泌反应，以适应强烈刺激，提高机体抗病的能力。因此，应激时的神经内分泌反应，是疾病时全身性非特异反应的生理学基础。应激时，交感神经－肾上腺髓质反应既有防御意义又有对机体不利的一面。

1. 防御意义

主要表现在以下5个方面：

（1）心率加快、心肌收缩力加强、外周总阻力增加：有利于提高心脏每搏和每分钟输出量，提高血压。

（2）血液的重分布：交感－肾上腺髓质系统兴奋时，皮肤、腹腔内脏、肾脏等血管收缩，脑血管口径无明显变化，冠状血管反而扩张，骨骼肌的血管也扩张，从而保证了心、脑和骨骼肌的血液供应，这对于调节和维持各器官的功能，保证骨骼肌在应付紧急情况时的加强活动，具有很重要的意义。

（3）支气管舒张：有利于改善肺泡通气，向血液提供更多的氧气。

（4）促进糖原分解，升高血糖：促进脂肪分解，使血浆中游离脂肪酸增加，从而保证了应激时机体对能量的需求。

（5）儿茶酚胺对许多激素的分泌有促进作用。儿茶酚胺分泌增多是引起应激时多种激素变化的重要原因。

2. 对机体不利的一面

（1）外周小血管收缩，微循环灌流量少，导致组织缺血。

（2）儿茶酚胺促使血小板聚集，小血管内的血小板聚集可引起组织缺血。

（3）过多的能量消耗。

（4）增加心肌的耗氧量。

（三）心理社会应激对免疫功能的影响

心理社会应激对免疫功能具有显著抑制性影响。澳大利亚一火车事故死者配偶中，出现淋巴细胞功能抑制，T 细胞对细胞分裂促进剂的反应比对照组低 10 倍；Schliefeetal 等对转移癌妇女的配偶的前瞻性研究发现，配偶死亡后最初两个月内受试者的 B 和 T 淋巴细胞功能有显著性抑制，4~14 个月此抑制反应仍处在中度状态，表明体液和细胞免疫受影响。

心理社会因素在应激反应中使免疫功能发生变化的机制是：

（1）下丘脑的调节作用。
（2）自主神经功能对淋巴细胞的影响。
（3）皮质激素的作用。

第四节 应激的相关因素

一、认知评价

本节首先以读者都熟悉的考试为例引出认知评价的作用。

如果一个人把考试看成关系到自己终身前途命运的奋力一搏，进而设想一旦考不好，什么前途、理想、名誉、家庭幸福等都将付之东流！那么，有这样的认知评价，考试焦虑水平必然要高。

相反，假如一个人认为自己考上考不上大学都无所谓，那么，具有此类认知评价的人，就不会感到身负重压、紧张不安的。

另外，对自我的评价不当，平常自我评价偏高，一遇难题却实力不济，很快便会乱了方寸；如果对自我的评价过低，或对考试感到非常无把握，缺乏自信，带着悲观压抑的心理上考场，一些很容易的题目也不敢去尝试解决，屡次考试成绩总是不好，就会形成一种对考试的畏惧感，进而形成条件反射，引发怯场。所以，认知评价能力在稳定和调节考试焦虑上起着十分重要的作用。情境是否引起人的焦虑情绪以及焦虑的程度如何，同人的认知评价能力息息相关。

认知评价（cognitive appraisal）是个体察觉事件对自身影响性质、程度和危害性的认识和判断，它是解释在同样事件情况下，为什么不同的个体会有不同的结果。

评价有原发性评价（primary appraisal）和继发性评价（secondary appraisal）之分。

原发性评价是指个体对应激情境中威胁的察觉，判断是否与自己有利害关系，包括损害—丧失（harm-loss）、威胁和挑战3种，其中以挑战的消极意义最小，积极意义最高。

继发性评价指机体对自身存在可供利用的应对手段的判断。

由于评价是认知加工过程，个体的认知及应对能力对同一应激源可做出不同的评价并引发不同的反应，可以将认知评价结果分为积极应激（eustress）和消极应激（distress）两种。

二、应对方式

应对（coping）又称应付，或称积极应对（coping with）。由于"应对"可以被理解为个体解决生活事件和减轻生活事件对自身影响的各种策略，故又称之为应对策略（coping strategies）。目前一般认为，应对是个体对生活事件以及因生活事件而出现的自身不平稳状态所采取的认知和行为措施。

"应对"是个体对抗应激的一种手段。用心理学的术语来定义则是"应对是个体对环境或内在需求及其冲击所做出的努力性行为"。

应对是人体生命活动的一个重要组成部分，应对的过程和完成伴随一系列行为与生理的变化。

1. 行为变化

人类的应对是通过预测（predictability）、反馈（feedback）及控制（control）3种机制实现的。预测是对威胁情境的正确理解与评价。对患者的术前教育就是加强其预测性。反馈是校正应对的作用。反馈的精确程度也能左右应对的成功程度。控制包括自我控制与对环境的控制，在一定程度上反映了个体承受应激和调整环境的能力。

2. 生理变化

血液中的皮质醇浓度可以反映应对的成效。一般在应对成功后，在心理上表现满足感、轻松感和达到目的感的同时，血液中皮质醇浓度保持低水平。而应对失败则可引起皮质醇浓度较长时间的升高，正常时定期释放的频率增加。动物实验证明，应对失败后，血中皮质醇浓度在最初 24 小时内持续升高并稳定在高水平，可达 5 天左右。远远超过一般休克时引起皮质醇升高所持续的时间。

应对是作为对抗致病刺激作用的过程而表现的，因此，它必然影响个体的健康，主要途径有 4 种：

（1）通过影响个体体验的应激反应的频率、强度及特征而影响健康。

（2）通过习得并保持参与应对功能的生理机能。如血压升高可伴随压力感受器的兴奋而产生镇静作用。在长跑锻炼时，这种升压反应可短期降低焦虑情绪。

（3）有些不良的应对行为可影响个体健康水平。如有人以饮酒、吸烟来应对应激，常可使其原有疾病加剧。

（4）个体对急性病的威胁或慢性病的需求所作出的应对常成为影响疾病进程的重要因素。慢性支气管炎患者常以吸烟有利于痰的排出为理由来拒绝戒烟；素来健康者常忽视微小症状而酿成大病。

三、心理防御机制

（一）心理防御机制概念

心理防御机制（defense mechanism）是精神分析理论的概念，是潜意识的。当本我的欲望与客观实际条件出现矛盾而造成潜意识心理冲突时，个体会出现焦虑反应，此时潜意识的心理防御机制就起到减轻焦虑的作用。

显然，应对和心理防御机制不属于同一范畴，但也存在着内部联系，如两者都是心理的自我保护措施。目前应对量表中也包含着许多心理防御性质的条目，如合理化、压抑、迁怒等。

（二）心理防御机制分类

弗洛伊德最早提出了 9 种防御机制，后来他的女儿安娜·弗洛伊德发展了防御机制理论。

至今，已有数十种防御机制被提出。Vaillant 将防御机制分为 4 种类型。

1. 自恋型

又称精神病性防御机制，婴幼儿时期的孩童只表现自己爱恋自己，所以常常采用，正常人多为暂时采用，而精神病患者常极端地采用，故又称为精神病性防御机制。包括否认、曲解、外射等。

2. 神经症型

少儿时期得到充分采用，成年人也常采用，但在神经症患者常被极端采用，故以此命名。包括合理化、反向作用、转移、隔离等。

3. 不成熟型

多发生于幼儿期，但也被成年人采用。包括退化、幻想、内射等。

4. 成熟型

出现较晚，是一些较有效的心理防御机制，成熟的成年人常采用。包括幽默、升华、压抑等。

（三）常见的心理防御机制

防御机制的种类很多，这里只介绍一些主要的方式。应该强调的是，防御机制是正常人或精神病患者都具有的心理活动。因此，不能说防御机制本身是病态的或异常的。只有当防御机制失败，或自我虽免于痛苦，但由于防御机制运用不当、过分，以致破坏了心理活动的平衡原则，改变了个人的社会适应，这才能表现为病态。

1. 否认作用

这是一种比较原始而简单的心理防御机制。它的方法不是把已发生的痛苦与不快有目的地忘却，而是把它加以"否定"，从而避免了心理上的不安与痛苦。

2. 压抑作用

这是把不能被意识所接受的念头、情感和行动在不知不觉中抑制到潜意识里去的作用，这是心理防御机制的最根本的方式，通常来说，心理活动能把一些人所不堪忍受或能引起内心矛盾冲动的念头、情绪或行动，在被意识到之前便抑制、存放到潜意识中去，不至于时时干扰我们的心境。

3. 退化作用

退化有时又叫退行（regression）。当人们遇到挫折时，放弃已经习惯的成人方式，而恢复使用早期幼稚的方式去回避令人烦恼的现实，摆脱痛苦或满足自己的欲望，这就是退化现象。

4. 幻想

是指个人遇到现实困难时，因无力处理这些问题，便以幻想的方法，使自己脱离现实，在幻想中处理心理上的困扰，让欲望得到满足。

5. 转移

所谓转移，就是当一个人因限于理智或社会的制约，将对某一对象的情绪、欲望或态度，在潜意识中转移到另一个可替代的对象身上。平常所指的"迁怒于人"就是一例。

6. 合理化

合理化（rationalization）又称文饰作用。个人受挫折或无法达到自己追求的目标及行为表现不符合社会规范时，给自己杜撰一些有利的理由来解释。

7. 投射作用

通常是指将自己所不喜欢，或不能接受的性格、态度、意念或欲望，转移到别的人身上或外部世界去。广泛的投射泛指各种内在心理的外在化。有些人自己有某种恶念或不良欲望，但坚信别人也有这些念头，以此保持心境的安宁。

8. 摄入作用

这是与投射作用相反的一种防御机制，摄入作用是指广泛地、毫无选择地吸收外界的事物，而将它们变为自己内在的东西。如常言所说"近朱者赤，近墨者黑"。

9. 反向作用

这是以"矫枉过正"的形式来处理一些不能被接受的欲望与行为。因为人的许多原始的行动及欲望，是自己和社会规范所不能容忍、不能许可的，所以常被压抑而潜伏到潜意识中去，不为自己所觉察。

10. 补偿作用

人们因生理上或心理上有缺陷而感到不适时，企图用种种方法来弥补这些缺陷以减轻不适感，称为补偿作用。引起这种心理不适的，可能是生理与客观现实中的缺陷和不足，也可能是自己的主观认识或想象。如盲人的触觉、听觉敏锐就是一种常见的补偿。

11. 同一化

这是一种潜意识的机制。它使一个人力图把自己变得跟他人相似，甚至以他人自居。如在不自觉中，男孩模仿父亲、女孩模仿母亲，这可以促使儿童的性格逐步成熟。特别有助于男女性别的发展。

12. 隔离作用

是把部分事实从意识境界中加以隔离，不让自己意识到，以免引起心理上的不愉快，最常被隔离的就是事情中与事实相关的感觉部分。

13. 抵消作用

这是以某种象征性的活动或事来抵消已经发生的不愉快事情，补偿心理上的不适与不安。

14. 幽默

也是一种积极的心理防御形式。当一个人遇到挫折时，常可使用幽默来化解心境，维持自己的心境平衡。

四、社会支持

社会支持（social support）是指个体与社会各方面包括亲属、朋友、同事、伙伴等社会人以及家庭、单位、工会等社团组织所产生的精神上和物质上的联系程度。

社会支持的概念所包含的内容相当广泛，包括个人与社会所发生的客观的或实际的联系，如得到物质上的直接援助和社会网络。这里说的社会网络是指稳定的（如家庭、婚姻、朋友、同事等）或不稳定的（非正式团体、暂时性的交际等）社会联系的大小和获得程度。

社会支持还包括主观体验到的或情绪上的支持，即个体体验到在社会中被尊重、被支持、被理解和满意的程度。许多研究表明，个体感知到的支持程度与社会支持的效果是一致的。

（一）社会支持的意义

多项研究证明，社会支持与应激事件引起的心身反应成负相关，说明社会支持对健康具有保护性作用，并进一步可以降低心身疾病的发生和促进疾病的康复。

有证据表明，幼年严重的情绪剥夺，可产生某些神经内分泌的变化，如 ACTH 及生长激素不足等。Thomas 等研究 256 名成人的血胆固醇水平、血尿酸水平及免疫功能。通常应激会使血胆固醇水平升高，血尿酸水平升高，免疫机能降低。他们发现，社会相互关系调查表的密友关系部分社会支持得分高，则血胆固醇水平及血尿酸水平低，免疫反应水平高。这与年龄、体重、吸烟、酗酒、情绪不良体验等因素无关。

（二）社会支持保护健康的机制

1. 缓冲作用假说

该假说认为，社会支持只是在人们面临高的生活压力的情况下发挥作用，它使人们免受或较少地受压力事件的影响，保持和增进健康。社会支持对健康的影响表现在它们能缓冲生活事件对健康的损害作用，其本身对健康无直接作用。与之对应的是缓冲器模型。该模型认为，只有当个体处于应激状态下，社会支持与心身健康之间的关系才得以建立，缓冲压力事件对个体心身状况的消极影响，使个体保持和增进健康。

2. 独立作用假说

该假说认为，无论生活事件存在与否，社会支持对健康都有影响，社会支持具有普遍的增益效果，即无论个体目前的社会支持水平如何，只要增加社会支持，必然导致个体健康状况的提高。高的社会支持总伴随着良好的心身状况。与之相对应的是社会支持的主效应模型（main effect model）。该模型认为，社会支持之所以具有增益作用，是因为个体所拥有的社会网络能为其提供积极的情感体验，以及对自我价值的认知。另外，与社会网络的融合在使个体获得归属感的同时，还使个体易于获得必要的帮助以避免一些负性生活经历，如经济问题、法律纠纷等，这些负性生活经历往往会增加心理障碍或身体疾病的可能性。主效应模型得到了许多研究结果的支持。例如，有资料显示，与世隔绝的老年人比与密切联系社会的老年人相对死亡率高。社会支持低下本身可能导致个体产生不良心理体验，如孤独感、无助感，从而使心理健康水平降低。这说明充分利用社会支持和提高个体被支持的主观体验对健康有直接的作用。

以上两种社会支持的作用模型都得到了研究结果的支持，相对来说，社会支持的缓冲器模型比主效应模型受到更多的关注。

五、个性与应激

（一）个性与应激因素之间的关系

个性可以影响个体对生活事件的感知，偶尔甚至可以决定事件的形成。个性与应激反应的形成和程度有关，同样的生活事件，在不同个性的人身上可以出现完全不同的心身反应结果。作为应激作用过程中的诸多因素之一，个性特征与生活事件、认知评价、应对方式、社会支持和应激反应等因素之间均存在相关性。

个性可以影响认知评价。态度、价值观和行为准则等个性倾向性，以及能力和性格等个性心理特征因素，都可以不同程度影响个体在应激过程中的初级评价和次级评价。这些因素决定个体对各种内外刺激的认知倾向，从而影响对个人现状的评估，事业心太强或性格太脆弱的人就容易判断自己的失败。个性有缺陷的人往往存在非理性的认知偏差，使个体对各种内外刺激发生评价上的偏差，可以导致较多的心身症状。

个性还可以影响应对方式。个性特质一定程度决定应对活动的倾向性即应对风格。不同人格类型的个体在面临应激时可以表现出不同的应对策略。姜乾金的研究资料显示，个性中的情绪不稳定性和内外向维度与特质应对问卷中的条目有相关性。Folkman "情绪关注" 类应对的跨情景重测相关高于 "问题关注" 类，认为情绪关注类应对更多地受人格影响。

（二）个性在应激研究中的作用

个性与疾病的关联，很难说是两者之间的直接因果关系。特定的个性确易导致特定的负性情绪反应，进而与精神症状和躯体症状发生联系。这说明情绪可能是个性与疾病之间的桥梁。但这一认识并未能进一步解释个性与情绪之间的联系又是如何的。心理应激研究为此提供了解释：在应激作用过程中，个性与各种应激因素存在广泛联系，个性通过与各因素间的互相作用，最终影响应激心身反应的性质和程度，并与个体的健康和疾病相联系。如姜乾金曾利用多因素分析方法，证明个性确与其他应激因素互有相关性，并共同对应激结果做出"贡献"。

参考文献

［1］ 徐晓燕，冯丽云，姜乾金．退休老人群体睡眠质量影响因素分析．中国行为医学科学，2003，12（4）：443

［2］ 沈晓红，姜乾金．术前焦虑与术后心身康复的相关性及其心理社会影响因素．中国临床心理学杂志，2003，11（3）：200－201

［3］ 徐晓燕，冯丽云，姜乾金．影响癌症患者屈服应对策略的心理社会因素．中国心理卫生杂志，2003，17（9）：644

［4］ 陈亚娣，陈君柱，姜乾金．永久性起搏器植入患者心理卫生状况及相关因素．中国心理卫生杂志，2003，17（6）：393

［5］ 姜乾金．医学心理学（卫生部统编教材）．4 版．北京：人民卫生出版社，2004

［6］ 范振国，陈加美，卢胜利，等．老年抑郁与生活事件、社会支持的对照研究．中国心理卫生杂志，1993，5：230－231

［7］ Freud S. New introductory lectures on psychoanalysis. New York: Norton, 1933

［8］ Lazarus RS and Folkman S. Stress, appraisal, and coping. New York: Springer, 1984

［9］ Billings AG and Moos RH. The role of coping responses and social recourses in attenuating the impact of stressful life events. Journal of Behavioral Medicine, 1981, 4: 139－157

［10］ McCrae RR. Situational determinants of coping responses: Loss, threat, and challenge. Journal of Personality and Social Psychology, 1984, 46: 919－928

［11］ Folkman S and Lazarus RS. If it changes it must be a process: A study of emotion and coping during three stages of a college examination. Journal of Personality and Social Psychology, 1985, 48: 150－170

［12］ Endler NS and Parker JDA. Multidimentional assessment of coping: A critical evaluation. Journal of Personality and Social Psychology, 1990, 58: 844－854

［13］ Patterson TL. Internal vs. external determinants of coping responses to stressful life events in the elderly. British Journal of Medical Psychology, 1990, 63: 149 – 160

[14] Scheier MF and Carver CS. A model of behavioral self-regulation: Translating intention into action. In: Berkowitz L (eds). Advances in experimental social psychology (Vol. 21). New York: Academic Press, 1988: 303 – 346

[15] Scheier MF, Weintraub JK and Carver CS. Coping with stress: Divergent strategies of optimists and pessimists. Journal of Personality and Social Psychology, 1986, 51: 1257 – 1264

第七章 老年期异常心理概述

本章导读

- 老年期异常心理概述
- 老年期焦虑性障碍
- 老年期抑郁障碍
- 人格障碍
- 老年期性心理障碍
- 酒精依赖
- 烟草依赖
- 药物成瘾

第一节　老年期异常心理概述

一、异常心理的判断标准

心理活动是一个非常复杂的现象，正常心理与异常心理之间的差别只是相对的，客观与主观诸多因素对异常心理活动的影响很大，因此，在判别异常心理和行为时很难规定一个绝对的划分标准。而异常心理的判断标准对认识心理与行为异常的发生、发展极为重要，尤其在精神病临床应用方面更是不可缺少的。

目前通常按以下几种标准对异常心理从原则上和方法上进行判断，分别介绍如下。

1. 经验标准

经验标准是以经验为基准的判断标准。以经验作为判别标准时主要根据两个方面，一是个体的主观体验，即自我评价。二是观察者根据自己的经验对被观察者的心理与行为状态的判断。

2. 异常心理的统计学标准

异常心理的统计学标准来源于对正常心理特征的心理测量。对普通人群的心理特征进行测量的结果常常呈正态分布，也就是说，位居中间的大多数人属于心理正常范围，而远离中间的两端则被看作异常心理。因此，判断一个人的心理正常与否，就以其偏离平均值的程度而定，偏离平均值的程度越大，不正常的可能性就越大。

3. 医学标准

异常心理的医学标准又称症状学和病因学标准。从医学角度出发，用判断躯体疾病的方法来判断心理是否处于异常状态，即根据是否有症状和病因来判断其心理是否异常，比如某种心理现象或行为可以找到病理解剖或病理生理的异常指标，则心理异常成立，其心理和行为表现即为症状，而其病因就是相应的异常化验结果。

4. 社会适应标准

该标准是以社会常模为标准来衡量的。社会常模是指正常人符合社会准则的心理与行为。如果个体的心理与行为表现与社会不相适应，就被认为异常的存在。

用社会适应作标准判断心理是否异常，要注意考虑国家、地区、民族、时间、风俗和文化等方面的影响，不能一概而论。因为，同一种心理与行为，所处环境不同，其评价结论也有所不同。

二、异常心理的病因模式

在异常心理研究中，各种学派分别以不同的观点探讨和阐述异常心理产生的原因、机制和治疗问题。现将几种主要的理论模式简单介绍如下。

（一）生物医学理论模式

这种模式认为异常心理是由生物学因素造成的。生物学因素主要是指遗传、躯体疾病、生理和生化改变、病毒和细菌及药物影响等。临床研究证实，脑部疾病和损伤可引起心理与行为异常。此外，感染、中毒、代谢障碍、遗传、体内生化改变包括中枢神经系统神经递质的异常均可伴发心理和行为的异常。

（二）心理动力学理论模式

精神分析学说认为，被压抑在潜意识中的冲突是心理异常的动力性原因。精神分析疗法在治疗神经症、心身疾病等方面也有一定价值。

（三）行为理论模式

该理论认为所有的行为都是经后天学习而形成的，倡导通过教育和训练来矫治与心理社会相关的疾病。这个理论模式在理论和实践中都有重要意义。

（四）人本主义理论模式

人本主义心理学认为，发挥潜能的自我实现是个体的最高动机。如果在良好环境中，个体能发挥潜能而自我实现；若遭遇挫折和干扰，就会导致心理和行为的错乱。

（五）社会文化理论模式

该模式强调社会文化因素的作用，认为大多数心理和行为异常是社会文化的产物。一个人如果能得到社会支持与同情，遇到的挫折就少，心理就会处于正常状态，反之，就会出现社会文化关系的失调，当其强度和速度达到个体无法承受时，就产生了心理与行为的异常。这里所说的社会文化因素是指社会或环境中的应激事件，如污染、噪音、人际关系不良、社会变动等，以及民族、风俗、宗教信仰、生活习惯、伦理道德冲突等。

（六）认知理论模式

除了外界因素外，人的思想因素是不容忽视的。这种理论模式认为，认知即人的思想和信念是异常行为的核心。运用认知模式治疗的主要目标是明确地教会个体运用更适合的思维方法。

（七）生物—心理—社会理论模式

该理论模式认为心理行为的异常与生物、心理、社会因素均有关系，它们互相依存、互相影响、互相制约，不可分割和偏重。只有综合考虑生物、心理、社会诸因素的相互作用，才能获得圆满的解释，避免了其他理论模式的不足和片面性。

三、异常心理的症状学及疾病分类

对异常心理和行为进行分类，是一项非常复杂的工作，时至今日，仍然有很多不同的分类方法，并且相互之间有矛盾。本书主要介绍现象学分类和精神病学分类。

（一）老年人常见精神症状

1. 认知过程障碍

分为感觉障碍、知觉障碍等几个方面的内容。

（1）感觉障碍。

（2）知觉障碍：如错觉、幻觉、感知综合障碍等。

（3）思维障碍：如思维过程障碍的联想障碍、思维内容障碍的妄想、思维活动障碍的强迫症等。

（4）注意障碍：如注意增强、减弱、涣散、狭窄、固定等。

（5）记忆障碍：如记忆增强、减退、遗忘症、错构症、虚构症、潜隐记忆、似曾相识、旧事如新等。

（6）智能障碍：如智能低下、痴呆。

（7）自知力障碍。

（8）定向力障碍：如周围定向障碍、自我定向障碍。

2. 情感过程障碍

如情感高涨、欣快、情感低落、焦虑、情感脆弱、情感爆发、易激惹、情感迟钝、情感淡漠、情感倒错、表情倒错、恐惧、病理性激情、矛盾性情感、病理性心境恶劣等。

3. 意志行为障碍

（1）意志障碍：如意志增强、意志减退、意志缺乏、意向倒错、矛盾意向等。

（2）行为障碍：如兴奋状态、木僵状态、违拗症、被动性服从、刻板动作、模仿症、矫饰症、离奇行为、持续动作、强制性动作、强迫性动作。

4. 意识障碍

包括意识的内容改变和意识障碍的程度改变。

（1）周围环境的意识障碍：如以意识清晰度降低为主的意识障碍——嗜睡状态、昏睡状态、昏迷状态；以意识范围改变为主的意识障碍——意识朦胧、神游症；以意识内容改变为主的意识障碍——谵妄、精神错乱状态、梦幻状态。

（2）自我意识障碍：如人格解体、交替人格、双重人格、人格转换等。

（二）精神病学分类

为提高精神障碍诊断与分类水平，目前在临床使用的主要有以下两种分类。

一种是世界卫生组织编写的《国际疾病分类》(ICD) 中的精神与行为分类,现已修订到第十版即 ICD-10。这是比较全面,在国际上有很大影响的分类系统。

另一种是美国精神医学会编写的《精神疾病诊断和统计手册》(DSM),现已颁布了第四版,即 DSM-V。这个分类系统在国际上也颇有影响。

这两种分类系统都是结合病因和症状进行分类,使用描述性原则实现的,且在分类中尽量不受各派学说的影响。

第二节 老年期焦虑性障碍

一、心理社会因素与焦虑性障碍

(一) 定义

焦虑是老年期的一种常见心理障碍,是指因受不能达到目的或不能克服障碍的威胁,使个体的自尊心与自信心受挫或失败感增加,预感到不祥,形成一种紧张不安及带有恐惧和不愉快的情绪。具体表现如下。

1. 主观感受

患者感到恐惧,害怕危险或灾难的降临,甚至出现怕失去控制或濒临死亡的威胁,有失去支持和帮助感。

2. 认识障碍

在急性焦虑发作即惊恐时,可出现模糊感,担心即将晕倒,思考较为简单。

3. 行为方面问题

因注意力涣散而出现小动作增多,东张西望,坐立不安,甚至搓手顿足,惶惶不可终日,容易激惹,对外界缺乏兴趣,因此造成工作和社交中断。

4. 躯体症状

躯体不适常是焦虑老人最初出现的症状，可涉及任何内脏器官和自主神经系统，常有心悸，脉快，胸闷，透不过气，口干，腹痛，便稀，尿频和大汗淋漓等。

焦虑并不一定由实际存在的威胁或危险引起。焦虑与应激不能混同，应激可以在各种内外刺激时发生，刺激的性质除了危险或威胁性刺激以外，受愉快或高兴的刺激也能产生应激。

焦虑除了是一种痛苦情绪的体验外，尚有适应的功能。

第一是发出预警信号，它能向个体发出信号，提醒已经存在内部或外部危险，以便能逃避或采取有效措施消除危险。

第二是动员机体和调整行为，焦虑使自主神经支配的器官处于兴奋状态，血液循环加快，代谢升高，警觉增强，为机体应对危险做相应的准备。

第三是学习和积累经验，即在预见危险和帮助机体调整行为进行应对的同时，学习和积累应对不良情绪的方法和策略。

可见，焦虑并不一定全部有害。只有过度焦虑，无明确诱因或只有微弱诱因的焦虑，才是病理性的。

（二）分类

目前对焦虑尚无一致的分类。按焦虑的来源，弗洛伊德把焦虑分为3类。

1. 现实性焦虑

亦称客观性焦虑。是由对外界危险的知觉或客观上对自尊心的威胁引起的。如对毒蛇的惧怕，面对升学或就业所产生的焦虑等。

2. 神经症性焦虑

亦称神经过敏性焦虑。即由心理社会因素诱发的忧郁、挫折感、失败感和自尊心的严重损伤引起的焦虑反应。这时所体验到的焦虑其原因不是来自于外界的危险事物，而是由于意识到因自己本能冲动有可能导致某种危险所产生的。可见，这种焦虑的来源是潜意识的本能。

神经症性焦虑有 3 种表现形式：

（1）游离型（free-floating type）焦虑：起源于内心矛盾冲突，总害怕本我控制自我而陷入无能为力的境地，担心即将发生可怕的事情。以后焦虑可能依附于别的地方而游离开。

（2）恐怖症（phobias）：焦虑的这种表现形式是一种强烈的非理性恐惧。临床上称为恐怖症。

（3）惊恐（panic）反应：可能由于内心冲突所致，这种反应常突然出现，使个体主观上极其惊恐与不安，出现明显的自主神经功能障碍，如胸闷、心跳及窒息感等，多伴有失控感、濒死感和将要发疯感。

3. 道德性焦虑

由于违背社会道德标准，致使社会要求与自我表现发生冲突，由此引起内疚感，从而产生广泛的焦虑。

（三）焦虑的原因及其心理学理论

焦虑的产生与生物、心理和社会因素的相互作用有关。对此各学派的观点各有不同。

精神分析学派认为，焦虑是由潜意识之间的矛盾冲突引起的。弗洛伊德认为由于内心的矛盾冲突引起焦虑的来源不同，所以产生了不同的焦虑，即由对外界危险的知觉引起现实性焦虑，对本能冲动的恐惧引起神经症性焦虑，对超我的恐惧引起道德性焦虑。

学习理论认为，因为观念与感觉之间可以形成条件反射性联系，所以，若某种刺激或情境引起焦虑和恐惧体验后，当以后出现类似的刺激或情境时，则将再次引起焦虑和恐惧反应，并伴有相应的生理与生化改变。

认知学派认为，焦虑是由知觉、态度与信念的冲突引起的。认为个体对事件或刺激的认知评价是发生焦虑的中介，与躯体或心理社会危险有关的认知评价可以激活焦虑。若对危险做出过分估计，使焦虑反应与客观现实不相称时，就会形成病理性焦虑反应。由于焦虑导致对心身症状的错误理解、过度警觉、应对失败等，加强了危险的认知评价和焦虑水平，从而形成恶性循环。

人本主义学派认为,焦虑是由于达到自我实现时发生的思想冲突引起的。

二、老年期焦虑性障碍的心理干预及药物治疗

焦虑性心理障碍的心理治疗应当遵循依病情的轻重按阶段实施治疗的原则。首先,对严重的焦虑、恐慌或恐惧,应适当地使用抗焦虑剂等药物治疗,待症状减轻后再进行心理治疗。对那些因在现实生活中遭遇挫折或碰到困难而发生焦虑的,应根据实际情况提出适宜的解决方案后再行处理。现实中认知行为治疗是很有实际意义的疗法。其次,对那些与现实无直接关系,源于内心的幻想或知觉的焦虑,应当依内心状况,用精神分析与分析性心理治疗较为合适。以"精神分析"的理论及基本治疗技术要领为取向的"分析性心理治疗"是现代心理治疗广泛运用的疗法之一,在焦虑性障碍的心理治疗中颇为有效。

老年期焦虑性障碍的药物治疗,目前比较有效的治疗老年期焦虑症的方案是药物治疗和非药物治疗,即心理与环境治疗相结合原则。由于老年人代谢能力差,对药物的清除能力降低,应注意药物的剂量应当酌减。

依据《中国成人失眠诊断与治疗指南》,临床上药物治疗一般采用苯二氮䓬类,例如:

(1) 地西泮(安定,2.5mg/片),每次2.5~5mg,睡前服用。严重失眠状态可根据医嘱酌情加量,睡眠呼吸暂停综合征患者禁用。

(2) 艾司唑仑(舒乐安定,忧虑定,1mg/片)。每次1mg,睡前服用。老年高血压患者慎用,睡眠呼吸暂停综合征患者禁用。

(3) 阿普唑仑(佳静安定,甲基三唑安定,0.4mg/片),每次0.4mg,睡前服用,睡眠呼吸暂停综合征患者禁用。

(4) 劳拉西泮(罗拉,氯羟西泮,0.5mg/片),每次0.5mg,睡前服用,睡眠呼吸暂停综合征患者禁用。

目前临床上,《中国成人失眠诊断与治疗指南》建议,失眠的药物治疗还可以采用较新的非苯二氮䓬类催眠药,药物依赖性减小,并且按需服药,例如,右佐匹克隆片(3mg/片,每次1片,睡前服用);佐匹克隆胶囊(7.5mg/粒,每粒1片,睡前服用)。

第三节 老年期抑郁障碍

一、心理社会因素与抑郁障碍

（一）概念

抑郁障碍在精神与躯体方面有多种形式和不同深度的表现，可由轻度的忧愁到严重的痛苦乃至自杀。除了突出表现为持久性情绪低落外，还表现出心境不好、思维迟缓、行为减少、睡眠障碍、身体不适感、焦虑、紧张及愁眉苦脸、悲伤和爱哭；对生活失去兴趣，认为前途悲观、活着没有意义；什么也做不下去，不能工作，连家务也不爱做。典型抑郁障碍的核心征象是心境低落，愉快感丧失，从而导致活动效能受损。

老年期抑郁症是指首次发病在老年期，以持久的抑郁心境为基础。其高发年龄大都在50~65岁，多数人发病前有社会心理诱因，比如退休后与同事间的交往中断、子女婚后分家单过等。同时，老年人特殊的年龄阶段，生活负性事件会不断出现，如丧偶、亲朋好友死亡及家庭矛盾、意外事件等，都容易使老年人产生悲观情绪。

（二）老年期抑郁障碍的主要临床表现

1. 长期存在抑郁心境，常无精打采，郁郁寡欢，兴趣下降，自觉孤独悲观绝望，还有70%以上的患者有突出的焦虑、烦躁症状。

2. 感到思维迟钝，注意力下降，思考问题困难，主动性言语减少，常回忆不愉快的往事，无端丑化和否定自己，甚至有厌世观念。80%左右的患者有记忆力减退症状。

3. 许多患者在早期有明显的躯体不适症状，以食欲减退、腹胀、便秘或上腹不适感等消化道症状最多见；另外，乏力、头部不适、心悸和胸闷等也较为常见。有些患者表现为焦虑恐惧，终日担心自己和家庭将遭遇不幸。而有些患者则表现为闷闷不乐，对提问常不立即答复；患者大部分时间处于缄默状态,行为迟缓,重则对外界动向无动于衷。此外,与贫穷和躯体疾病有关的抑郁妄想也十分常见。少数精神迟钝的患者可表现出假性痴呆的症状,即注意力集中和回忆方面存在困难,但临床测验不存在记忆能力的丧失。最危险的病理意向活动是有自杀企图和行为,老年患者一旦决心自杀,常比青壮年患者更为坚决,行动更隐蔽。很多自杀在黎明前发生。

(三) 老年期与非老年期抑郁症临床对照研究

老年抑郁患者中有1/3的人具有严重的迟钝和激越。与其他年龄组相比较,老年期抑郁预后不良已被人们所认识。有学者报道在头几个月中,恢复的患者可有3种临床转归形式,1/3的患者可以在3年中完全恢复,1/3的患者抑郁症状可完全缓解,其余1/3的患者由于抑郁症状反复出现,最终可发展为慢性久病状态,但只有少数患者才发展为痴呆。患者预后较好与下列因素有关:70岁以前发病者,病期短,没有躯体疾病,过去发作曾有过好的恢复。

人到晚年常出现抑郁,自杀率随年龄增长而增加。老年期自杀通常都与抑郁症有关。由于通科医生对许多老年抑郁症患者未能及时诊断,故许多老年抑郁症患者被误诊。

(四) 老年期抑郁障碍的病因

抑郁性障碍的病因涉及生物、心理和社会因素等多方面。

1. 生物学因素

主要是指遗传、生化和内分泌。在严重抑郁患者的家族中,其父母、兄妹、子女患有情感性障碍的危险高达10%~15%,而在一般人口中仅为1%~2%。这充分说明了遗传的影响作用。生化研究的单胺递质假说认为,5-HT和儿茶酚胺系统与情感性障碍有密切关系,如果5-HT不足可能构成易感素质,而去甲肾上腺素的功能减弱时就出现了抑郁。

2. 心理学病因理论

心理分析理论认为抑郁是愤怒转向自我的结果。学习理论认为抑郁是由无助引起的。认知理论者Beck AT提出抑郁症的认知模式,他认为认知是情绪和行为反应的中介,因此人们对事物的解释,决定了他们感受的性质;情绪障碍与负性认知相互影响,并导致情绪障碍的持续存在;认知方面的曲解是发生情绪障碍的基础。

3. 社会因素

应激理论认为一些生活事件与诱因导致了抑郁的产生。由于抑郁性障碍常在应激性生活事件后出现,因此有人认为生活事件通过应激的机制增加了发生抑郁的危险,并且与人格特征,认知评价和应对方式相联系。

此外,躯体疾病作为一种非特异性应激因素也是诱发抑郁性障碍的因素,如流感、帕金森病、某些内分泌疾病及某些药物等。

二、抑郁障碍的心理干预及药物治疗

对抑郁性障碍的心理干预应依抑郁反应的程度而定,切忌不分症状轻重,不做具体分析一概而论。一般来说,抑郁情况严重,尤其是有自杀意念或企图时,应当积极采取预防自杀措施,立即住院治疗。对中等程度抑郁的情况,可进行心理治疗,一般是先采用支持性心理治疗,并提供基本的安全感,最大限度地弥补经受过创伤的自尊心和自信心,耐心地培养信心和激发生活的动机,并且要尽量地帮助自我能力的恢复,以便有充沛的精力去面对困难。

认知疗法是抑郁性障碍心理干预的有效方法。尤其对消除自杀意念特别有效,其要点主要是在搞清产生绝望的症结后,矫正认知曲解,渡过自杀危机。当然,有些抑郁性障碍比较单纯,只需要进行支持性心理治疗,就能取得满意的治疗效果。

由于重性抑郁性障碍常常导致自杀,所以对自杀行为的心理干预非常重要。除了及时采取有效的治疗措施,选用抗抑郁药物以外,应当依具体情况,不失时机地采用ECT治疗,能收到立竿见影的疗效。若自杀行为继发于精神病的幻想或妄想者,应当使用抗精神病药物并结合ECT治疗。对由现实生活应激事件引起的自杀危机,可采用疏泄法、支持治疗等心理干预方法,帮助渡过危机。总之,对有自杀危机者,应耐心倾听,努力找到绝望的原因,在理解其孤独无助、愤怒的情感基础上,创造一个安全、接纳的环境,帮助解决心理问题。同时也要采取有效的监督防范措施,防止意外的发生。

老年期抑郁症的药物治疗原则与其他各年龄组成人相同。临床上一般采用三环类抗抑郁药,如阿米替林,丙咪嗪,氯丙咪嗪和马普替林,5-羟色胺重摄取抑制剂(SSRIs)以及抗抑郁的草药提取物。选择性5-HT再摄取抑制剂能有效治疗老年抑郁症,其中的氟伏沙明副作用少,耐受性好,对认知和心血管功能无影响,故对伴有其他躯体疾病的老年人可能较易耐受。相对而言,其安全性更高。对于重性抑郁者,有激越症状、威胁生命的木僵症状及对药物没有有效反应,通常可用无抽搐电休克(MECT)。病情稳定后,抗抑郁药应缓慢减量,以后用小剂量维持治疗几个月,少数患者维持治疗时间可能还要长。

第四节 人格障碍

一、基本概念与相关的心理社会因素

(一)概念

人格又叫个性,是指个体心理特征的总和。人格障碍(personality disorder)是指从童年或少年期开始,并持续终生的显著偏离常态的人格。这种人格发展的畸形与偏离状态,表现出固定持久的适应不良行为,亦称变态人格、人格异常、病态人格等。

(二)人格障碍的特征

1. 心理特点紊乱与不定,并在人际关系方面难以与他人相处,表现出偏执、怀疑等。

2. 把社会和外界对自己的不利及所遇到的困难等都归咎于别人的错误或自己的命运。这种外在归因的思维使其不承认自己的缺点,当然也谈不到行为上的改正。

3. 对包括亲人在内的任何人都没有责任感,对自己不道德和伤害别人的行为既无罪恶感也不后悔，表现出对自己一切行为的辩解甚至狡辩。

4. 对周围任何环境和接触的人都表现出仇视、猜疑和偏颇的看法。

总之，人格障碍者的内心体验与正常人生活常情相背离，其外在行为明显地违反社会准则，故经常影响社会和他人，不仅给别人造成损失，而且也给自己带来痛苦。这种偏离常态的内心体验和行为模式，用医疗、教育或惩罚措施都很难从根本上改变。

此外，对那些原来人格发展正常，到成年以后由社会心理因素造成的人格异常称为人格改变；而因脑部器质性疾病损害造成的人格异常称为器质性人格综合征或类病态人格。这些都不属于人格障碍。

（三）人格障碍的分类

人格障碍的表现比较复杂。目前，对人格障碍的分类方法并不统一。世界卫生组织于1986年在日内瓦制定的精神与行为障碍分类（ICD-10）中提出了如下分类。

1. 偏执型人格障碍

对自己估计过高，惯于把失败归咎于他人，对批评或挫折过分敏感，对本应理解的侮辱和伤害不能宽容。

2. 分裂型人格障碍

情绪冷淡无亲切感。既不能表达对他人的体贴，温暖和愤怒，又对批评和赞扬无动于衷。喜欢幻想与孤僻自处，行为荒诞与怪僻。

3. 反社会型人格障碍

亦称悖德型人格障碍，其行为与整个社会规范相背离，忽视社会道德规范、行为准则和义务，对自己的行为不负责任，对他人的感受漠不关心，没有同情心。

4. 冲动性人格障碍

亦称爆发性人格障碍。其特点是对事物常做出爆发性反应，稍不如意就火冒三丈，容易爆发愤怒冲动或有与此相反的激情，其行为有不可预测和不计后果的倾向。

5. 癔症型人格障碍

其特点是感情用事，有戏剧性、过分夸张地自我表现及追求刺激和自我中心的特征。暗示性增高,情感表浅且容易变化。

6. 强迫型人格障碍

以刻板固执、墨守成规、缺乏应变能力为特点。同时有由于个人内心深处存在的不安全感而导致的怀疑和过分谨慎。此外,有因为要求十全十美,但又缺乏信心所导致的反复核对,过分多虑,注意细节的行为表现。

7. 焦虑(回避)型人格障碍

其特点是自幼胆小,易惊恐,懦弱胆怯。有持续和广泛性的紧张及忧虑感觉。因有自卑感而希望受到别人的欢迎和接受,同时对批评或排斥表现出过度的敏感。对日常生活中的潜在危险惯于夸大,且可达到回避活动的程度。人际交往有限,缺乏与别人联系和建立关系的勇气。

8. 依赖性人格障碍

其特点是缺乏独立性,感到自己无助、无能和没有精力。把自己的需求依赖于他人,对别人的意志过分服从,要求和允许别人安排自己的生活,在逆境和不顺利时有将责任推脱给他人的依附倾向。

(四)人格障碍形成的心理社会因素

关于人格障碍形成的原因至今尚不完全清楚,目前一般认为它是在大脑先天性缺陷的基础上,受心理社会因素及其他环境有害因素影响而形成的。

研究表明,心理、社会与文化、环境的潜移默化影响,可能是人格障碍形成的关键性因素。

许多心理学家研究认为,父母离异或被父母抛弃是儿童产生人格障碍的首要原因。因为这类儿童得不到父爱与母爱,情感上的冷漠不仅使其在人际关系中与别人保持较远的距离,而且令人难以捉摸和不好接近,因而也就不可能与别人保持热情、温暖和亲密的关系。他们虽然从形式上学习和接触了社会生活,但是却不具备理解和分担他人情绪的能力,也不能从思想情感上把自己融入他人的心境,做不到将心比心。此外,这类儿童的父母多表现为反复无常,无一定的赏罚和教育原则,对孩子的要求也缺乏一致性。因此,造成孩子无所适从和没有明确的自我认同感觉。

在儿童时期的家庭教育方面,父母的养育方式无疑是形成人格障碍的重要原因,如果父母对孩子冷淡无情、甚至凶狠残暴,或者溺爱放纵、过分苛求,都可能产生不良影响,出现逃学、懒散、撒谎、违抗等现象,以至逐渐发展为人格障碍。

二、人格障碍的心理干预

人格障碍的治疗虽然很难,但并非不能矫正。

由于大多数人格障碍者能够以最起码的方式应付日常生活,所以,几乎没有主动要求治疗的。心理治疗的基本要领是在稳定心理状况的前提下,慢慢地促进性格上的改变。

首先,要深入了解并建立良好的关系,取得信任以便沟通。然后逐渐地帮助其认识人格缺陷,说明人格是可以改变的道理,鼓励他们树立坚定的信心,启发其自我认同和同情心,改善人际关系。

经过较长时间的稳定之后,再慢慢检讨自己的性格缺陷,寻找成熟的途径。当然,对人格障碍者进行心理干预时,并非完全顺利,因为患者在感情方面喜怒不定和富于冲动性,一会儿喜欢,一会儿又埋怨,甚至有时捉弄和欺骗治疗者。对此,要注意保持稳定和中立的态度与关系。千万不要当面探讨和分析其潜意识境界,而应当保持适当的情感距离,不可过分亲近。否则,会因为其不习惯被人亲近而发生恐惧反应,出现猜疑或逃跑现象。

此外,对反社会型人格障碍者的心理干预,很少采用开放性的心理治疗和心理咨询方法,而应采用特殊的原则,一般要在特定的场所进行管理和训练。治疗者要充分显示自己的权威和力度,使其信服和听从指导意见。在实施干预的初期,不一定把重点放在支持性心理治疗方面,相反,必要时应令其看到自己不良人格所造成的后果及对自己的不利,以期产生接受治疗和进行自我改造的效果。

目前,治疗性社区或称治疗性团体,能创造一种较好的生活和学习环境,人格障碍者参加其中活动,有利于控制和改善偏离行为。在与其他成员的相互交往中,寻求新的行为方式,塑造正常的人格。这种集体心理干预方式是比较有效的。

很多学者认为,惩罚对人格障碍者是无效的。而由社会各方面配合,提供长期而稳定的服务和管理，如门诊咨询服务、日间医院、综合医院、急诊处理、监护间等，对人格障碍的心理干预是大有益处的。

第五节　老年期性心理障碍

一、性心理障碍概述

（一）概念

性心理障碍（psychosexual disorder）又称性变态（sexual deviation）或性欲倒错（paraphilia），指在两性行为方面的心理和行为明显偏离正常，并以这类偏离为性兴奋、性满足的主要或唯一方式的一组心理障碍，从而不同程度地影响、干扰和破坏了正常的性活动。

（二）判别标准

对性心理和性行为正常与否的判别，只能使用相对的标准，以生物学属性和社会文化特征为基础，结合变态心理的一般规律和性变态的特殊性进行评价。具体内容包括以下几个方面：

1. 以现实的社会性道德规范为准则。
2. 以生物学特点为准则。
3. 以对他人或社会的影响为准则。
4. 以对本人的影响为准则。

值得注意的是，对有心理生理障碍时的性功能障碍、由境遇造成的暂时的性生活替代行为、继发于某些精神病和神经系统疾病的性变态行为统称为继发性性变态（secondary sexual deviation），不应诊断为性心理障碍。

（三）分类

在世界卫生组织颁布的《国际疾病分类》（ICD-10）中规定，性心理障碍包括性身份障碍、性偏好障碍及与性发育和性取向有关的心理与行为障碍。

1. 性指向障碍

如同性恋、恋物癖、恋兽癖、恋尸癖、恋童癖。

2. 性偏好障碍

如异装癖、露阴癖、窥淫癖、摩擦癖、施虐癖、受虐癖。

3. 性身份障碍

如易性癖。

4. 其他

如口淫癖、恋污秽癖、恋尿癖、恋粪癖、恋灌肠癖、乱伦、电话淫语癖、淫书淫画癖等。

(四) 性心理障碍的心理学解释

虽经长期研究，但关于性变态的生物学基础研究结果至今仍不能为大家所公认。目前对性心理障碍有代表性的心理学解释有以下几种。

1. 心理动力学理论

该理论把性心理障碍看作是在正常发育过程中，异性恋发展遭到失败的结果，一般多为男性，源自儿童早期恋母情结时的阉割焦虑和分离焦虑的威胁，且在无意识中持续发挥作用，受当前环境触发因素的作用，导致解决现实两性问题的困难和挫折，为缓解焦虑和心理冲突的冲击，获得心理安宁，在心理防御机制的作用下，导致性心理退行到儿童早期幼稚的发展阶段，使异性恋的发展受挫，无法实现性的生殖功能成熟的发展方式，故性冲动被固着于不成熟的状态，产生了性心理障碍。

2. 行为主义学派理论

这个理论认为性心理障碍是后天习得的行为模式。

3. 整合理论模式

该理论主张对不同理论进行部分地整合后解释性心理障碍，认为对性的认知、信念、对性问题的态度和行为方式，在性心理障碍的发生发展中均有不可忽视的重要作用。

(五) 性心理障碍的心理社会因素

性心理障碍与下列心理社会因素有关:
1. 正常的异性恋爱活动受挫或受到抑制。
2. 遭遇重大的负性生活事件的刺激与打击等。
3. 儿童早期家庭环境中的不良因素或性虐待等。
4. 社会不良文化的影响。

二、老年期性心理

老年人在性生活上,如果没有患什么疾病的话,阴茎的勃起功能绝不会由于年纪大而丧失。60岁以上的男性所分泌的睾酮足够维持他们的性行为。随着年龄变老,只不过是性唤起所需的时间、达到性高潮所需的时间以及性高潮过后的不应期长,射精不如以前有力,而且也不会每次性交都会射精。不要误认为这是男子阳刚之气衰退的表现,而应当看到这些变化所带来的积极作用。这些变化,避免了性活动中激烈鲁莽的行为,从而有更长时间的爱抚活动。在这种较长时间的性爱活动中,男性更加注意女方的感受,力图给女方更多的乐趣,显得体贴入微。

老年人应该有活跃的性生活,而活跃的性生活可增进老年人的健康长寿。即使由于躯体的情况而损害了性功能,他们也可以用其他的方法来弥补功能上的不足。如果阴茎不能勃起或勃起不坚,无法进行性交,男性可以采用其他身体接触的方式对配偶爱抚,使双方都得到快感,并保持自己的男子自尊。

总之,由于年龄增大会使性反应的性质发生变化。老年夫妇对此应有认识,从而重建他们的性活动方式。这种方式不应当只限于采取性交这一种形式。应当意识到他们两个人不可能永远不分离,从而应当更加珍重相互之间的感情,更加柔情相待。实际上,对于高龄者,期望每一次性交时都达到性高潮是不现实的,这样的要求,反而会抑制双方在性活动中获得乐趣。

老年人性活动中的乐趣,更多地来自性生活的娱乐性质,而不是那种强烈的身体的发泄。因此,从某种意义上来说,老年人性活动的方式转向了另一类同样丰富多彩、具有生气的形式。

老年人因心身发生较大变异，犯猥亵、强奸特别是奸淫幼女罪的比例也较大。

三、常见的性心理障碍

（一）概念

目前性变态的概念包含以下 3 个方面。

1. 其行为不符合社会认可的正常标准。但不同的社会和历史的不同时期这种标准并不相同。例如，同性恋在我国认为违反习俗，是一种性变态，但在欧美，阿拉伯国家的某些地区同性恋却是合法的。

2. 其行为对他人可能造成伤害，如诱奸儿童和严重施虐狂（sadism）。

3. 本人体验到痛苦，这种痛苦与其生活的社会态度有关，其性欲冲动与其道德标准之间发生了冲突或认识到对他人带来了痛苦。

（二）分类

性心理障碍大致分为如下种类。

1. 同性恋

同性恋（homosexuality）是以同性为性爱指向对象的心理障碍。即在正常条件下对同性在思想、情感和性爱行为等方面有持续表现性爱的倾向。在性心理障碍中最为常见，可发生在各种年龄，男性多于女性。以未婚青少年多见。西方国家比东方国家多见。在我国，同性恋行为为社会文化传统所不齿，社会上普遍认为同性恋行为是反常性行为，但同性恋也仍然存在。实际上，有同性恋行为的人比我们想象中的要多，只是他们意识到自己的处境，悄然行事，别人难以得知罢了。

同性恋是否属于疾病，意见不一。目前倾向于不再将同性恋归于异常。通常认为同性恋的人并非精神病，有些人智力超过一般水平，对艺术、音乐饶有兴趣，在政治活动和法律方面也取得一定成就。但如果他们面对社会压力或他们的同性恋关系不能维持时，可能产生严重的焦虑或抑郁反应，甚至可能消极自杀，在这种情况下医学帮助可能是有用的。

2. 性对象障碍

不以成熟异性为性对象，如恋童癖；不以性器官为性活动对象，如恋物癖、异装癖。

（1）恋童癖（pedophilia）：恋童癖的特征是以儿童为性活动对象。其性欲要求可能针对异性或同性儿童，主要以是抚摸儿童的性器官及强奸等形式表现出来。恋童癖者常为儿童的亲戚或父母的朋友，多为男性。对诱奸儿童、强迫儿童做性动作的恋童癖者，对社会危害很大，应当严禁。

有时低能的男子，老年痴呆早期也可能出现恋童行为，亦应注意检查和鉴别。要注意把真正的恋童癖与无辜的喜欢孩子的男性区分开来。

（2）恋物癖（fetishism）：系指反复出现以异性躯体的某部分或其使用的物品为性满足的刺激物的心理障碍。几乎全发生于男性。

（3）异性装扮癖（异装癖 transvestism）：这是一种反复而强烈的涉及异性装扮的性渴求与性想象，并付诸实施的心理障碍。多见于男性。

3. 性动作障碍

以间接的行为方式引起性活动，如露阴癖、窥淫癖、色情狂；以古怪条件引起性活动，如施虐狂、受虐狂。

（1）露阴癖（exhibitionism）：主要表现是以反复在异性和陌生人面前暴露自身的性器官的性渴求和性想象，获取性满足的心理障碍。在性心理障碍中较多见，且多见于男性。

（2）窥淫癖（voyeurism scoptophilia）：其特征是以窥视异性裸体或性交行为活动，达到性兴奋的强烈欲望，获取性满足的心理障碍。多见于男性。

（3）摩擦癖（frotteurism）：亦称性摩擦癖。这是一种以在拥挤场所乘人不备，以生殖器或身体的某些部位摩擦异性躯体或触摸异性身体的某一部位，以引起性兴奋为特征的心理障碍。仅见于男性。

（4）性施虐癖（sexual sadism）和性受虐癖（sexual masochism）：前者特征是向性爱对象施加虐待，以获得性兴奋，多见于男性。后者以接受性爱对象的虐待而获得性兴奋，多见于女性。二者可以单独存在，也可并存。

4. 性别认同障碍

如易性癖（trans-sexualism），亦称异性认同癖。其特点是在心理上对自身性别的认定与解剖生理的性别特征相反，持续地存在改变自身性别的生理解剖特征以达到转换性别的强烈愿望，其性爱倾向为同性恋。

四、性心理障碍的心理干预

因为性心理障碍与性行为异常者多不主动就医，很少有强烈和持久的矫治愿望，所以其心理干预工作比较困难，心理治疗只能对部分性心理障碍有所帮助，近年来应用行为疗法中的厌恶疗法对很多性变态患者的治疗取得了一定成功。一般来说，性变态很难改变，但是随着年龄的增长，强迫性的变态性冲动可望得到缓和。

此外，性心理咨询也是对性心理障碍进行心理干预的重要手段。但性心理咨询范围相当广泛，除一般的性问题外，还有病理的性问题，如性功能障碍、性心理障碍、性疾病等。

第六节 酒精依赖

酒精依赖及其相关问题是仅次于心血管疾病、肿瘤的第三大公共卫生问题。

酒精依赖患者临床表现为神经系统并发症、消化系统并发症、心血管并发症等。另外，过度饮酒对生殖及内分泌系统也产生一定程度的消极影响。

一、酒精依赖的概念

（一）定义

酒精依赖（alcohol dependence），包括对酒精的心理依赖（psychological dependence）、生理依赖（physical dependence）与耐受性（tolerance）3个方面。

酒精心理依赖是由于长期饮酒而对酒精产生了心理上的嗜好，经常渴望饮酒（馋酒）。

酒精生理依赖也就是躯体依赖，是指长期大量地饮酒之后，中枢神经系统发生了某种生理、生化的改变，一旦体内的酒精浓度降低到一定水平之下，就会发生不舒适的躯体反应，即戒断症状。为避免发生戒断症状的发生，酒精依赖者不得不经常饮酒。

酒精耐受性是指反复饮酒之后，酒量越来越大。

长期过度饮酒，完全会产生酒精依赖。据有关统计，目前世界上估计有1.4亿人有酒精依赖，酒精中毒致死率占世界所有死亡案例中的1.5%。大约25年前，科学家对丹麦酒厂的工人进行调查，这些工人每天可免费饮用4品脱（约2升）的啤酒，这超过了丹麦男性的平均饮酒量。与普通人群相比较，酿酒厂工人的食管癌、喉癌、肺癌的发病率均高出普通人群许多倍，其中食管癌是普通人群的25倍，喉癌是普通人群的10倍。相反，有些宗教禁止饮酒，他们极少发生口腔癌和头颈部癌。

（二）酒精依赖的社会成本

酒精依赖的社会成本是惊人的。酗酒与很多意外有直接关系，并且酒精依赖通常也是自杀的一个重要因素。酒精受害者通常不仅仅是饮酒者本身，而且是其他无辜的人。例如，在喝酒的情况下开车，控制力和反应能力都降低，实际上是显示出对人的生命的漠不关心，不只是对驾驶人和他的乘客，同时也是对无辜的大众生命的轻视和犯罪。

（三）酒精依赖对家庭生活的影响

1. 情绪易激动、乱发脾气、判断力控制不佳、易与人发生冲突、对外界刺激敏感、有高犯罪率。
2. 配偶与子女常成为暴力行为发泄攻击的对象。
3. 精神恍惚，影响工作效率。
4. 亲友疏离，使酗酒者心理承担更大的挫折与压力，而更加自暴自弃，导致恶性循环。

二、酒精依赖的分型

研究发现，一般酒精依赖开始的年龄在30岁左右，现在世界各国，老年人酒精依赖人数有增加的趋势。国外将老年人酒精依赖分为3种类型。

1. 早发型

在年轻时已形成酒精依赖。40岁以前已有饮酒问题，即在形成严重的酒精依赖后，常发生短时间内连续饮酒，引起酒精性癫痫发作，出现幻觉、妄想症等，容易引发因饮酒引起的社会、家庭问题。

2. 老年恶化型

在早发型的基础上逐渐加重，至55岁以后必须进行酒精依赖治疗。

3. 迟发型

年轻时无酒精依赖，55岁以后由于工作、家庭和身体方面出现问题，又无法解决，在情绪低落的情况下，才造成酒精依赖。

三、老年期酒精依赖

随着人的寿命的逐渐延长，老年人酒精依赖问题也日益突出，老年酒精依赖者逐年增加。老年人酒精依赖的原因多是由于退休后的孤独、失落造成的。子女的独立、老伴的过世等可能成为促发因素，并且社会地位和活动力的弱化，生活方式的改变，人际关系的狭小化，都可能成为酒精依赖症的助长因素。也有相当一部分人年轻时有轻度酒精依赖，到了老年期酒量不但未减反而增加，形成明显的酒精依赖。

酒精依赖患者特别是老年人并非都有暴力倾向。酒精依赖症的本质是不能抑制饮酒，醉酒时有暴力的大部分是复杂醉酒，这时包含酒精滥用的精神障碍，并且这种暴力以幻觉、妄想为基础。

酒精依赖是非饮酒不可的疾病，酒精依赖症患者再次饮酒，就会不知不觉地陷入不能自拔的地步，实际上是一个精神上的欲求而非生理上的需要，即精神依赖。"小酒一端，天下太平"是他们的真实心理写照，此时，饮酒以外的任何事不再考虑了，突然的病理性饮酒欲求战胜自己，这时再戒酒很困难。因此，在治疗上心理学的疏导很重要。

四、酒精戒断综合征

酒精戒断综合征是指长期大量摄取酒精后，突然断酒后出现谵妄、幻觉、四肢抖动等一系列神经精神症状。

酒精戒断综合征分为早期综合征和后期综合征。

戒断症状应包括自主神经系统障碍、情感障碍、意识障碍包括知觉障碍等症状与体征，各症状各期之间均有潜伏期，并呈阶梯状出现。早期综合征可能有震颤、精神运动性亢进、幻觉、意识障碍及自主神经系统机能亢进。后期可出现谵妄状态。

五、酒精依赖症发病的主要因素

到目前为止，酒瘾的成因尚不十分清楚。普遍认为其影响因素有生物遗传因素、病理心理因素、社会文化因素以及对嗜酒行为的政策影响等。在酒精依赖症发生的有关因素中，主要有酒精的药理作用、生物学因素、性格因素、环境因素、社会、文化因素等。

1. 性格因素

酒精依赖症与药物依赖症有许多共同的性格特征，如意志薄弱、情绪易变、持续性、耐久性的缺乏等，但不是所有这些特征都具备。

（1）性格特征：慢性酒精中毒时，较轻的状态显示神经质、抑郁状态或精神分裂症的倾向。有人从饮酒的行为，观察人格倾向，根据酒精依赖的社会环境、家庭环境、性格失调等分为孤独饮酒者与社交饮酒者两种。在前者中，从人格上说是以由于难以适应过度敏感和不安的人际关系而引起的虚无感而造成的适应障碍，自我放弃、罪恶感等社会隔离为特征；后者在人格上却表现为在他人面前亲吻的倾向，儿童的感情与渴望、得到承认的欲望等为其人际关系的全部特征。

（2）典型的酒精依赖患者性格特征分4类：①颓废的饮酒者，感情、智力、身体处于老化倾向的人们，过度无聊而去饮酒；②愚钝饮酒者，由于知识能力的低下，除饮酒以外得不到其他快乐的人，为了与社会接触或为了增强自尊心而饮酒；③自我显示饮酒者，本质上软弱性格的人们，为了表达自己的主张，得到攻击性、夸大性的机会而饮酒；④酒解脱型饮酒者，与颓废的饮酒者相反，由于热心于麻烦而易生气，易失魂落魄，心中一片浑浊，为了逃避这种不愉快而饮酒。

2. 环境因素

患酒精依赖症少年半数以上出生在分裂家庭中，而在正常家庭中长大的孩子很少得这种病。69％酒精依赖者有家庭犯罪，71％的酒精依赖者幼年期是由缺乏爱情的双亲养大的。此外，家庭环境中近亲通奸发病率高，因此，也可认为这是一种精神疾病的表现。

酒精依赖症患者通常有一个固执、权威性强且冷淡的父亲，一个温柔、无微不至照顾家庭的母亲，在这种教育方针缺乏协调与统一性的情况下，长子容易发生酒精中毒。

3. 社会、文化因素

从史前开始，人在生活中存在的饮酒动机、饮酒习惯与社会、文化因素就有着密切的联系，是酒精依赖形成的重要的促进因素之一，这一点是不分地域的共同的东西。

六、对酒精依赖的心理干预

对酒瘾的心理干预主要是戒酒，一般多用行为治疗的厌恶疗法，其中药物厌恶法的效果比较好，使用阿扑吗啡、依米丁和琥珀胆碱等厌恶药物，也有用想象厌恶、行为自我调节等方法，其效果也令人满意。

在实施干预的过程中，可能遇到戒酒反应问题，出现手、舌、眼睑的粗大震颤及恶心、呕吐、自主神经系统功能亢进、焦虑、激惹、幻觉和错觉等症状时，应使用适量的安定等镇静药。若有明显的精神症状，也可用氯丙嗪等抗精神病药。同时应注意补充能量。

不容忽视的是老年期酒精依赖患者会同时伴发多种精神障碍，如抑郁、痴呆及精神病性症状。同时酒精依赖的老年患者往往同时还会有安定类药物的滥用或依赖问题。老年期酒精依赖的产生有文化方面的因素，在中国社会里另一个常被忽视的问题是：老年人饮用各种药酒是被社会广泛接受的行为。子女也会向年迈的父母赠送药酒以祛病或强身。老年期镇静催眠药物的依赖多为医源性的，综合医院的医生缺乏物质依赖方面的基本知识，现行的诊疗常规也对老年患者的镇静安眠药物处方缺乏切实可行的规定，这是造成老年人中药物滥用呈上升趋势的主要原因，因此，应在综合医院的医生中开展有关物质依赖相关知识的培训。

第七节 烟草依赖

一、烟草依赖的基本概念及流行病学

(一) 概念

吸烟成瘾又称烟草成瘾,即烟草依赖性。

一项调查表明,吸烟者中知道吸烟有害的占95%,愿意戒烟的为50%,而戒烟成功的仅有5%。

(二) 吸烟的危害

香烟烟雾里的尼古丁、焦油、CO、CO_2、苯并芘以及许多辅料与香精经过不完全燃烧后所产生的多种有机物等,如含刺激性的有毒化合物(氰化氢、亚苯胺、氯乙烯、苯醇、甲醛、丙烯醛),有害金属(砷、汞、镉、镍等),对人体有极大的危害。

吸烟对人体的损害是肯定的。专家认为吸烟首先损伤小呼吸气道,吸烟时闭合气量增加,呼吸阻力增大,通气量就减少;其次,吸烟造成单位时间的肺活量降低,肺泡的有效通气量减少,大的呼吸气道阻力增加,使通气和换气功能均受到影响;更重要的是吸烟刺激支气管黏膜,致使杯状细胞及黏液腺分泌液增多,阻塞气道,使气管纤毛粘连、倒伏或脱落,丧失净化功能,很容易引起感染而罹患口腔黏膜白斑、鼻炎、咽喉炎、支气管炎、肺炎,可能引发白内障、性功能减退、肺气肿、哮喘、胃及十二指肠溃疡、高血压、冠心病、中风,长期吸烟可能诱发各种癌症,如口腔癌、唇癌、鼻咽癌、食道癌、肺癌、胃癌、肝癌、胰腺癌、肾癌、膀胱癌、皮肤癌、宫颈癌、白血病等。

二、烟草依赖的诊断标准

DSM-Ⅲ对烟草依赖的诊断标准规定:

(1) 持续地吸用烟草至少1个月。

(2) 至少符合下述中的1项：

1) 郑重地企图停用或显著减少烟草使用量，但未能成功；

2) 停止吸烟而导致停吸反应；

3) 置严重的躯体疾病于不顾，虽自知吸用烟草会使其加剧，但仍然继续吸烟。

三、烟瘾的心理干预

社会对吸烟问题的重视是预防烟瘾和解决烟草依赖的关键。广泛宣传吸烟的危害，特别是对青少年吸烟行为的限制，以及公共场合的禁烟规定，都是心理干预的有效手段。

对烟瘾的心理干预，以行为疗法中的厌恶疗法较为多用，包括想象厌恶，当引起对吸烟的厌恶感后，其干预效果也会令人满意。

此外，一些欧美国家还在临床上试用了对烟草依赖的特异性药物疗法以达到提高戒烟率的目的。"尼古丁替代疗法"是世界上应用广泛且被临床研究验证的戒烟方法之一。得到世界卫生组织的认可和推荐。此疗法可使在戒烟过程中时常出现的痛苦得以舒缓。因为令人吸烟成瘾的是香烟中的尼古丁，"尼古丁替代疗法"巧妙地用小剂量安全性好的尼古丁，帮助人们在心理和生理上克服对香烟的依赖，减小对吸烟的需求，使戒烟成功的机会增加近1倍。这类产品如力克雷咀嚼胶和贴剂，在欧美国家已行销30多年，帮助近千万人成功戒烟，现在已经进入中国市场。

第八节 药物成瘾

一、药物成瘾的基本概念

（一）概念

药物依赖（drug dependence）亦称药物成瘾。世界卫生组织于1974

年将药物依赖定义为是强烈地渴求并反复地应用药物,以获取快感或避免不快感为特点的一种精神和躯体的病理状态。

药物成瘾已经成为现代严重的社会问题,药物依赖者并非出于医疗或营养的需要,而是为了满足嗜好,为了避免停药带来的躯体不适反应,不得不持续性或周期性地长期用药而欲罢不能。

(二)药理学及心理学特点

药理学研究表明,药物依赖与酒精依赖一样,也包括3个方面。

1. 对药物的心理依赖,服药使个体产生了特定的心理体验,通常是一种心理上的快感。

2. 对药物的生理依赖,即服药个体的中枢神经系统产生某种生理、生化的改变,反之,若体内没有这种药物存在或其浓度低于某一水平,就会有不适的躯体反应。

3. 个体对药物产生耐受性,即服用的药量必须逐渐加大,才能达到与原来相同的效应。由此可见,在药物成瘾过程中,有生物学因素,也有心理学因素,而一些社会因素导致药物成瘾也是不可忽视的。

二、药物依赖的分类

目前国际上对毒品的排列分为十个号,主要是鸦片、海洛因、大麻、可卡因、安非他明、致幻剂等十类,其中海洛因占据第三、第四号,即三号毒品和四号毒品,因此世界上人们普遍称之为"三号海洛因""四号海洛因"。由于这样的习惯叫法使人们误以为还有一号、二号海洛因,实际是吗啡或吗啡盐类。

常见的药物依赖有以下几种。

1. 阿片类药物成瘾

指由阿片或从阿片中提取的生物碱,如吗啡、海洛因等吗啡的衍生物,及具有吗啡作用的化合物如哌替啶(杜冷丁)等所导致的药物成瘾。

鸦片又称阿片,俗称大烟、鸦片烟、烟土等,是英文名 Opium 的音译,来自于鸦片罂粟(图7-1)。鸦片有生鸦片和熟鸦片之分。

图 7-1 罂粟及鸦片（选自广东禁毒网宣传图片）

2. 大麻依赖

大麻属大麻科一年生草本植物，生长于北非、北美、中东、印度、西印度群岛及中亚部分地区。大麻雌、雄异株，花叶含有丰富的大麻脂，人吸食后能产生致幻作用。其主要毒性成分为四氢大麻酚。吸食大麻对人体产生严重的危害。

吸食大麻会导致精神与行为障碍，引发支气管炎、结膜炎、内分泌紊乱等疾病，并导致举止失常、判断力失准、注意力减弱、记忆力受损、平衡力失衡、精神错乱等，表现为冷漠、呆滞、做事乏味、懒散、情感枯燥、易怒、失眠、焦虑、对人极度怀疑、紧张、激动。经常吸食大麻会对大麻产生强烈的精神依赖性，在事业上丧失进取心，丧失工作、生活和学习能力，并诱发精神错乱、偏执狂和妄想型精神分裂症等中毒性精神病，常常会做出危害社会的犯罪或攻击行为。

3. 可卡因类药依赖

可卡因（cocaine）是 1860 年从前南美洲称为古柯（COCA）的植物叶片中提炼出来的生物碱，其化学名称为苯甲基芽子碱。它是一种无味、白色薄片状的结晶体。毒贩贩卖的是呈块状的可卡因，称为"滚石"。可卡因是最强的天然中枢兴奋剂，对中枢神经系统有高度毒性，可刺激大脑皮层，产生兴奋感及视、听、触等幻觉；服用后极短时间即可成瘾，并伴以失眠、食欲不振、恶心及消化系统紊乱等症状；精神逐渐衰退，可导致偏执呼吸衰竭而死亡。一剂70毫克的纯可卡因，可以使体重70千克的人当场丧命。

4. 苯丙胺类药依赖

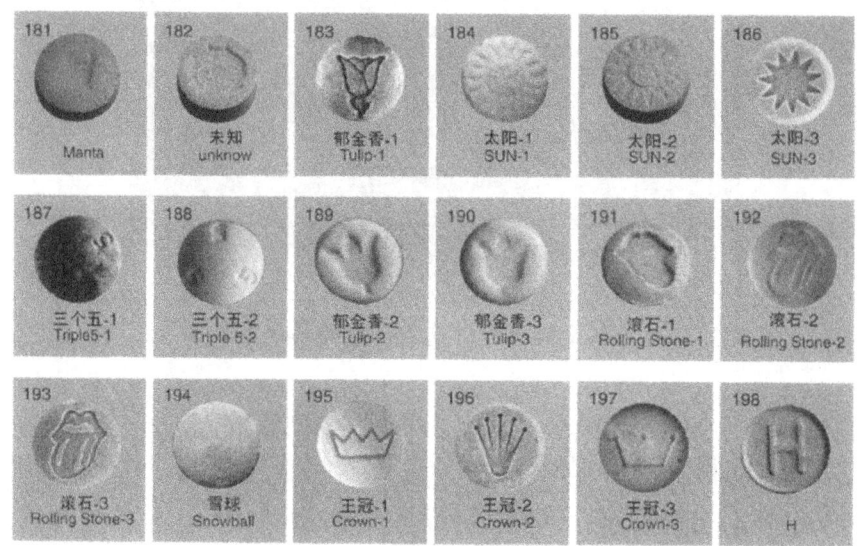

图7-2　"摇头丸"的识别图（选自广东禁毒网宣传图片）

"摇头丸"（图7-2）是安非他明类衍生物，是亚甲二氧基甲基苯丙胺的片剂，属中枢神经兴奋剂，是我国规定管制的精神药品。

"摇头丸"有强烈的中枢神经兴奋作用，有很强的精神依赖性，对人体有严重的危害。服用后表现为：活动过度、感情冲动、性欲亢进、嗜舞、偏执、妄想、自我约束力下降以及出现幻觉和暴力倾向等。该毒品现主要在迪厅、卡拉OK厅、夜总会等公共娱乐场所，以口服形式被一些疯狂的舞迷所滥用。

苯丙胺类兴奋剂具有强烈的中枢兴奋作用。滥用者会处于强烈兴奋状态。苯丙胺使用过量会产生急性中毒，通常表现为不安、头昏、震颤、腱反射亢进、话多、易激惹、烦躁、偏执性幻觉或惊恐状态，有的会产生自杀或杀人倾向。

5. 镇静催眠药和抗焦虑药依赖成瘾

如巴比妥类药物。某些非巴比妥类镇静催眠药物也能成瘾。

图 7-3　冰毒的识别图（选自广东禁毒网宣传图片）

6. 致幻剂成瘾

如麦角酸二乙胺（LSD）等。LSD 是已知药力最强的迷幻剂，极易为人体所吸收。吸毒者服用该药 30~60 分钟后就出现心跳加速、血压升高、瞳孔放大等反应，2~3 小时左右产生幻视、幻听和幻觉，对周围的声音、颜色、气味及其他事物的敏感性畸形增大，对事物的判断力和对自己的控制力下降或消失。此时，在生理上常伴有眩晕、头痛及恶心呕吐等症状。

LSD 主要在肝内代谢，通过肠道排出体外。当药效消失、迷幻期结束后，吸毒者往往会感到严重的忧郁，有些人还会出现幻觉重现的现象。对这种现象的恐惧性反应有时会导致自杀行为。LSD 会使服用者产生顽固的心理依赖性，长期服用也会出现药物耐受性，以致服用量不断加大。

长期或大量服用 LSD，除了使记忆力受到损害，并出现抽象思维障碍外，还有相当严重的毒副作用，会大量杀伤细胞中的染色体，携带着遗传基因的染色体被大量破坏将导致孕妇的流产或婴儿的先天性畸形。

7. 有机溶剂成瘾

如工业上气味芳香的有机溶剂等。

三、药物依赖的心理干预

一般来说，药物成瘾的治疗和康复分为脱毒、康复、回归社会的照顾 3 个阶段，而心理干预贯穿于始终。

所谓脱毒就是让体内成瘾药的毒物排除干净。然后进入康复阶段，康复的实质就是心理治疗阶段,这是戒除药瘾并取得成功的关键,通常采用认知疗法、感情支持与行为矫正疗法。在解决认识问题的同时要给予感情上的支持,树立自强和自信心,并及时进行不良行为的矫正。使成瘾的病态生活方式转变为正常的健康生活方式。最后,回归到社会。

应当指出的是,当今戒除药物依赖的医疗方法很多,但是戒断与矫正这种心理障碍绝非一朝一夕即可奏效。为此,我们对药物成瘾的治疗方针应立足于预防。从全社会的宣传和控制方面着手,使人们普遍认识药物依赖的严重性及危害性,尤其在青少年或易感人群中重点进行,以达到寓治于防的目标。

此外,做到预防工作的3个减少,即减少供应,减少需求和减少伤害都是具有实际意义的。

参考文献

[1] 姜乾金. 医学心理学. 4 版. 北京:人民卫生出版社,2004
[2] 中华医学会精神分会. 中国精神障碍分类与诊断标准. 3 版. 济南:山东科学技术出版社,2001
[3] 中华医学会神经病学分会睡眠障碍学组. 中国成人失眠诊断与治疗指南. 中华神经科杂志,2012,45(7):534-537

第八章 心理干预

本章导读

- 概论
- 精神分析疗法
- 行为治疗
- 认知治疗
- 来访者中心疗法
- 森田疗法
- 暗示和催眠疗法
- 松弛疗法
- 生物反馈疗法
- 支持疗法
- 集体心理治疗

第一节 概 论

随着人口老龄化的加快，我国已进入了老龄化国家的行列。如何提高老年人的心理健康水平，实现社会的健康老龄化，已成为老年学研究领域的重要课题之一。老年心理学作为医学心理学的重要分支，与所有现代应用科学一样也很重视各种有效的干预技术与方法。心理干预是医学心理学的重要方法学，其目的是根据一定的心理学科学原理，采用特定的程序，帮助人们消除烦恼增进健康。

一、心理干预与心理治疗的基本概念

（一）基本概念

心理干预（psychological intervention）是在心理学理论指导下有计划、按步骤地对一定对象的心理活动、个性特征或心理问题施加影响，使之发生指向预期目标变化的过程。

心理治疗（psychotherapy）是心理干预中最常用的方法。它是以医学心理学的各种理论体系为指导，以良好的医患关系为桥梁，应用各种心理学技术，包括通过医护人员的言语、表情、行动或通过某些仪器以及一定的训练程序，改善患者的心理状况，增强抗病能力，从而消除心身症状，重新保持个体与环境之间的平衡，达到治疗的目的。

（二）心理治疗的基本要素

心理治疗的基本要素有以下5点。
1. 治疗者必须具备一定的心理学知识和技能。
2. 治疗要按一定的程序进行。
3. 使用各种相关的心理学理论和技术。
4. 治疗的对象是具有一定精神、躯体或行为问题的人。
5. 治疗的目的是通过改善患者的心理机能，最终消除或缓解其可能存在的各种心身症状，恢复健全的心理、生理和社会功能。

非专业人员通过其良好的态度对患者进行安慰和劝告，虽然也可使患者的症状有所减轻，但实际上并不是心理治疗。

二、心理治疗中的认知活动与治疗者的角色

在心理治疗过程中，通过知识、逻辑、是非判断等认知途径不一定能解释和解决被治疗者的问题。例如，被治疗者明知自己抑郁，或明知自己有不必要的重复动作，却无法通过查阅大量书本知识和原理"让"自己改变，此时，治疗者运用通常的道理也同样不能"劝"其改变。通过某种理论却可能解释这些问题产生的原因，并以相应的特定方法解决这些非认知层面的问题。这些理论往往是与人们习以为常的认识活动规律不同。如精神分析理论认为心理问题的原因是潜意识中的心理动力因素，并采用自由联想等与通常知识和逻辑不同的操作技术来改变。许多其他心理治疗方法也都存在类似的情况。这就是为什么现代心理治疗大多与各种理论相联系的原因。应该说，各种心理治疗理论的出现和发展导致了心理治疗的发展。如果总是以说教的方法进行治疗，虽然也有一些人会从中获益（也许真的是知识或思维方法上的问题）。但总归会将心理治疗的历史退回到几百年以前。

另外，治疗者却必须通过自己的认知活动包括使用知识对被治疗者实施干预，而且还不可避免地会受治疗者自己非认知层面的影响。

三、心理治疗的适用范围

一提到"治疗"，人们就很容易想到"疾病"，实际上心理治疗的对象不仅仅是有心理疾病的人，它可以服务于人类所有的成员。心理治疗即采用心理学的方法和技术，协助人们解决心理上的困扰，通过与来访者建立良好的关系，治疗者可以帮助他们认识和改善心理状况与适应方式，调整人际关系，适应环境，疏泄情感的困扰，解除症状与痛苦，促进人格的完善。

因此，心理治疗的适用范围是很广的。对很多职业的工作人员来说，了解和掌握有关心理治疗的理论和技术，将有助于他们工作的开展。除专

业的心理卫生工作者外，医护工作者、教育工作者、组织管理人员以及一般大众也都需要结合心理治疗技术更好地开展工作或改善调整自身。

现代心理治疗的范围越来越广。从医学心理学角度考虑，心理治疗在医学临床实践中目前主要应用于以下几个方面。

1. 综合性医院有关的患者

（1）急性患者：此类患者起病较急，病情较重，往往存在严重的焦虑、抑郁等心理反应，在给予临床医疗紧急处置的同时，需要同时进行一定的心理治疗，如给予精神支持疗法、松弛疗法等，以帮助患者认识疾病的性质，降低心理应激反应水平，增强治疗疾病的信心。

（2）慢性患者：这类患者病程一般较长，由于无法全面康复以及长期的患者角色的作用，往往存在较多的心理问题，可导致疾病症状复杂化，进一步影响康复。心理支持治疗和行为治疗等手段往往有很大的帮助，如慢性疼痛患者的行为矫正治疗、康复疗养患者的集体支持治疗等。

（3）有心身疾病的人：由于发病过程中有明显的心理社会因素参与，心理治疗是必不可少的。

2. 精神科及相关的患者

包括各类神经症、焦虑症、抑郁症、强迫症、恐怖症、癔症、疑病症等，以及其他精神科疾病如恢复期精神分裂症的患者等。

3. 各类行为问题

各种不良行为的矫正，包括性行为障碍、人格障碍、过食与肥胖、烟瘾、酒瘾、口吃、遗尿、儿童行为障碍等，可选择使用认知行为矫正疗法、正强化法等各种行为疗法。

4. 社会适应不良

正常人在生活中有时也会遭到难以应对的心理社会压力，从而导致适应困难，出现自卑、自责、自伤、攻击、退缩、失眠。此时可使用支持疗法、应对技巧训练、环境控制、松弛训练、认知改变及危机干预等方法。

四、心理治疗的基本过程

各种心理治疗方法由于其原理、方式和目的等各不相同，在实际操作中某些基本的过程差别很大。这里以行为疗法为例介绍其基本过程如下。

（一）问题探索阶段

探索心理行为问题的成因，是心理治疗的开始阶段，但心理行为往往涉及生物、心理、社会各方面的多种因素。

1. 问题行为的表现

包括问题行为（problem behavior）出现的频率、程度和持续时间。例如，慢性疼痛是否对日常行为有影响，是否存在服用止痛药的依赖，是否一出现疼痛就上床休息等。有些行为反应可能因发生频繁，患者难以准确表达，需要深入细致地进行分析和判别。

2. 问题行为的病因

认真询问问题行为的过去史、发展过程和变化，收集各种相关的资料，发现问题行为发生、发展的某些重要的心理社会因素。如亲人亡故、离婚等重大的生活事件。

3. 问题行为的相关因素

许多环境刺激有增强或减轻行为症状的作用，了解这些因素对行为治疗具有重要的意义。

此外，还要了解患者对行为治疗的愿望，巩固其求助动机，树立对心理治疗的信心。通过对心理治疗的目的、意义、方法及效果等进行适当的解释和劝告，促使其积极参与治疗。

（二）分析认识阶段

对有关问题行为进行详细的治疗前的测量和分析。

1. 测量和记录

患者在医生的指导下，采用行为日记的方式，对问题行为进行自我观察或自我监督，如要求吸烟者坚持每天将自己吸烟的数量记录到自制的图表上，或要求因过分进食而肥胖者推算并记录每天所摄取的热卡量等。必要时，还可记录每天的生理状态，如定时测量并记录血压值。

2. 功能分析

与此同时，医生对记录结果进行分析，寻找问题行为与环境刺激之间的联系。如：①是否有引起行为反应的特定的环境刺激因素，如患者的焦虑反应是否总是出现在某一特定的场合。②是否存在行为结果对问题行为本身的强化作用，如慢性疼痛的行为反应是否因家庭成员的关注而被增强。

通过测量和分析，医生不但可以掌握患者治疗前的行为水平，为疗效的评价提供参照性指标，还可以对患者问题行为的各种影响因素进行较深入的了解，为选择具体的治疗方案提供客观的依据。

（三）治疗行动阶段

1. 选择治疗方法

问题行为及其影响因素的个体差异很大，使用的方法应与患者的问题相匹配。选择治疗方案时，要考虑以下几个方面：①该治疗方法已被证明对这一类问题行为是有效的；②已考虑测量中发现的各种相关因素；③患者有要求治疗的动机；④患者具备配合治疗的能力和条件。

2. 指导和实施治疗

在治疗开始前，医生应对患者进行有关治疗原理和目的等方面的指导。在治疗过程中，医患之间要不断进行交流，注意收集患者对治疗信息的反馈，允许他们提出问题并及时作进一步解释，提高患者对问题的认识和参与感。

（四）疗效评价阶段

在治疗期间，要随时对患者的情况进行分析，了解问题行为改变的情况，判断治疗的进展。经过一段时间的治疗后，对治疗的效果进行总的分析和评价，确定是否达到了预期的目标。如果患者情况无明显的改善，首先应分析患者是否认真执行了治疗指令，其次还要考虑患者是否正确地执行了指令。如果排除了上述两种因素，确信某一行为疗法对其无效，通常可另选一种疗法。

（五）结束巩固阶段

心理行为问题容易复发，取得疗效后应继续巩固。要确定继续训练的目标，保持定期复诊可以实施维持期的治疗，指导患者今后的生活，鼓励将所学的方法不断付诸实践。巩固疗效的治疗计划必须事先与患者共同制订，耐心解释其必要性，并要求患者严格按计划实施。

五、心理治疗的基本原则

各种心理治疗虽然在理论与方法上有很大不同，但几乎所有心理治疗都遵守一些一般原则。

1. 关系的和谐性

医患关系良好是一个有力的治疗因素，它本身具有一种魔力，足以减轻患者的疾苦、缓和焦虑、激发患者的希望和信心。如在催眠治疗时，患者接受治疗者的暗示而进入催眠状态，吐露内心深处的心理创伤，在治疗者暗示下消除症状、恢复健康。其实，除了在治疗者与患者间存在一种特殊的医患关系外，治疗者本身并不存在什么客观的力量。在医患关系满意的情况下，治疗者在患者心目中具有权威的形象，那么治疗者的支持、保证和解释都易为患者接受，甚至治疗者的某些个别缺点也会为患者所宽容。有时候，只要治疗者在场，患者就获得了安全感，减轻了焦虑症状。在行为治疗中，虽然从一开始就强调患者反复训练，甚至根据某些指南和磁带自行练习，似乎不像其他心理治疗那样强调医患关系。但是，这丝毫不能忽视医患关系的重要意义。因为要使患者愿意接受行为治疗、建立信心、坚持训练和认真执行治疗者的建议，没有良好的令人信赖的医患关系仍然是不行的。建立良好医患关系的核心在于要使患者相信治疗者愿意帮助他，而且治疗者有能力帮助他。

2. 适当的治疗环境

适当的治疗环境是各种心理治疗都需要的。心理治疗环境应有利于治疗者或参加治疗的集体小组成员倾听患者的诉说。另外治疗环境适当，如在威望很高的医院中，能提高治疗者的权威形象，增加患者的希望和信心。

3. 选择合适的治疗对象

虽然不同的心理治疗的目标各不相同，有各自不同的对象，但各种心理治疗都同意合适的治疗对象是心因性疾病、神经症、行为障碍和心身疾病患者，有接受心理治疗的强烈动机，智力正常，有中等以上文化，有良好学习能力。

4. 确定现实的治疗目标

虽然各种心理治疗有各自的理论体系和不同的治疗重点，如精神分析重点在于分析潜意识的矛盾冲突，揭示内在的精神活动，以完善患者的人格。行为治疗重点则在于强调外部刺激与行为的联结，以改变行为症状为主要目标。认知治疗则认为适应不良性认知是情绪和行为障碍的原因，治疗目标以改变认知为重点。

5. 治疗的计划性

心理治疗都有一定的实施计划与步骤。任何心理治疗的实施，都要求治疗者对患者有详细的了解，收集全面完整的病史，对关键问题还要反复核实。要善于消除患者的疑虑，使患者乐意提供病史资料乃至吐露其隐私。没有详细的病史材料，任何心理治疗方法都难以击中要害，甚至导致指导失误。每次心理治疗中要注意倾听患者的诉说，鼓励患者疏泄，要善于支持患者，强调积极的因素，避免患者的依赖心理，对其疑虑作必要的解释。

6. 综合治疗的原则

由于人类疾病的形成常常不是单一的原因，往往取决于生物、心理和社会因素的共同作用，因此，治疗时也应采取综合的方式。有些时候，药物、手术是主要方法，另一些时候，心理治疗则是主要手段。但更多的时候，可能需要药物与心理治疗相结合的方法。

7. 心理治疗时要考虑社会文化背景

不同的民族其习俗和行为方式不同，心理治疗时解释、指导也应有所不同。中国人的文化传统、道德观念、人际交往方式、风俗习惯和人格特征和外国人有很大不同，中国人对疾病的看法有时可能和国外相反，如同性恋在我国认为是变态，在欧美一些国家却认为是正常的。因此，心理治疗时疗治者应从我国社会文化背景出发施行心理治疗，否则，可能会犯错误。

8. 严格的保密性

心理治疗往往涉及患者的隐私。为了维护心理治疗本身的声誉和权威性，必须在心理治疗工作中坚持保密的原则。包括医生不得将患者的具体资料公布于众，在学术活动或教学工作中需要引用时，也应隐去其真实姓名。

9. 立场的中立性

心理治疗的目的是帮助来访者的自立与自我成长。在心理治疗的过程中，保持某种程度的中立态度，不能替患者做出任何选择与决定。

10. 亲友的回避性

心理治疗中往往要涉及个人隐私，交谈十分深入，同时要保持中立性的立场，这些在亲友和熟人中都难以做到。因此，一般情况下应回避为亲友和熟人进行心理治疗。

第二节　精神分析疗法

一、概况

精神分析疗法（psychoanalytic psychotherapy），也叫心理分析疗法，是奥地利精神科医师弗洛伊德在19世纪末创立的。弗洛伊德在长期的临床实践中，通过对大量精神病患者、神经症患者的观察与治疗，以及对他自己内心世界的系统分析，提出精神分析理论。这一理论曾在西方心理学领域占据重要的地位。在此基础上，衍生出近代多种精神动力治疗理论。现在这一经典的精神分析法已经很少使用，目前使用的是经过改良了的精神分析法。由于东西方文化的差异，这一方法在我国没有能够推广和应用，但是，精神分析法的一些思想对我国当前心理治疗仍然具有重要的指导意义。

该理论有无意识理论、人格结构理论、婴儿性欲论及精神病理学理论。精神分析疗法实施精神分析的技巧，主要由自由联想、解释、释梦和移情四部分组成。

（一）适应证

精神分析疗法主要适应歇斯底里、强迫性神经症、恐怖症、抑郁症及某些心理疾病的治疗。

（二）精神分析法的3种途径

精神分析一般通过以下3种途径显示其效果。

1. 精神宣泄

患者能自由表达被压抑的情绪，或对早年经验的再体验。如果让患者重新在心理上体验过去的挫折，并把潜抑的感情宣泄出来，患者就有了认识它、克服它的可能性。

2. 自省

通过分析，让患者了解自己内心冲突、焦虑的根源，于是就有了自省的可能性。经过自省，把症状的无意识隐意和动机揭露出来，使患者意识到症状的真正隐意而达到领悟，并要求从理智上和感情上都能接受。

3. 反复剖析

即反复扩通。由于患者的症状已成为其心理活动的组成部分。因此，即使患者领悟病症的隐意，但在行为中仍会出现反复。心理治疗是个漫长的过程，要求医生和患者都必须要有耐心，不断分析、理解、更正、体验，才能逐步从根本上改变患者的思维逻辑方式。

二、精神分析治疗的基本技术

1. 自由联想

自由联想（free association）是精神分析的基本手段。治疗者要求患者毫无保留地诉说他想要说的一切，包括近况、家庭、工作、童年记忆、随想、对事物的态度、个人成就、困扰、思想和情感，等等，甚至是自认为一些荒谬或奇怪的不好意思讲出来的一些想法。自由联想是将患者带进无意识的路径之一。

精神分析师要鼓励患者尽量回忆从童年时期起所遭受的一切挫折或精神创伤，使患者绕过平时的防御机制，逐渐进入无意识的世界，这样无意识里的心理冲突可逐渐被带入到意识领域，使患者对此有所领悟，从而建立现实的、健康的心理。

2. 阻抗

阻抗（resistance）是自由联想过程中患者在谈到某些关键问题时所表现出来的自由联想困难。其表现多种多样，如正在叙述的过程中，患者突然停止话题，似乎已经没有什么东西可以谈了，或者推说想不起来了，或者反复地陈述某一件事，不能深入下去；或者甚至认为分析治疗没有意义，要求终止治疗，等等。阻抗的产生是无意识中本能地阻止被压抑的心理冲突重新进入意识的倾向。当自由联想交谈接近这种无意识的"心理症结"时，来自无意识的阻抗就自然发生作用。

精神分析理论认为，当患者出现阻抗时，往往是有意义的，触动其心理症结。因此，精神分析师的任务就是在整个治疗过程中不断辨认并帮助患者克服各种形式的阻抗，将压抑在无意识中的情感释放出来。如果无意识的所有阻抗都被逐一战胜，患者实际上已在意识层次上重新认识了自己，分析治疗也就接近成功。精神分析疗法之所以需长时间才能完成，其原因就是无意识的阻抗作怪。

3. 移情

移情（transference）被认为是精神分析治疗中很重要的内容。当患者沉浸在对往事回忆的分析会谈过程中，往往会说出许多触发焦虑、痛苦情感的事情。患者可能将治疗者看成是过去与其心理冲突有关的某一人物，将自己对某人的体验、态度、幻想等有关的情感不自觉地转移到治疗者身上，从而有机会重新"经历"往日的情感，这就是移情。

移情可以是正移情（positive transference）也可以是负移情（negative transference）。正移情是患者爱怜情感的转移，即把治疗者当成喜欢的、热爱的、思念的对象。负移情是患者将过去生活中使其体验到攻击、愤怒、痛苦、羞辱等的对象投射到精神分析师身上。

面对患者的移情，精神分析师应做出恰当的反应，以适当的共情、节制和真诚的态度对待患者讲述的内容。通过对移情的分析，可以了解患者心理上的某些本质问题，引导患者讲述出痛苦的经历，揭示移情的意义，帮助患者进一步认识自己的态度与行为并给予恰当的疏导，使移情成为治疗的动力。

4. 疏泄

疏泄（abreaction）是让患者自由地表达被压抑的情绪，特别是过去强烈的情感体验。事实上，这种疏泄往往通过移情作用表现出来。精神分析师应鼓励患者进行疏泄。

5. 释梦

释梦（dream interpretation）在精神分析治疗中具有重要的意义，它是深入到患者无意识状态的有用途径。弗洛伊德在《梦的解析》中提出，"梦乃是做梦者无意识冲突或欲望的象征，做梦的人为了避免被他人察觉，所以用象征性的方式以避免焦虑的产生，分析者对梦的内容加以分析，以期发现这些象征的真谛。"精神分析理论认为梦的内容与被压抑在无意识中的内容存在某种联系。患者有关梦的报告可以作为自由联想的补充和扩展，并认为有关梦境的分析结果更接近于患者的真正动机和欲求。但是梦境仅是无意识心理冲突与自我监察力量对抗的一种妥协，并不直接反映现实情况。这就需要精神分析师对梦境作特殊的解释，要求患者把梦中不同的内容进行自由联想，以便揭示梦境的真正含义。

6. 解释

解释（interpretation）是精神分析师在精神分析治疗过程中，对患者的一些心理实质问题，如他所说的话的无意识含义进行解释或引导，帮助患者将无意识冲突的内容进入意识层面加以理解。解释是一个逐步深入的过程，根据每次谈话的内容，在患者自由联想及梦境内容的表达基础上，用患者能够理解的语言让他认识到心理症结，通过解释帮助患者逐步重新认识自己，认识自己与其他人的关系，使被压抑着无意识的内容不断通过自由联想和梦的分析暴露出来，从而达到治疗疾病的目的。

7. 精神分析中的非特异性治疗技术

同其他心理治疗一样，精神分析治疗强调良好的治疗性关系，倾听的技术，良好而适当的共情技术，提问及引导技术，这些非特异性治疗技术与精神分析技术的良好结合才能达到较好的治疗效果。

三、精神分析治疗过程简介

1. 精神分析治疗的设置

精神分析治疗应在较为严格的治疗设置中进行，包括治疗室的布置；固定的治疗场所；预约和付费的方式。这些相对标准化的治疗设置有助于精神分析师更好地处理分析过程中的治疗关系和移情等问题，更敏锐地发现患者无意识中的心理症结。经典的精神分析治疗所需时间较长，每次约50分钟，每周3~5次，一般需要300~500次。因此治疗过程少则半年，长则2~4年。心理分析医生要受过严格的精神分析专门训练。

2. 治疗开始

接受治疗的患者在安静的环境里坐在舒适的沙发椅上，将身体放松，自由而随意地联想、回忆。精神分析师坐在患者头顶方向，以避免让患者看见面部而引起情绪反应，同时精神分析师又能够随时倾听和观察患者。

精神分析师只认真倾听患者的自由联想谈话，仅偶尔提些问题或作必要的解释。当患者无话可谈时，精神分析师适当进行引导，使之继续下去，直至约定时间。

3. 治疗的深入

以阻抗和移情的出现为特点。精神分析师在倾听患者的自由联想时，往往需要耐心，不只是被动地听取患者的故事，而是高度集中注意力，跟随患者的联想走进患者的无意识世界，和患者一起在其无意识世界中观察，跟随患者的体验和感受，努力发现阻抗之所在及有意义的个人资料，观察和体验来自患者的移情反应，对患者的移情反应采取接纳、共情、节制的态度，从大量的来自自由联想和梦的分析形成精神分析的诊断。精神分析师在治疗中需不断反思自己无意识的反应，发现和监测自己的反移情，并努力维护治疗性关系，因此，充分且良好的精神分析训练十分重要。

4. 结束前的分析

在精神分析诊断基础上，通过分析患者的阻抗、移情及梦的内容，形成干预的思路。重点是对移情的解释。处理移情、解释的技巧及把握解释的时机在此阶段具有重要的作用。最后，患者能从现实的态度，接受自己的过去和现在，更客观、理性地重新认识自己，恢复来自内在的自尊、自信，接受治疗的结束，并将治疗中的建设性因素带到未来的生活中，使症状得以消除，人格得以成长。

精神分析疗法成功的病例通常是青年人和中年人，因为年纪越大，其潜意识里的抗拒程度可能越高，使分析难度增加。另外，医生在治疗中应尽量不透露自己的个人情况，让患者自由联想和移情。

四、精神分析法的适应证和应用评价

精神分析疗法主要应用于各种神经症患者，某些人格障碍者以及心身疾病的某些症状。

精神分析不适合重性精神障碍者，如精神分裂症、重度抑郁、双相情感障碍。接受精神分析治疗的前提是自我功能的相对完整。癔症发作期间伴有自我意识障碍者也不适合精神分析治疗。

该疗法因疗程长、费用高，且理论无法实证、缺乏评判标准、结果难以重复等，已受到不少批评。经典的分析操作方法现在也较少使用。

某些经过修正的新精神分析疗法在时间上已有所缩短，且增加了对社会文化因素与疾病和症状关系的分析，主要用于解决当前迫切要求解决的问题。经验证明，那些职务较高、聪明、善于言辞的人，易于从精神分析疗法中受益。

第三节 行为治疗

一、概述

行为治疗是以减轻或改善患者的症状或不良行为为目标的一类心理治疗技术的总称。行为治疗始于20世纪50年代末，并得到迅速的发展。该

治疗具有针对性强、易操作、疗程短、见效快等特点。近 20 多年来，由于认知心理科学的发展，行为治疗逐步借鉴和引入了有关认知技术，在临床上更多的是采用行为与认知的方法，也称为行为认知治疗或认知行为治疗（cognitive behavior therapy）。

二、行为治疗的基本原则

行为治疗的基本原则如下。

1. 通过行为分析确立患者的靶症状或靶行为，以便能够有的放矢地帮助患者解决其主要问题。

2. 循序渐进，由简单到复杂，逐步给予一系列的练习作业，患者在处理比较简单的问题中获得信心后，再处理较严重的问题。

3. 强调实践或练习，通过自我练习，达到目的，表明治疗成功；没有达到目的则可能存在其他问题，需要进一步分析和认识，重新考虑治疗方案。

三、治疗方法简介

（一）系统脱敏

系统脱敏（systematic desensitization）由美国行为治疗心理学家沃尔普（Wolpe J，1915—1997）所创立，用于治疗焦虑患者。治疗师帮助患者建立与不良行为反应相对抗的松弛条件反射，然后在接触引起这种行为的条件刺激中，将习得的放松状态用于抑制焦虑反应，使不良行为逐渐消退（脱敏），最终使不良行为得到矫正。系统脱敏包含放松训练、制定焦虑等级表以及脱敏治疗 3 个步骤。

1. 放松训练

放松可以产生与焦虑反应相反的生理和心理效果，如心率减慢、呼吸平缓、神经肌肉松弛以及心境平静。主要采取使肌肉放松的方法，如瑜伽、坐禅、气功等。最常用的是渐进性放松技术。

2. 制订焦虑等级表

对引起患者不良行为反应（如焦虑、恐惧）的情景刺激作详细的等级划分（一般分为10个等级），并由弱到强按次序排列成表备用。

3. 脱敏治疗

在上述两个任务完成后，逐步按上述等级次序从轻到重进行脱敏训练。让患者想象或接触等级表上的每一情景并自我放松，完成对接触每一情景所致焦虑的脱敏。当患者经过反复训练，对某一情景不再出现焦虑，或者焦虑程度大大降低时，可进入高一等级情景，直至顺利通过了所有情景。每一场景训练一般需要重复多次并可以在暂时失败时重新进行。

（二）满灌疗法

满灌疗法（flooding）是让患者面对能产生强烈焦虑的环境（或通过想象），并保持一段时间，不允许患者逃避，由于焦虑症状有开始、高峰和下降的变化过程，最后可消除焦虑并最终预防条件性回避行为的发生。整个治疗一般约5次，每次1～2小时。其疗效取决于每次练习时患者必须能坚持到心情平静和感到能自制为止。

采取满灌疗法事先应对患者作必要的解释和疏导工作，介绍治疗的目的和意义，消除顾虑和恐惧。

（三）逐级暴露法

逐级暴露法（graded exposure）与满灌法相似，但焦虑的情景是由轻到重逐级进行，没有放松训练，治疗是在实际生活环境中进行，而非想象训练。由于满灌疗法难以被许多患者接受，以及对于有强烈焦虑反应的患者、严重心脑血管病患者、心理素质过于脆弱的患者是禁忌的，对于这些患者可用逐级暴露法，以避免突然发生强烈的焦虑反应。

（四）示范法

示范法（modeling）是指向某个人呈现一定的行为榜样（如真实的人或影视明星），通过观察他人的行为和行为后果进行模仿学习的行为疗法。例如，儿童回避小动物或者害怕登高是通过观察他人在这些情况下出现的恐惧表现和回避行为而产生的，因此治疗中同样需要让患者观察、模仿他人的行为来克服恐怖和焦虑。Bandura 等人采取逐级参与示范，在示范中逐步增强恐怖的刺激性境遇。治疗可以分一次长疗程或分几个疗程。

（五）自信心及社交技巧训练

自信心训练（assertiveness training）是使患者学会在社会环境中如何恰当地与人交往，正确地表达自己的观点。用于自信训练的行为技术有角色示范、脱敏、正强化等。

社交技巧训练（social skills training）是应用行为学习原理进行社会技能方面的系统训练，不仅帮助患者恢复自信，同时也注重改善患者在现实生活中所存在的一些问题，如与人交往时克服害羞等。通过对患者社会行为直接的指导和帮助、角色示范、对有效的社会反应给予支持等。

（六）厌恶疗法

根据操作条件反射中的惩罚原理，在某一特殊行为反应之后紧接着给予一厌恶刺激（如物理的、化学的、环境的和自我厌恶想象等不愉快的刺激），最终会抑制和消除这种特殊行为。厌恶疗法（aversion therapy）常用于治疗酒精依赖、药物依赖、性欲倒错（如同性恋、恋物癖、窥阴癖等）以及其他冲动性或强迫性行为问题。

厌恶疗法的治疗要点：
（1）厌恶刺激在不良行为发生时始终存在。
（2）刺激要产生足够的痛苦水平（尤其是心理上的痛苦）。
（3）治疗要持续到不良行为彻底消除，持续的时间比较长。
（4）随时进行鼓励强化，并以患者自己自我控制为主。

（七）行为辅助工具

行为治疗辅助工具（behavioral prostheses）是借助一些仪器使患者在自然环境下学习新的适应性行为。如用节拍器控制的言语重训练来治疗严重口吃，帮助患者产生深度的肌肉放松或学会对紧张和焦虑的控制，用电子信号系统来矫正家庭中错误的沟通方式以及对某些强迫症采用小量电刺激治疗等。

（八）正强化和消退法

根据操作条件反射理论，如果在行为之后得到奖赏，这种行为在同样的环境条件下就会持续，反复出现即正强化。

1. 代币法

通过给患者一定数量的代币筹码来奖赏其适应性行为，如保持整洁、按时起居等。一旦患者出现这些适当的社交性行为时就可以获得筹码，并用这些筹码来换取自己需要的东西或得到一些享受。如果患者出现不良行为，如吵闹、毁物等，将被罚扣除或交出筹码。

2. 神经症行为的矫正

行为矫正的基本步骤：①选择和确定靶行为；②测量靶行为（作为疗效评定的依据）；③选择适当的强化因素（一般将经常出现的行为作为强化因素）；④最初出现靶行为就立即给予强化；⑤随时观察进程变化。

（九）治疗协议或临时合同

治疗协议是指来访者与心理咨询师或心理治疗机构间达成的关于来访者与治疗者将如何开展工作的相关约定。有些靶行为常与周围人的行为有密切关系，需要有关人员的配合方能取得疗效。例如，治疗婚姻问题时通过建立治疗协议的方法帮助夫妻双方找出他们最希望看到的对方的行为，帮助他们相互沟通，甚至可以用书面的方式写下来，成为一种临时的合同。

四、适应证和应用评价

行为疗法广泛适用于各种存在行为异常的个体。但对于边缘人格、人格障碍或抑郁症的患者治疗效果有限。行为疗法的适应证一般包括以下方面。

1. 恐怖症、强迫症及焦虑症等。
2. 神经性厌食症、神经性贪食症、神经性呕吐及其他进食障碍，烟酒及药物依赖等。
3. 阳痿、早泄、性高潮缺乏、阴道痉挛、性交疼痛等性功能障碍。

4. 同性恋、恋物癖、异装癖、露阴癖、窥阴癖、摩擦癖、性施虐与性受虐癖等。

5. 纵火癖、偷窃癖、拔毛癖等冲动控制障碍。

6. 儿童多动症，品行障碍、儿童离别焦虑、儿童恐怖障碍、社交敏感性障碍等。

7. 儿童抽动秽语综合征。

8. 遗尿症、遗粪症、异食癖、口吃等儿童行为障碍。

9. 学习障碍、考试综合征、电视迷综合征、计算机网络依赖综合征。

10. 高血压、心律失常、胃溃疡等心身疾病。

行为疗法的着眼点是可观察到的外在行为或可具体描述的心理状态。如果患者的心理或行为问题能比较客观地观察和了解，就较适合采用行为治疗。例如，患者只是怕坐电梯、怕上学、强迫洗手等比较明显的单一症状，就可以试着运用行为疗法。但如果患者觉得对人生没兴趣，或不知将来去向如何等比较抽象的或性质模糊不清的问题，就不宜运用行为治疗。

第四节 认知治疗

一、概况

（一）定义

认知治疗（cognitive therapy）是20世纪70年代所发展起来的一种心理治疗技术。它是根据认知过程影响情感和行为的理论假设，通过认知和行为技术来改变患者不良认知的一类心理治疗方法的总称。

认知疗法的理论基础是贝克（Beck）提出的情绪障碍认知理论。他认为：心理问题不一定都是由神秘的、不可抗拒的力量造成的，相反，它可以从平常的事件中产生。例如，错误的学习，依据片面的或不正确信息做出错误的推论，以及不能妥善地区分现实与理想之间的差别等。他提出，每个人的情感和行为在很大程度上是由其自身认知外部世界，处世的方式或方法决定的,也就是说,一个人的想法决定了他的内心体验和反应。

(二) 理性-情绪治疗的特点

从整体上看,理性-情绪治疗有以下一些特点。

1. 人本主义倾向

艾利斯明确宣称,"RET不刻意装作是纯客观的、科学的或以技术为核心的,它对人类的困难及其基本取向途径采取明确的人本主义-存在主义的立场倾向。"这种倾向首先表现在理性-情绪治疗对人的本性的观点上,同许多人本主义者一样,艾利斯也认为人有其固有本性,虽然人的先天生物倾向中既有好的东西也有消极的东西,但人要活着,活得快乐,总是一个不争的事实,这是人的本性。理性-情绪疗法断定,人从其本性出发,就有追求一种充实的、自我实现的生活的倾向。在目标和价值问题上,RET认为,人仅仅因为他活着、存在着,就完全可以做他自己,而用不着非要做出什么业绩来证明自己的价值。作为一种人本-存在主义的治疗,RET的目标就是帮助人克服其非理性的、自损的行为,帮助他获得其生命的最大价值,帮助他追求长期的幸福而不是眼前的短暂快乐。在治疗上,RET信赖、重视个人自己的意志、理性选择的作用,强调人能够"自己救自己",而不必依赖魔法、上帝或超人的力量。

2. 教育的倾向

RET有很浓厚的教育色彩。也可以说它是一种教育的治疗模式。

首先,在咨询和治疗的原则方面,RET力图用一套它认为合理、健全的心理生活方式去教育来访者这一事实。RET的基本目标就是要帮助人们更富理性地思考问题,更适宜地去体验和感受,更有效地行动。

其次,RET的治疗过程有很强的教导味道。在咨询中,RET的治疗者经常用讲解、说服乃至辩论的方式来教导来访者,并大量使用阅读RET书籍、讲座、录音录像、讨论会、示范等教育技术,教会来访者运用RET的思考方式,以理性的信念和思考方式取代非理性的思考方式。

最后,理性-情绪疗法还专门发展出了一套适用于儿童和学校咨询的体系,称作"理性-情绪教育",这是一套用于青少年心理教育和辅导的体系，旨在帮助孩子提高心理机能水平，解决学习中的各种问题。

3. 强调理性、认知的作用

理性－情绪疗法承认并且强调心理机能的整体性，认为人的感知、思维、体验和行动是互相联系的整体。在治疗途径上也广泛采纳情绪和行动方面的方法。但它更突出地重视理性、认知的作用。这是 RET，也是所有认知疗法的一个最本质的特点。理性－情绪疗法的一个基本假定是：人的情绪来自人对所遭遇的事情的信念、评价、解释或哲学观点，而非来自事情本身。情绪和行动受制于认知，认知是人心理活动的"牛鼻子"。把认知这个"牛鼻子"拉正了，情绪和行为的困扰就会在很大程度上改善。所以在 RET 的治疗中，总是把认知矫正摆在最突出的位置，给予最优先的考虑。

（三）理论假设

在认知过程中常见认知歪曲的 5 种形式。

1. 任意的推断

即在证据缺乏或不充分时便草率地做出结论。

2. 选择性概括

仅根据个别细节而不考虑其他情况便对整个事件做出结论。

3. 过度引申

指在某一事件的基础上做出关于能力、操作或价值的普遍性结论，即从一个具体事件出发引申做出一般规律性的结论。

4. 夸大或缩小

对客观事件的意义做出歪曲的评价。

5. "全或无"思维

即要么全对，要么全错，把生活往往看成非黑即白的单色世界，没有中间色。

二、认知治疗的基本方法

目前有关认知治疗方法的发展已逐步形成两大流派，即认知分析治疗

(cognitive analytical therapy，CAT）和认知行为治疗（cognitive behavioral therapy，CBT）。前者是在认知治疗的基础上借鉴和应用精神分析性治疗的方法；后者是在认知治疗过程中强调应用行为治疗中的一系列行为矫正技术。归纳起来，目前国际上常用的认知疗法有4种，即Beck认知治疗、Ellis合理情绪治疗、Ryle认知分析治疗和认知行为治疗。其中以认知行为治疗应用得最广泛。

（一）常用的认知治疗

1. 合理情绪疗法

合理情绪疗法（rational emotive therapy，RET）是由Ellis A在20世纪50年代末提出，其基本观点是一切错误的思考方式或不合理的信念是心理障碍、情绪和行为问题的症结。对此他将治疗中有关因素归纳为A-B-C-D-E，即：诱发事件（activating event）-信念（belief）-后果（consequence）-诘难（dispute）-效应（effect）。

例如，父母拒绝给10岁的女儿买小自行车（A），尽管他们以前曾经许诺过。为此女儿说（B）："他们出尔反尔，对自己讲过的话不负责任，言行不一，他们不喜欢我！因为他们常常对我这样，他们永远不会为我着想！"由此产生的情绪反应后果（emotive consequences，eC）使她感到愤怒和沮丧，行为反应后果（behavioral consequences，bC）则使她对父母哭闹、发脾气。治疗医生对不合理信念（irrational belief，iB）的诘难（D）一般采用有针对性的、直接的，以及有系统的提问方式，逐步使患儿认识到信念或信念系统是引起情绪或行为反应的直接原因，使患儿对不合理信念产生动摇，进而取得疗效（E）。

2. 自我指导训练

自我指导训练（self-instructional training）是由Meichenbaum在20世纪70年代提出，方法是教会患者进行自我说服或现场示范指导，主要用于治疗儿童注意缺陷障碍（儿童多动症）、儿童冲动、精神分裂症患者等。

3. 应对技巧训练

应对技巧训练（coping skills training）是由Goldfried在20世纪70年

代提出,主要是让患者通过在想象过程中不断递增恐怖事件,以学会调节焦虑和处置焦虑,其中保持心身的放松同系统脱敏类似,但不同之处在于它有想象应对的成分,主要适用于焦虑症的治疗。

4. 隐匿示范

隐匿示范(covert modeling)是由 Cautela JR 在 20 世纪 70 年代初提出,基本原理是想象演练靶行为,让患者预先了解事情的结果并训练其情感反应,以产生对应激情境的适应能力,对恐怖症疗效较满意。

5. 解决问题的技术

解决问题的技术(problem-solving),其倡导者有 D'Zurilla, Goldfried 等人,基本设想是有情绪异常的人,往往缺乏解决问题的能力,较难选择情境的行为反应。因此他们常常是适应不良的,不能准确地预测自己行为的后果。基本方法是学习如何确定问题,然后将一个生活问题分解为若干能够处理的小问题,思考可能的解决答案,并挑选出最佳的解决方法。主要用于治疗情绪障碍的儿童、有破坏行为的儿童。

(二)基本的认知治疗技术

根据 Beck 于 1985 年归纳的认知治疗基本技术,共有下述 5 种。

1. 识别自动性想法

自动性想法是介于外部事件与个体对事件的不良情绪反应之间的那些思想,大多数患者并不能意识到在不愉快情绪之前会存在着这些想法,并已经构成他们思考方式的一部分。患者在认识过程中首先要学会识别自动性想法,尤其是识别那些在愤怒、悲观和焦虑等情绪之前出现的特殊想法。治疗医生可以采用提问、指导患者想象或角色扮演来发掘和识别自动性想法。

2. 识别认知性错误

焦虑和抑郁患者往往采用消极的方式来看待和处理一切事物,他们的观点往往与现实大相径庭,并带有悲观色彩。一般来说,患者特别容易犯概念或抽象性错误,基本的认知错误有:任意推断、选择性概括、过度引申、夸大或缩小、全或无思维。大多数患者一般比较容易学会识别自动想法，但要他们识别认知错误却相当困难，因为有些认知错误相当难评价。因此，为了识别认知错误，治疗医生应该听取和记下患者诉说的自动性想法以及不同的情景和问题，然后要求患者归纳出一般规律，找出其共性。

3. 真实性检验

识别认知错误以后，接着同患者一起设计严格的真实性检验，即检验并诘难错误信念。这是认知治疗的核心，非此不足以改变患者的认知。在治疗中鼓励患者将其自动性想法作假设看待，并设计一种方法调查、检验这种假设，结果可能发现，95%以上的调查时间里这些消极认知和信念是不符合实际的。

4. 去注意

大多数抑郁和焦虑患者感到他们是人们注意的中心，他们的一言一行都受到他人的"评头论足"，因此，他们一致认为自己是脆弱的、无力的。如某一患者认为他的服装式样稍有改变，就会引起周围每一个人的注意和非难，治疗计划则要求他衣着不像以往那样整洁去沿街散步、跑步，然后要求他记录不良反应发生的次数，结果他发现几乎很少有人会注意他的言行。

5. 监察苦闷或焦虑水平

许多慢性甚至急性焦虑患者往往认为他们的焦虑会一成不变地存在下去，但实际上，焦虑的发生是波动的。如果人们认识到焦虑有一个开始、高峰和消退过程的话，那么人们就能够比较容易地控制焦虑情绪。因此，鼓励患者对自己的焦虑水平进行自我检测，促使患者认识焦虑波动的特点，增强抵抗焦虑的信心，是认知治疗的一项常用手段。

三、认知治疗的适应证和应用评价

认知治疗及认知行为治疗等方法已广泛用于治疗许多疾病或精神障碍，如抑郁症、惊恐障碍、恐怖症、广泛性焦虑、海洛因成瘾、进食障碍等，目前在国外某些精神科门诊中，60%患者是给予认知行为治疗的。

有关认知治疗的评价，许多临床对照研究已经证实它具有减轻情绪症状、改善认知方式和行为表现，以及有长期维持和预防复发的作用。尤其是对抑郁症患者的治疗，可与三环类抗抑郁药一样有效。当然，在临床实践中，绝大多数患者是同时接受药物治疗和认知治疗的，这与传统观点即心理治疗不主张与药物合用有所不同。而且经验表明，这两者的合并使用，可提高疗效。

目前，认知理论及认知治疗技术正逐步被广大临床心理工作者及精神科医生所接受，它的技术方法亦不断得到充实和发展，但存在一些争议。认知疗法目前面临的主要课题有：①发展更可靠的评价认知过程的方法；②进一步认识和了解认知与情感、行为之间的相互关系；③确立影响认知类型的变量，包括认知发生、维持和改变时的影响因素；④将上述变量应用于治疗实践；⑤不断重新评价认知理论和适用范围。

第五节　来访者中心疗法

20世纪80年代初，有人曾对800名临床和咨询心理学家作了一次调查，结果发现，被认为对当代心理治疗最有影响的心理学家中，卡尔·罗杰斯（Rogers C）名列第一。的确，罗杰斯及其开创的"患者中心疗法"在当代心理咨询和发展历史上享有特别高的声誉。虽然近些年来，患者中心疗法作为一个单独的流派不再像数年前那样追随者如云，但它的一些重要思想，如人本倾向、强调咨访关系、自我概念，等等，已经被大多数新的治疗体系所吸收，成了整个咨询和治疗学科的共同财富。

一、概述

（一）定义

患者中心疗法（client-centered psychotherapy）又称为非指导性疗法（nondirective psychotherapy），由美国心理学家罗杰斯于1940年创立的。该理论强调调动患者的主观能动性，发掘其潜能，不主张给予疾病诊断，治疗则更多的是采取倾听、接纳与理解，强调以患者为中心或围绕患者进行心理治疗。

1974年,罗杰斯又提出将此疗法进一步延伸,改称为人本疗法(personal center therapy),更强调以人为本,而非患者或来访者,进一步突出被治者为正常人、为心理发展过程中潜能未尽情发挥或暴露的阶段性遭遇或问题,治疗本身就是指导被治者认识和了解自我、发挥潜能。

(二) 治疗者的工作

1. 创造良好的气氛

治疗者首先要让患者感到他是安全的、毫无保留地被接受的。治疗者要特别注意,对患者的一切,都不要以任何方式,表现出自己不赞同的态度。面对治疗者这种温和、接纳的态度,患者就可以表达自己内心世界的感受,接受自己的情绪,尤其是那些先前因为害怕引起不愉快,或担心遭到别人拒绝而一直隐瞒着的感受,并通过自己的努力而达到对疾病的认识。

2. 无条件的倾听

治疗者应是一位耐心、诚意而又机敏的听众,听取患者所诉说的一切。在倾听时治疗者绝不仅仅是被动的听者。因为如果治疗者表现被动,无动于衷,甚至心不在焉,患者就会感到他对自己漠不关心、缺乏同情,因而也就不愿继续说下去了。治疗者倾听时的诚意和专心致志,意味着不仅用耳朵听,还要用脑听,只有诚心诚意地倾听才会有反馈、有交流,这对治疗十分重要。

3. 复述和反馈

为了让患者理解治疗者能听懂也能理解患者所述的一切,按照罗杰斯的观点,治疗者可简要的复述和引申患者所思、所言和所感。复述包括两个层次:一是简单复述,即把患者的话不加改变地重复出来;二是变式复述,即把对方的话转变为自己的话重述出来,这样对方就会肯定你理解了他的话;进而还会有助于患者对自己的所思、所言和所感获得新的理解和领悟。

(三) 来访者中心治疗的特点

来访者中心治疗的所有特点可以归纳为一点,即强烈的人本主义倾向。这一倾向与心理学中的一个派别——人本主义心理学一致，或者说是人本心理学思想在治疗领域的表现。这里先谈谈以人为中心治疗在一些基本理念上的人本主义色彩，然后分析以人为中心治疗的几个主要特点。

1. 基本理念的人本主义色彩

心理学的一个根本问题是怎样看待人。在人本主义心理学出现之前，心理学中最有影响的两大学派是精神分析学派和行为主义学派。

2. 重视当事人的主观经验世界

罗杰斯认为，一个人的主观经验世界（称作现象场）是他的真正的现实。他从何而来，要往何处去，为什么痛苦悲伤，这一切都只有进入他的现象世界才能理解。所以，患者中心疗法反对用一些外在的指标、标准来衡量、评估当事人。其理由除了认为这种诊断或评估容易使治疗者见"病"不见人，容易产生一种自大、自负的咨询态度之外，最主要的就是认为这种"从看台上观察当事人"的做法根本无法了解当事人独一无二的主观现象世界。

3. 反对教育的、行为控制的治疗倾向

以人为中心治疗的基本假设之一，就是当事人有能力自己发现价值，发现自己的问题，并有潜在的个人资源来获得价值，解决自己的问题。所以这种疗法反对治疗者耳提面命式的教导，摒弃由治疗者告诉当事人什么好，什么不好。同理，患者中心疗法也不主张采用奖励、惩罚等行为控制手段来"治疗"当事人。总之，它反对一切对来访者施加"影响"的做法。

4. 由来访者主导治疗过程

由于治疗者总是不如来访者更了解他自己，所以，会谈的主题和方向应交给来访者掌握，由来访者选择。治疗者信任来访者有能力主导治疗进程，并且相信，没有治疗者的指导性的干预，来访者能够更自由地自我探索，从而获得对自己最有价值的收益。

5. 治疗者做来访者的"朋友"和"伙伴"

在以人为中心的治疗者看来，治疗者在会谈中能做的最好工作是创造一种气氛，一种能够让来访者（也包括治疗者自己）不感到有威胁和限制，能够自由地感受情感、探索自我的氛围。要做到这一点，首要的条件是建立、发展和维系双方之间的情感联系。因此，咨访双方应该做脱去了角色面具的朋友，像一对结伴到个人内心世界进行"探险"的伙伴。

二、治疗过程和治疗策略

（一）治疗的目标

罗杰斯常用"从面具后面走出来"这样的话来表达以人为中心的治疗目标。一旦去伪存真的工作得以完成，来访者似乎变成了一个新人，一个"充分发挥机能的人"。充分发挥机能的人起码在以下几方面有根本的变化。

1. 他对任何经验都较为开放，也就是说，他不再对经验进行取舍，歪曲和否认某些经验。他变得更能够了解源于自身机体内部的情感和态度，也能够更客观、更准确地认识客观现实，而不是穿着一套盔甲置身于经验世界。他能够自由地体验并意识到对己对人的爱、恨；他能看到并非一切树木都是绿的，并非一切男子都像刻板的神父，并非一切女性都拒人于千里之外，并非一切失败都证明自己一无是处。

2. 他的自我结构变得能与其经验相协调，并能够不断变化以便同化新的经验。他变得越来越感到他对经验的评价是立足于自身，是用自己的心、自己的眼去看待一切，而不再寻求他人的赞同或否认，不再依赖他人提出的生活准则，不再依赖他人来帮助自己做出决定或选择。总之，他这时能感到自己是为自己活着，自己对自己负责，完全真诚地对待自己。

3. 他变得更信任自己的机体，越来越深刻地发现自己机体的可靠性，认为它是一个最好不过的工具，因为它能够在任何新的环境中找到最恰当的行为方式。虽然机体给出的信息也可能出错，但由于人对经验的开放，一旦出错即可知道，并迅速修正。他不再害怕自己的情感反应，他能够信任、欣赏自己源于机体的丰富情感。良心不再是一个铁面无情的东西，是能够与机体感受和睦相处的。

4. 他愿意成为一个变化的过程，而不是追求达到一种理想然后固定不变的状况。他愿意生命像流水，愿意体验这种正在进行的流动，承认生命的意义存在于这流动过程之中，而不是为了一个"目的地"而生活。

可以看出，以人为中心的治疗目标总是表述得较为笼统，而不具体。这是因为它把咨询看作是整个人的改变，而不是某个症状、某个问题的改变。人的心理机能活动具有整体性，是一个通体相关的组织系统，任何一个部分的变化都会涉及整体。

（二）治疗过程

治疗过程包括12个步骤，这些步骤并非是截然分开的。

1. *来访者前来求助*

这对治疗来说是一个重要的前提，如果来访者不承认自己需要帮助，咨询或治疗是很难成功的。

2. *治疗者向来访者说明咨询或治疗的情况*

治疗者要向对方说明，对于他所提的问题，这里并无解决的答案，咨询或治疗只是提供一个场所或一种气氛，帮助来访者自己找到某种答案或自己解决问题。治疗者要使对方了解咨询或治疗的时间是属于他自己的，可以自由支配，并商讨解决问题的方法。治疗者的基本作用就在于创造一种有利于来访者自发成长的气氛。

3. *鼓励来访者情感的自由表现*

治疗者必须以友好的、诚恳的态度促进对方对自己的情感体验作自由表达。来访者开始所表达的大多是消极的或含糊的情感，如敌意和焦虑。治疗者要有掌握会谈的经验，以有效地促进对方表述。

4. *治疗者要能够接受、认识、澄清对方的消极情感*

这是很困难同时也是很微妙的一步。治疗者接受了对方的这种信息必须对此有所反应。但反应不应是对表面内容的反应，而应深入来访者的内心深处，注意发现对方影射或暗含的情感，如矛盾、敌意或不适应的情感。不论对方所讲的内容是如何荒诞，治疗者都应能以接受对方的态度加以处理，努力创造出一种气氛，使对方认识到这些消极的情感也是自身的一部分。有时，治疗者也需对这些情感加以澄清，但不是解释，目的是使来访者自己对此有更清楚的认识。

5. *来访者成长的萌动*

当来访者充分暴露出其消极的情感之后，模糊的、试探性的、积极的情感不断萌发出来，成长由此开始。

6. 治疗者对来访者的积极情感要加以接受和认识

对于来访者所表达出的积极的情感，如同对其消极的情感一样，治疗者应予以接受，但并不加以表扬或赞许，也不加入道德的评价。而只是使来访者在其生命之中，能有这样一次机会去自己了解自己。使之既无须为其有消极的情感而采取防御措施，也无须为其积极情感而自傲。在这样的情况下，促使来访者自然达到领悟与自我了解的境地。

7. 来访者开始接受真实的自我

由于社会评价的作用，一般人做出任何反应总有几分保留；由于价值的条件化，使得人们具有一个不正确的自我概念，因此常常会否认、歪曲若干情感和经验。这与人的真实的自我是有很大距离的。而在治疗中，来访者因处于良好的能被人理解与接受的气氛之中，有一种完全不同的心境，能够有机会重新审视自己并有所领悟，进而达到了接受真实自我的境界。来访者这种对自我的理解和接受，为其进一步在新的水平上达到心理的整合奠定了基础。

8. 帮助来访者澄清可能的决定及应采取的行动

在领悟的过程中，必然涉及新的决定及行动。此时治疗者要协助来访者澄清其可能做出的选择。对于来访者此时常常会有的不敢做出决定的表现应有足够的认识。

9. 疗效

领悟导致了某种积极的、尝试性的行动就算有疗效了。由于是来访者自己达到了领悟，自己对问题有了新的认识，并且自己付诸行动，因此这种效果即使只是瞬间的事情，也仍然很有意义。

10. 进一步扩大疗效

当来访者已能有所领悟，并开始进行一些积极的尝试后，治疗工作就转向帮助来访者发展其领悟以求达到较深的层次，并注意扩展其领悟的范围。如果来访者对自己能达到一种更完全、更正确的自我了解，则会具有更大的勇气面对自己的经验、体验并考察自己的行动。

11. 来访者的全面成长

来访者不再惧怕选择，处于积极行动与成长的过程之中，并有更大的信心进行自我指导。此时治疗者与来访者的关系达到顶点,来访者常常主动提出问题与治疗者共同讨论。

12. 治疗结束

来访者感到无须再寻求治疗者的协助,治疗关系就此终止。通常来访者会对占用了治疗者许多时间而表示歉意。治疗者采用同以前的步骤中相似的方法澄清这种感情,接受和认识治疗关系即将结束的事实。

(三) 非指导的治疗方式

罗杰斯早在1942年就在其名著《咨询与心理治疗》一书中,提倡非指导的治疗方式。他认为采用较多指导性的治疗技术与方法的治疗者与更多地采用非指导性的治疗技术与方法的治疗者相比,他们对于治疗的目的与看法是不同的。指导式的治疗假定治疗者应为来访者选择治疗目标,指导来访者努力去达到这一目标。这种治疗实际上假定治疗者地位优越,而来访者是无法全部承担为他自己选择治疗目标的责任的。非指导的治疗认为来访者有权为他自己的生活做出选择,尽管他选择的目标可能与治疗者的看法很不相同。非指导的治疗还认为,如果来访者对自身的问题有所领悟的话,他们更可能会做出自己的选择。

非指导的治疗重视个体心理上的独立性和保持完整的心理状态的权利。而指导式的治疗重视社会的规范,认为有能力的人应该对能力较差的人进行指导。不同的治疗观对治疗的结果会产生不同的影响。指导式的治疗者更倾向于解决来访者的问题,一旦症状消除或问题得到解决,治疗就算是成功了。非指导的治疗着眼点在来访者而不是来访者的问题。一旦来访者对自己与现实的关系有了充分的理解之后,他就能够选择适应环境的方法。由于其领悟力的提高和经验的增长,他将更有能力去应付将来可能出现的问题。

来访者中心治疗即是非指导的治疗,这种治疗的着眼点是促进来访者的成长。具体地帮助来访者进行自我探索,促进其自我概念向着更接近自我的经验、体验的方向发展。

罗杰斯曾引用了前人的研究,指出了指导式的治疗者与非指导式的治疗者在会谈中常用技术的不同之处。

指导式的治疗者最常用的技术依次为：

1. 提出非常特定的问题。
2. 讨论说明或提供与问题或治疗相关的信息。
3. 指出对话的主题，但让来访者自行发挥。
4. 向来访者提出活动方面的建议。
5. 确认来访者谈话的主题。
6. 列出证据，说服来访者采纳行动的建议。
7. 指出需要纠正的问题或条件。

非指导的治疗者常用的会谈技巧顺序如下：

1. 以某种方式确认来访者表达自己时所反映出的情感与态度。
2. 确认或说明来访者的行为举止所反映的情感与态度。
3. 指出对话的主题，但让来访者自行发挥。
4. 确认来访者谈话的主题。
5. 提出非常特定的问题。
6. 讨论、说明或提供与问题或治疗相关的信息。
7. 根据来访者的情况确定会谈情境。

尽管指导式的治疗者与非指导式的治疗者在其常用的个别会谈技术上有所重叠，但仍可以看出在非指导的会谈中，来访者的活动占据优势，治疗者的基本技术是帮助来访者认清、理解他自己的情感、态度和行为。

（四）治疗者与来访者的关系

罗杰斯曾指出："治疗的成功主要并非依赖治疗者技巧的高低，而依赖于治疗者是否具有某种态度。"1957年，他在《治疗性人格改变的充分必要条件》一文中，提出治疗者应以真诚、无条件积极关注和共情的态度对待来访者。他认为治疗者的主观态度影响着治疗关系的质量，而治疗关系对来访者人格的改变所产生的影响远远大于治疗者所采用的治疗技术的作用。

1. 共情式的理解与交流

治疗者对来访者的共情的态度与理解可以从言语交流和治疗者的非言语性行为，如治疗者的身体姿势、面部表情、语气语调、与来访者的目光接触等反映出来，如下例：

来访者：那次考试之后我感觉非常坏，我没想到我考得那么差。

治疗者A：你对这次考试感到很失望。

治疗者B：你对你这次考试的情况感到惊讶和失望，特别是因为你曾希望自己做得更好一些。

在这里治疗者A的反应只是重复了来访者原话之意；而治疗者B的反应有助于来访者理解自己的情感的更深层次的含义。治疗者的后一种反应有助于启发来访者对其自我、自我概念及自我体验之间的关系进行深入的探索。在这里，治疗者B的反应相当于我们在前面章节所谈到的高级准确的共情式反应。来访者中心的治疗者借助于对来访者体验的共情式反应，一步步引导来访者，使之在自我的探索历程上不断向前迈进。而由于治疗者对来访者的深刻理解，来访者更加信任治疗者，治疗关系亦进一步得到加强。

2. 真诚的交流

作为治疗者在会谈中与来访者进行真诚的交流所应注意的事项包括：

(1) 从角色中解放出来：这是指治疗者无论是在生活中或是在治疗关系中都是真诚的，不必隐藏在自己专业角色的背后。

(2) 自发性的交流：治疗者与来访者的言语交流与行为应是自然的，不应受某些规则和技术的限制。而这种自然的言语表达和行为表现是建立在治疗者的自信心基础之上的。

(3) 非防御的态度：治疗者应努力理解来访者的消极体验，帮助他们深化对自我的探索，而不是忙于抵御这些消极的体验对自己的影响。

(4) 一致性：指治疗者应言行一致，表里一致。

(5) 自我暴露：治疗者应以真诚的态度，通过言语和非言语行为表达其情感。

3. 积极关注式的交流

要帮助来访者就必须尊重来访者个人，相信来访者具有成长的潜力，相信他们具有自我指导的能力，支持他们去发展自己的潜力，支持他们发展其独特的自我。准确地理解来访者的体验，突出其中积极的成分，真诚地表达对来访者的关注。

在具体的临床实践过程中，要真正做到上述要求并非易事。这要求治疗者在任何情境中都必须做到对来访者以诚相待，而这种真诚又必须是发自内心的。当来访者意识到这一点时，他才能畅所欲言。这就形成了良好的人与人之间的关系。由于这种关系，治疗便取得了进展。由于治疗者对来访者采取了完全接受的态度，又由于治疗者对来访者能达到共情与理解的水平，来访者把治疗者当作是一个能倾听和接受他的思想和感受的人，他就会一点一点地与自己的内心交流，把过去完全排除在意识之外的经验或体验重新整理出来。而不论来访者所表述的事情的内容是多么不可思议，治疗者始终对其表示关注与理解。来访者渐渐学会以同样的态度对待自己，也就能更坦率地表达自己的想法了。此时，否认或歪曲的经验就会逐步减少，而自我概念与自我经验更趋向于一致，来访者就在这样的过程中改变和成长起来了。

（五）会谈技巧

在来访者中心的治疗会谈中，治疗者不仅要避免将自身的价值观与偏见带入治疗过程，而且一般治疗所常用的会谈技巧如决定治疗目标、解释等方法也不予采用。在治疗过程中，治疗者主要通过言语的和非言语的方式表达对来访者内心感受的理解，创造良好的治疗气氛，帮助来访者无拘无束地表达和探索自我，进而产生某种人格的改变。治疗者所起的作用是一种能动的作用。

非言语技巧比较好理解，就是治疗者通过自己的面部表情、身体姿势、目光接触、语气声调表明对来访者的共情、关注与理解。言语技巧则不太好理解，尤其是对来访者的话语不作评判、说明、解释，不提供信息、建议、忠告等。那么，如何能推动治疗的进程呢？

来访者中心治疗最常采用的会谈技巧是鼓励、重复及对感情的反应（reflection of feelings）。治疗者对来访者的谈话内容的鼓励和重复及对其感情表达的反应不是简单的回声式的反应，而是对来访者谈话涉及其内心真实的自我体验方面作有重点的突出或重复，对其尚未意识到的或仅有模糊意识的内心感受的深层次挖掘。例如：

来访者：我父母从不认真听我说什么，好像我就不可能有对的时候……

治疗者：你觉得你的父母不重视你的意见，你感到很委屈，你觉得自己已经长大了……

来访者：他们不相信我，他们觉得我哪件重要的事也处理不好……

治疗者：你觉得自己的自尊心受到了伤害……你实际上非常希望父母相信你，你觉得自己有能力处理好某些重要的事情。

从上述对话中，我们可以看到，治疗者对来访者反映出的对父母的消极情感采取了接受的态度，同时对其谈话的反应不是停留在其话语的表面，而是尽可能深入其内心，帮助对方认清自己的感受。

罗杰斯指出，以"测验理解程度"或"考察感受的程度"代替"对感情的反应"更好。罗杰斯晚年的这一看法，可能更好地表达了来访者中心治疗者常用技巧治疗会谈的一些特征性成分。其中包括：

（1）完全接受来访者所体验到的任何情感、思想、变化等，不加评判。例如，来访者希望依赖罗杰斯，希望他作为一个权威人士对自己的问题做出解答。罗杰斯接受对方的这种依赖性的愿望，但他认为这并不意味着他要以来访者希望的权威方式行事。

（2）深刻理解来访者情感和体验所包含的个人含义。一旦治疗者能成功地进入来访者个人的精神世界，来访者心理上感到安全感增加，就更能自由地表达自己的想法。

（3）随着来访者对其自身进行探索。由于认为来访者比治疗者对通向其痛苦的渊源的途径更加清楚，因此罗杰斯并不试图引导来访者。他说他只是伴随在来访者身旁，"偶尔落在其后；只是当我能更清楚地看清我们正在走的道路时，当我凭着直觉的引导向前时，偶尔走在前面"。

（4）相信"有机体的才智"能够引导治疗者和来访者双方走向来访者问题的内核。"因此，作为治疗者，我愿使来访者按其自己的方式、以其自己的步伐、向着其冲突的内心迈进成为可能。"

（5）帮助来访者充分体验其情感。罗杰斯认为来访者一旦能充分感受到其内心深处的那些令人烦恼的情感，他就向前迈进了，这是改变过程的一个重要步骤。罗杰斯在这里对来访者中心会谈中治疗者的角色和任务进行了很好的总结。经过来访者中心的治疗，来访者可达到某种程度的人格改变。这种改变的特征是：焦虑减轻，自我防御减少，自我经验或体验被歪曲或否认的情况减少，自我概念与自我经验、体验更趋于一致。

第六节 森田疗法

1919—1921年，森田正马博士创立了森田疗法（morita therapy）。当时日本的精神科医生还没有"神经症"的概念，普遍用语是"神经衰弱"。而弗洛伊德的精神分析理论也是刚刚被介绍到日本，在学术界基本上无人接受，也不认为它对神经症患者有什么治疗意义。在这种对神经症缺乏有效治疗方法的时候，森田以他的个性和经验创立了这一疗法。

一、基本理论概述

（一）神经质的发生机制

森田在他的任何著作中均不使用"神经症"这个术语。他把我们现在认为的神经症分成神经质和癔症。神经质是自我内省、理智、疑病的；癔症质是情感过敏、外向、自我中心的。在神经质素质的基础上，由于某种契机导致的病态成为神经质。在癔症素质的基础上，由于某种契机导致的病态成为癔症。森田认为神经质的根本原因是先天性素质变质。但此素质虽然是先天的，并非固定，可随着环境发生明显变化。

（二）生的欲望

每个人都对生命存有欲望，叫作人的生存欲，是人的生存本性的表现。但神经质者的生存欲较一般人更强烈，大致包括如下几个方面。

1. 希望健康的生存，或者是不希望有任何不适存在。
2. 希望更好地生活，具体地说包括比别人更好和比过去更好，希望被人尊重。
3. 求知欲强，肯努力，他们的理想自我比现实自我要高大、完美得多。
4. 希望成为伟大的人，幸福的人。
5. 希望不断向上发展。

（三）疑病性基调

这是森田认为神经质是属于在素质、体质基础上发展出的某种特征的基本理论观点之一。森田认为神经质者除生的欲望较强以外，还具有敏感、内省强烈的素质特征。生活中的不愉快的、疾病的、矛盾挫折的及与死亡有关的愁苦、欲求不满和打击，都会使之产生疑病性体验和恐怖体验的精神失衡。这是神经质者的素质性因素所决定的。

（四）精神交互作用

对神经质的发生具有决定性作用的是疑病性基调，对症状发展具有决定性推动作用的是精神交互作用。由于神经质者内省力强而又敏感，常会对一些普通的不愉快的或不适的感受产生疑病性体验，并感到紧张、焦虑、苦恼以致忧心忡忡。而这种心理体验则会使其注意力更加集中于这些感受而使某种感觉强化，甚至使症状固定化，某种不良感受更加敏感和固定的结果则会使注意力反过来更加集中，形成一种恶性循环。从而使焦虑不安、恐怖、自主神经系统症状都更加明显，这就是精神交互作用。

二、森田疗法的适应证

森田所指的不良感受包括躯体和精神两个方面：躯体症状如头痛、心悸、失眠、疲劳感、胃部不适等；精神方面的症状则有紧张、焦虑、记忆力差、注意力不集中、强迫观念、强烈的羞耻感、罪恶感、人际关系不良等。这些都是森田神经质的易感症状表现。修正的森田的理论，称之为神经质症，在以后都承认森田疗法的适应证是神经症的一部分，这不影响对森田疗法的正确理解。只是这种疗法更强调人的主观与客观的矛盾的分析和引导。在森田疗法的适应证上，仍尊重和保留了森田原来的分类方式，按照森田对神经质实质的理解主要分为3种类型。

1. 普通神经质

包括头痛、眩晕、易兴奋、易疲劳、头脑不清、脑力减退、注意力不能集中、失眠、胃肠不适、性功能障碍、震颤、书写痉挛。

2. 强迫观念症

包括强迫意向以及不洁恐怖、疾病恐怖、不完善恐怖、高空恐怖、广场恐怖以及由此引起的对立观念，难以摆脱的矛盾、强迫观念。

3. 发作性神经症

包括心悸、阵发性呼吸困难等症状。

三、森田疗法的治疗原则

森田疗法的治疗原则富含哲理，借用和吸收了佛教中的禅宗和中国古代哲学家庄子的思想观点，其目的是针对神经质的特点，改变其疑病性主观体验，打破精神交互作用，消除思想矛盾和最终恢复患者健康的生活状态。

1. 顺应自然

顺应自然的原则是森田疗法的基本原则之一，它是森田疗法要求患者通过治疗要能达到的最佳状态和切实体会，也是希望患者能掌握的对待疑病性体验的症状和不良感受的最佳方法。

由于患者总是对自身症状排斥，强烈地希望不适感消除，从而增加了患者的烦恼。对一些常见的躯体不适和精神上的某种杂念，某种不恰当的想法、邪念、冲动，神经症（尤其是强迫症）患者常常认为它们是不应当出现的而强烈自责，认为自己不应当有那样的、不该有的、不符合自身人格特征的想法。一旦发生就采取心理抵抗或排斥的态度，使自己处于强烈的心理冲突中，这些都不是应有的顺应自然的态度。所以，顺应自然首先就是要对日常发生的不适、不良感受以及各种杂念等采取容忍、承认、接受、不抵制的态度，认识到要以主观的力量去改变自然存在的事物和规律是不正确的，是违背自然规律的，也是徒劳的。不排斥症状，不排斥不良感受（如劣等感），不力图去掉偶尔出现的杂念，其结果不仅仅是表现了与自然谐调，减少了痛苦感，还能最终打破精神交互作用，消除症状，同时也能使人达到超然于矛盾之外，使人生更加顺畅和谐，达到"无为而治"的境界。

2. 思想矛盾，事实唯真

很多患者都表现为在个人症状上的主观感受与客观现实之间的矛

盾，人们的这种感受是正常的，人们的主观愿望和客观现实都会有一定距离，这是很普通的事情。但神经症患者常常会过度注意个人的主观愿望和感受，而且敏感、悲观、感受丰富，甚至忽略客观现实，这就形成了所谓"思想矛盾"的基础。以顺应自然的态度不排斥这种杂念或症状，以健康人的心态带着这种症状去工作和生活，这就是事实唯真的原则。

3. 忍受痛苦，为所当为

因为过去一直注重症状及其感受，所以症状表现会很强烈，不可能短时间内消失，但这个时期内努力去做应当做的事，由于减少了对症状的关注，反而会减轻症状。同时，过去一直认为不能做或做不到的事情现在做到了，也可以逐步树立患者的信心，改变其神经质的不良性格。对此，如果过去森田提出的忍受痛苦，带有对自然的、客观的不可抗拒的事物的服从、忍受等含义的话，顺应自然既不是对症状的消极忍受，无所作为，也不是对症状放任自流，听之任之，而是按事物的本来规律行事。任凭症状存在，而不去抗拒排斥，带着症状积极地生活。所以，应该理解为是以一种新的积极的态度去代替过去消极的、不健康的生活指导思想，而不应仅仅理解为消极忍受。

森田疗法在中国推行以来，也有中国学者提出"忍受痛苦，为所不为"，是指要求患者努力去做过去不敢做、不能做的事情，这也可以视为对森田的治疗原则的发展。

森田提出了很多类似的指导思想和治疗原则，都有以健康的、积极的态度去代替过去消极的、不健康的生活态度的观点。例如，"像健康人那样生活，就习惯为健康"。

四、森田疗法的治疗方法

森田疗法过去仅是家庭式的住院疗法，随着时间的推移，除少数医院仍旧延用外，目前大多是在现代化的医院里实施，只是方法上仍基本保持了森田疗法的原有特点，中国患者所接受的住院式森田疗法则没有家庭式的住院疗法，完全是后一种方法。森田疗法除住院治疗外，还有门诊治疗，一般是那些没有条件住院治疗的患者。此外，还有为连门诊治疗都有困难的人施行的书信（通信）治疗、集体（讲座）治疗。虽然这些方式和住院治疗比较起来要简单得多，但只要认真学习，认真按书中的要求去做，也同样能够取得相当的疗效。

（一）住院治疗

对于相当多的症状较重或较明显的患者来说，虽然可以理解森田疗法的理论和治疗原理，但仍感到无法完成治疗要求，因此需要住院治疗。所以对相当多的神经症患者来说，严格的、认真的住院治疗是治愈其病症的最佳方法。住院治疗分为绝对卧床期、轻作业期、重作业期和社会生活恢复期。

1. 绝对卧床期

要求患者除饮食、大小便以外绝对卧床，同时禁止吸烟、品茶、看电视、听广播、会客、聊天、看书报杂志、吃零食等一切可以消遣的活动。原则上要求单人独处。条件达不到的也可以住双人房间，但应注意安静。一般一周左右。在此期间医生虽每日查房巡视，但原则上应淡化患者对症状的注意，通过休养，调整心身，消除疲劳，以解除精神上的苦恼。

由于卧床以后的特殊环境和条件，患者一下子没有了平时的喧闹和刺激影响，自然会有很多想法，尤其是在度过了最初的一两天的睡眠、休息以后，其想法会表现得各种各样，有的人会有焦虑、烦躁，躯体不适感加重，也有人会对治疗产生疑惑和痛苦感。对此，除要求患者坚持完成治疗以外，还曾提出"烦闷即解脱"的解释。

森田对此的解释是：

（1）紧张、焦虑、烦躁、忧愁等因素所致的不适、痛苦、烦闷，如任其发展不予排斥和对抗，其症状发展到一定程度即会转而在短暂的时间内迅速消失或减轻。

（2）由此也应该让患者认识到烦闷之类的症状及相应情感体验，是不能随着主观愿望减弱和消失的；相反，只有烦闷到顶点的时候，觉得难以承受以至感到再也不害怕，即使死也不怕，并能放弃以主观的努力克服它的时候，反而才是得到解脱了。

在卧床期，医师一般不回答患者有关病痛的倾诉和疑问。仅每天巡视1~2次病房，原则上不给予药物治疗，即使有睡眠障碍，也尽量不用药。大多数患者在卧床4~5天以后，会逐渐产生一种无聊的感觉，会产生想起床做点什么的愿望。所以这一时期也称为无聊期。一般此时可以让患者起床，进入第二期。

2. 轻作业期

一般一周左右。患者起床，要求患者除夜眠以外不要躺在床上，每天清晨起床可做些打扫、清洁之类的事，也可在清晨到庭院中见见阳光，然后在室内做些简单单调的事。此时仍限制患者的活动，禁止交际、谈话、外出，不能自由地游玩、运动、闲聊或看电视、听广播之类，允许看些简单的或古典散文之类的书籍。每晚开始记日记。这样做的目的，一方面，是让其刚刚开始产生的自发性活动的欲望得到进一步发展的机会，避免由于被要求完成某些作业产生预期焦虑和消极反应。另一方面，也是让其养成个好习惯，树立信心。一般在4~5天以后，患者的信心得到了培养，也逐渐增强了做更多事的愿望，此时即可转入下一期。

3. 重作业期

一般掌握在1~2周。根据患者体力安排较重的室外活动作业，如挖土、割草、锯木头、大扫除之类。患者大都会有新鲜、喜悦、愉快、舒畅的心情。也有人因为劳动量大而产生极为疲劳、累垮了的感觉。此期不再给予过多的限制，如可以允许适当地与人谈话、读书等，但不是毫无限制，更不赞成随意游玩、谈笑、长时间地聊天、打电话、睡觉等。在这一期，由于患者活动较为丰富多变，也会有各种不同情况发生。有的患者会在最初1~2天的新鲜感过后，由于焦虑、烦躁和原来想象的情景和感受没有达到而出现怠惰、懒散等消极反应。所以，此期的关键是要注意消除患者习惯性的自我期望过高和对现实过于悲观失望的思维习惯。同时还要消除有关体面、自尊、有损形象的顾虑。培养和保持其对事物本身的兴趣和做事的耐力，提高其主动性和自觉性，减少其对自身不适感的关注和对某一症状的纠缠，同时要为恢复和提高学习能力、社会生活能力、驾驭和应对复杂事物的能力等做好准备。

4. 社会生活恢复期

主要是为适应复杂的社会生活做准备。在此期间基本上解除了对患者的各种限制，并且以集体性的活动为主。活动的内容也更加丰富、复杂，如组织患者开会、劳动、协助做些病房管理。医师要指导患者消除兴趣主义及兴趣的执着，即做事情不能单从兴趣出发，而应有相应的责任感和忍耐性。患者自己也能体会到自己在前几期中所有由于受到约束而被压抑的生活欲望，此时都顺其自然地逐步得到了满足。患者也从此体验到自己的正常欲望的萌发和发展，尤其是工作的欲望、发展的欲望及相应的自信体验。同时患者又要在此期间体会到消除过高自我评价和过高自我预期的主观期望与客观现实之间的误差，以一个普通人的心态来做事，以儿童一样的纯真之心来做事和获得发挥自己能力体验的愉快感。此期也是为了培养患者健康的生活态度和习惯。所以这一期时间稍长，一般为2~4周，个别人需要稍延长时间，需6~8周。

个别患者有一段时间可以白天回到社会做些适应性的工作或到学校参加学习，但这段时间仍要每天坚持记日记。患者所记内容主要以每日起床后的活动及自己内心较原来症状更加良好的感受和感想为主，不赞成患者记下每日的愁苦和不良感受，不能让患者将日记变成每日倾诉痛苦的方式。

（二）门诊治疗

对于部分没有条件接受住院治疗但又能较好接受指导的患者可以考虑采用门诊治疗。当然患者须是神经质不是很严重且要排除严重的躯体疾病。森田疗法的门诊治疗，是基于这样一种概念，即患者对情绪或症状要顺其自然、任其或轻或重地变化，要不加排斥地接受，将应该做的事做好。治疗中的关键是，不论患者的症状和感受如何变化，都要像健康人那样去行动。患者只要能行动起来，以健康人的行为生活，即使是简单的门诊治疗也能取得相当不错的疗效。森田疗法的门诊治疗不以倾听患者叙述烦恼和解释种种疑问为主，而主要是通过患者记录的每天生活内容和感受的日记，用恰当的评语进行指导，对于患者的日记，医生三天或一周（不能像住院患者那样每天进行）给予一次指导。医生在日记的空白处用红笔批上简单的话，重点的地方画线。门诊治疗没有一定的规定，每次门诊时间不宜太长，一般不超过 1 小时。疗程长短因人而异，一般 1~2 个月或更长一些。当然，也有个别患者仅仅经过 3~4 次门诊治疗就基本痊愈。

（三）通信或集体治疗

有少数患者没有住院或门诊的条件，希望通过通信的方式了解森田疗法的方法或原理，以达到预期的治疗目的。对于这些患者也可采用这些方式给予指导和帮助。对于通过通信给予指导的患者来说，除了要求介绍自己的一般病史以外，还应报告他的生活状况和对森田疗法的认识或体验，以类似日记指导的方式给予具体的指导，因为通信指导如果脱离了具体的生活体验或行为内容则是非常空洞的。

集体讲座式的森田疗法实际上是门诊式的集体治疗。指导方式为定期的集体讲座并给予讨论、指导。其指导原则没有什么不同，而且除了集体的共性问题以外还要注意对患者的个别问题给予针对性的具体指导。

五、适应证和评价

森田疗法适用的年龄为 15~40 岁，以住院患者为主，门诊患者只适用于轻症，包括强迫思维、疑病症、焦虑神经症和自主神经功能紊乱。强迫行为、心理问题的躯体化也有效。癔症则不合适。

在中国，很多医生在森田疗法的应用方面进行了大量的尝试和探索，也有不少学者对其理论进行了分析研究，并对其与庄子哲学和禅学思想的相通之处进行探讨。认为其东方文化色彩易于为我国患者接受，因与西方人的人生哲学、社会文化不同而不易被西方人接受。

有不少西方学者赞成以上这种观点，认为森田理论与西方人的个人奋斗、与命运抗争及竞争的人生观格格不入，绝对卧床期的诸多禁止也让人难以忍受等。但也有人将森田理论中所提倡的积极生活态度应用在临床，帮助不少西方人克服了心理障碍。随着东西方文化交流，越来越多的西方人开始逐渐接受这种有浓厚东方文化色彩的心理疗法。

第七节　暗示和催眠疗法

一、暗示疗法

（一）概述

暗示是一种最简单化、典型的条件反射。一般来说，暗示可以分为实施暗示和接受暗示两个方面。从实施的一方讲，不是说理论证，而是动机的直接"移植"；从接受的一方来说，不是通过分析、判断、综合思考而接受，而是无意识地按照所接受的信息，不加批判地遵照执行。

暗示疗法是一种古老的治疗方法，它是指医生通过对患者的积极调动来消除或减轻疾病症状的一种方法。

暗示之所以有治病作用，是因为暗示的确对被试人体产生了明确的生理与心理的变化。例如，格雷厄姆（Graham W）1960年所做的态度诱导"实验"，使荨麻疹与雷诺病的受试者皮肤温度发生了与原疾病相反的改变。布洛伊尔等人发现暗示后改变了人的行为与动机，甚至重新唤起了消失的记忆。

（二）方法

暗示性的测试方法有3种：

（1）嗅觉法：用事先准备好的3个装有清水的试管，请被试者分辨哪个装有水，哪个装有淡醋或稀酒精。分辨不出的给0分，挑出一种的给1分，挑出两种的给2分。

（2）平衡法：令被试者面墙而立，双目轻闭，平静但较深的呼吸后，治疗师低声缓慢地说："请集中你的注意力，尽力体验你的感觉，你是否感到有些站不住了，是否感到前后或左右摇晃？"

停顿30秒，重复问话三次后，要被试者回答。如感到未摇晃者给0分，轻微摇晃者给1分，明显摇晃者给2分。

(3) 手臂法：要求被试者闭眼平伸右手，暗示它越来越沉，沉得往下落。

30秒后，下落不明显给0分，下落2~5寸者1分，下落5寸以上者2分。

暗示治疗可分为觉醒状态与非觉醒状态下的两类。

觉醒状态的暗示治疗又有直接与间接之分。直接暗示治疗又有直接与间接之分。

直接暗示治疗是指医生对静坐的患者，用事先编好的暗示性语言进行治疗；间接暗示治疗是指借助于某种刺激或仪器的配合，并用语言强化来实施的治疗。

非觉醒状态下的暗示疗法是医生使患者进入催眠状态后实施的治疗。

暗示可以利用的方法很多，常用的有以下一些方法。

1. 言语暗示

通过言语的形式，将暗示的信息传达给受暗示者，从而产生影响作用。如在临床治疗工作中讲"这个药是专治这种病的"等；在治疗癔症性失明时，轻压患者的双眼球同时用语言暗示："如感到酸胀，就证明视功能正常，看到金色闪光点，就说明视力已恢复"，并让患者充分感受，常常发现失明症状会瞬时消失。

2. 操作暗示

通过某些对受暗示者的操作，如躯体检查、仪器探查或虚拟的简单手术而引起心理、行为改变的过程；利用"电针仪"等治疗癔症性失音症，效果非常好。

实施前，先介绍仪器的作用，可能的反应，告之通过诊仪器，疾病可以痊愈。当患者点头表示明白后，开始治疗。

经过一段时间，医生看到患者反应不错，令其试验发出"啊……"结果真的发出了声音。

3. 药物暗示

给患者使用某些药物，利用药物的作用而进行的暗示。例如，用静脉注射10%葡萄糖酸钙，在患者感到身体发热的同时，结合语言暗示治疗癔症性失语或癔症性瘫痪等。

安慰剂治疗也是一种药物暗示，据有关报道，1187名心前区疼痛的患者，应用安慰剂，82%的症状改善。

4. 其他方法

在应用暗示治疗方法时还可以采用"环境暗示""笔谈暗示""自我暗示"等多种方法，均可以取得一定的疗效。

（三）适应证

首先要使患者具备易感性与顺从性。对于癔病及其他神经症，如疼痛，瘙痒、哮喘、心动过速、过度换气综合征等心身障碍；阳痿、遗尿、口吃、厌食等性和行为障碍有不同程度的疗效。

二、催眠疗法

（一）概况

催眠疗法（hypnotic therapy）是应用一定的催眠技术使人进入催眠状态，并用积极的暗示控制患者的心身状态和行为，以解除和治愈患者躯体疾病或精神疾病的一种心理治疗方法。催眠治疗也是一种暗示治疗。

（二）方法

1. 充分掌握患者的背景材料，如家庭背景、个人学习、工作经历、社交活动、恋爱婚姻、幼年生活经历（包括正性与负性的经验）等。

2. 选择安静、温暖、舒适、昏暗的房间；避免噪音、冷风、强光的刺激与干扰。

3. 进行暗示敏感性测定。

4. 催眠诱导。催眠诱导的基本技术是语言诱导，因此，暗示性的诱导语言，在任何时候都必须准确、清晰、简单、坚定。模棱两可、含糊不清的语言，只能使被催眠者无所适从，而难以进入催眠状态。

催眠诱导的方法很多，常用的如凝视法。凝视法是通过刺激被催眠者的视觉器官而使其注意力集中的方法。

这种方法又可分为光亮法、吸引法和补色法。

其中光亮法的具体操作如下：催眠者平卧床上（或坐在舒适的沙发

里），两手自然伸直置于身体两侧，不握拳，下肢自然伸直，足外倾。排除一切杂念，放松全身肌肉，调整呼吸，使之平缓。凝视催眠者手中的发光物体（如电珠、戒指、硬币、萤火涂料等），发光物体距被催眠者眼睛10厘米左右。催眠者开始用单调低沉的语言进行诱导："请你集中精力注视发光物体，要用双眼注视，把思想集中在发光体上。"催眠者可以微微左右摆动发光体，要有节奏。催眠者继续以低沉而有节奏的语言进行诱导："一定要盯住发光体……你的眼睛开始疲倦起来，眼皮越来越重……你的眼皮更加重了，呼吸也越来越平稳了……发光体发出了奇异的光彩……你的眼睛已经睁不开了，想睁也睁不开了……你十分想睡，睡吧，好好睡吧……你一定会睡得很舒服。"被催眠者逐渐闭上眼睛后，撤掉发光体。继续用语言诱导，并可检查催眠的深度。可以通过面容、眼睑、口咽、颈部、四肢、呼吸、脉搏、感知觉、暗示性、交往等多项指标来观察其催眠状态的深度。

催眠诱导还可以采用倾听法（刺激听觉器官使其注意力集中）、抚摸法（刺激皮肤使其注意力集中）、观念运动法（通过体验某种观念并与身体某个部位运动相结合使其注意力集中，如示指紧贴法、双手并拢法、身体摇摆法等）。

5. 治疗的实施。催眠的目的在于解除症状去除疾病，因此在进入催眠状态后的治疗实施就更为重要。主要方法有直接暗示、引发想象、催眠分析、年龄回归等。此外在整个治疗法结束后要有催眠后的暗示语。

（三）适应证和评价

催眠治疗是一种经济并行之有效的方法。其主要适应证为神经症、心身疾病、性功能障碍、儿童行为障碍以及酒瘾、烟瘾、疼痛等。催眠治疗也可以与其他心理治疗方法联合使用，如精神分析、行为矫正、漂浮疗法等。

催眠术是利用人的受暗示性，使其达到一种类似睡眠的状态，此时患者对治疗者有一种非常顺从的倾向，比清醒状态时更容易接受治疗者的暗示。接受良性暗示后能调整心理、生理功能，改善情绪、促进疾病向健康转化。

催眠状态既不是真正的睡眠状态，也不是昏迷，更不是做梦，而是一种特殊的意识状态。在这种状态下，被催眠者只与施术者之间保持信息的联系。受暗示性就是不加批判地接受，自己没有了主见。应当说，几乎人人都有受暗示性，只是程度不同。所以，催眠术是有科学根据的，不是迷信，也不是巫术。

第八节　松弛疗法

一、概述

（一）概念与历史

松弛疗法（relaxation therapy）是通过一定程式的训练学会精神上及躯体上特别是骨骼肌放松的一种行为治疗方法。

基督教、犹太教、东方的禅宗、瑜伽、印度教、道教、神道教等均有放松训练的成分。现代放松训练的实际应用，则首见于1938年美国生理学家雅可布森（Jacobson E）的著作《渐进性放松》。

（二）原理

松弛疗法具有良好的抗应激效果。进入松弛状态促使"促营养系统"（trophotropic system）功能增强，表现为全身骨骼肌张力下降，呼吸频率和心率减慢，血压下降，并有四肢温暖，头脑清醒，心情轻松愉快，全身舒适的感觉。有些研究还表明，放松可以提高学习能力，改善短时和长时的记忆，增加感觉—运动操作能力，缩短反应时间，提高智力和稳定情绪，长期放松训练还可改变人的个性特征。

在进行放松训练中，有时还会产生一些特殊的感觉，如抽动、颤动、麻木、瘙痒、烘灼、不平衡感、上浮感、眩晕感等。这些变化有利于心身功能的调整，恢复混乱了的大脑自我控制机能。

（三）分类

根据放松方法的不同，松弛疗法可以分为对照法（也称为渐进性松弛训练），直接法（也称为自生训练）和传统法（也称为静默法）。在传统法中又可以分为东方静默法、松弛反应和超觉静坐法等。除了以上常用的放松方法外，生物反馈、漂浮、水池等方法均能很好地起到放松的效果。

国外相当流行的松弛疗法，由美国杰克逊博士在1929年编创，包括肌肉松弛和日常生活松弛。日常生活松弛比较简单，也容易做到，如谈心、交友、阅读、种花、养鱼、听音乐以及写字、绘画等都可以使自己的精神状态放松。肌肉松弛法有意念放松法、节拍器放松法、线摆放松法等。

二、基本方法

（一）对照法

这一方法是由美国生理学家雅可布森于20世纪20年代提出的。它通过对肌肉进行的反复"收缩—放松"的循环对照训练，使被试者觉察到什么是紧张，从而更好地体会什么是放松的感觉。这种方法不仅能够影响骨骼肌系统，还可以使大脑处于低唤醒水平。

1. 每次训练20～30分钟。在安静的环境中，被试者采取舒适放松的坐位和卧位，做三次深呼吸，每次呼吸持续5～7秒。然后按指导语以及规定的程序进行肌肉的"收缩—放松"对照训练，每次肌肉放缩5～10秒钟，然后放松30～40秒钟。

2. "紧握你的右手，慢慢地从1数到5，然后很快地放松右手，特别要注意放松时的感觉。再重复一次，注意放松后的温暖感觉。"

3. 某一肌群放松后，再转换到另一块肌肉群，其顺序为：左手、双臂、头颈部、肩部、胸部、背部、腹部、大腿、小腿、足部。

4. 经过反复训练，使被者试能在对放松感觉的回忆后就能自动放松全身时，训练可以逐步停止。以后，被试者凭着对放松感觉的把握，反射性地使自己放松。

（二）直接法

这种方法是由德国生理学家沃格特（Vogt）于1890年提出，1905年由德国精神病医师舒尔茨等人修改，现已流行于欧美及日本。

1. 在安静的环境中，在舒适的体位下进行。被试者闭上眼睛，静听或默诵带有暗示性的指导语。缓慢而逐个部位地体验肢体沉重感训练、温暖感训练、呼吸训练、心脏训练、腹部温暖感训练以及前额清凉感带来的放松效果。

2. 自生训练要在指导语的暗示下缓慢地进行。常用的有：①"我的呼吸很慢、很深"。②"我感到很安静"。③"我感到很放松"。④"轻松的暖流流进了我的双脚，我的双脚是温暖的"。⑤"我的双脚感到了沉重和放松"。⑥"我的全身感到安宁、舒适和放松，我感到一种内部的平静"。⑦（当接近结束时，深吸一口气，慢慢地睁开眼睛）"我感到生命和力量流遍了全身，使我感到从来没有的轻松和充满活力。"

三、适应证和应用范围

通过长期反复的训练，可以形成条件反射性心身松弛反应。因此该疗法对于心理紧张性焦虑以及交感神经紧张而引起的头痛、心悸均有效。在心身医学的治疗中，松弛疗法已被广泛地应用于高血压、支气管哮喘、失眠、性功能障碍等。

松弛疗法简便、易行，因此，该方法被广泛地应用于临床和健康教育。但由于其需要长期坚持，有些患者难以坚持。

五岁以下儿童、精神发育迟滞、精神分裂症的急性期、心肌梗死、青光眼眼压控制不满意者，均不适于做松弛训练。

第九节 生物反馈疗法

一、概述

传统的观念认为，自主神经系统的反应是随意的，心脏、血管、胃肠、肾脏等内脏和腺体是不能随意控制的。

（一）定义

生物反馈（biofeedback）是借助电子仪器将体内一般不能被人感知的

生理活动的信息，如肌电、皮肤电、皮肤温度、血管容积、心率、血压等加以放大并转换成为能被人们所理解的听觉或视觉信号，并通过对这些信号的认识和体验，学会在一定程度上有意识地控制自身生理活动的过程。

生物反馈疗法（biofeedback therapy）就是个体运用生物反馈技术，控制和调节不正常的生理反应，以达到调整机体功能和防病治病目的的心理疗法。

（二）种类

目前临床应用的生物反馈种类主要有 6 种。

1. 肌电反馈

目前国内应用得最多。它利用肌电生物反馈仪及时检测出骨骼肌的肌电活动，并转换为可觉察的信息。患者根据所反馈出来的信息对骨骼肌进行加强或减弱其运动的训练。可用于治疗各种肌紧张或痉挛、失眠、焦虑状态以及紧张性头痛、原发性高血压等疾病，也可用于某些瘫痪患者的康复治疗。

2. 皮肤电反馈

皮肤电活动主要通过皮肤电阻大小的改变或者皮肤电压的波动来表示。由于皮肤电往往反映了个体情绪活动的水平。通过反馈训练，对皮肤电活动进行随意控制，进而达到调节情绪的目的。用于克服焦虑状态和降低血压。

3. 心率、血压反馈

直接将收缩压、舒张压或者脉搏速度的信息反馈出来，通过训练，可学会调控心率或血压，用于高血压病的治疗。

4. 皮肤温度反馈

体内产热和散热的变化，外周血管的舒张和收缩，都可引起皮肤温度的变化。采用热变电阻式温度计记录个体皮肤温度的变化并转换成信息反馈，使之学会控制外周血管的舒张和收缩，用于治疗神经血管性功能障碍，如偏头痛、雷诺病等疾病。

5. 括约肌张力反馈

在消化道内放置一个球形的压力传感器，对某一段消化道张力变化的信息反馈，学会控制腔内的张力。用于反流性食管炎、直肠过敏综合征、功能性和器质性大小便失禁等疾病的治疗。

6. 脑电反馈

通过对脑电图记录在清醒、安静状态出现的，节律的反馈训练，对失眠和癫痫等疾病进行治疗。

二、基本方法

（一）生物反馈仪的选择

生物反馈治疗的设备有肌电反馈仪、皮肤湿度反馈仪、脑电反馈仪及脉搏反馈仪等。仪器的操作者需经过专业训练，以保证结果的可靠性。

生物反馈仪所提供的反馈信息可分为特异性信息和非特异性信息两种。

特异性信息的控制指标和疾病的病理变化一致，如原发性高血压的患者可选用血压反馈仪提供血压变化信息。

非特异性信息的控制指标仅作为代表机体紧张程度或唤醒水平的标志，如肌电生物反馈中的肌电活动水平可以代表机体的唤醒水平，可通过改变肌电水平调节其他脏器的活动。

一般来说，在治疗过程中应尽量设法寻找特异性信息变量，找不到特异信息变量时，可采用非特异信息变量。

（二）患者和环境的准备

选择病种和病例时，应对患者疾病的性质及可能恢复的程度做出全面的估计。对患者视觉和听觉能力、智力水平、自我调节能力、暗示性、注意力、记忆力及个性心理特征等作全面的了解，选择适合进行生物反馈训练的病例。

在进行生物反馈训练前，除了对患者做生理、生化检查外，还应让患者了解疾病与心理应激、情绪之间的关系，了解生物反馈训练的原理和安全性，使患者主动地参与训练。告知患者成败的关键在于自己不断的训练。可在一个单独的或与周围隔离的房间中进行，避免受外界的干扰。

（三）治疗过程

以肌电反馈治疗为例，记录肌电信息的电极安放部位因人、因病而异。既可安放在全身各部位或易放松的部位，也可按照解剖位置和根据体表标志放在靶肌的肌腹上。电极之间的距离将影响其接受电信号的范围和大小，电极间距离越大，所接受的电信号范围也越大，但过大的间距则影响精确度。电极安放前要用酒精棉球清洁皮肤，导电膏的用量要适当，目前已有自粘式电极，使用方便。

生物反馈训练在指导语的引导下进行。在训练的同时可采用其他一些放松训练。选择患者所喜欢的信息显示方式。每次训练之前先测出患者的肌电基准水平值，加以记录以便参考和作疗效观察的依据。放松目标应循序渐进，目标不宜过高，并让患者回忆放松的体会和总结经验，靠自我体验继续主动引导肌肉进入深度放松状态，重要的是患者要将在诊室中学会的放松体验，每天在家中独自重复练习（2~3次，每次20分钟），学会在脱离了仪器和特定训练环境的条件下也能够放松，最终取代生物反馈仪。

生物反馈放松训练一个疗程一般需要4~8周，每周2次，每次20~30分钟。

三、适应证

生物反馈疗法适用于内科、外科、妇科、儿科、精神科、神经科等临床科室的多种与紧张应激有关的心身疾病，如紧张性头痛、胃溃疡、焦虑等。此外，还可用于生活应激和心理训练，如运动员、飞行学员、学生等进行心理训练，结合一些假设的环境，使受训者能正确应对，提高他们的心理素质、应变能力和临场发挥能力，消除或减少临场紧张。生物反馈也可应用于如括约肌和骨骼肌的功能训练，以促进功能的恢复。

使用生物反馈疗法应注意：

1. 治疗的主要目的是让肌肉放松及精神状态放松。即任其自然，解除焦虑患者习以为常的警觉过度与反应过度的心身状态。

2. 要求处于此时此地的状态，不要把思维集中在解决任何现实性问题上，而应任其无意志地自由飘浮。

3. 松弛状态下可能出现一些暂时性的躯体感觉，如四肢沉重感、刺痛感、各种分泌的增加、精神不振、飘浮感等，就应事先告知求治者，以免引起求治者不必要的恐慌和焦虑。

第十节　支持疗法

一、支持疗法概况

支持性心理治疗（supportive psychotherapy），简称支持疗法，是指以精神支持为主要内容的心理治疗方法。当患者面临严重现实挫折，产生应激性恶性情绪或心理创伤时，不适合从患者的早期经验或成长经历中分析心理问题的根源，需要由治疗者提供精神支持来帮助其应对危机，渡过心理难关。

支持疗法可以提高患者对现实刺激的适应力，缓解心理压力，保持心理平衡。

二、基本方法

（一）一般原则

从调整个体对应激源的认知评价，促进运用现实支持资源，以及改变应激反应模式的角度，支持治疗应遵循以下5个原则。

1. 提供适当的支持

在患者面临心理上的危机或挫折时，给予安慰、同情、鼓励、关心等心理支持，这种支持应是患者真正需要的内容。一般说来，提供支持时应根据患者所面临心理挫折的严重性，患者本身性格及自我的成熟度，适应问题的方式及应对困难的经过而相应地提供适当的支持。

2. 调整对应激源的认知评价

由于应激反应的程度往往与个体对该应激的认知评价有关，因此支持治疗中应帮助患者端正对于困难或挫折的看法及感受，改变其对困难的态度，以客观、现实、解决问题的方式去处理困难。

3. 善用各种支持资源

支持治疗不仅要治疗者提供支持，而且要帮助患者重新认识自己内在或外在的支持资源，鼓励其利用各种社会支持资源解决自身问题。这些资源包括自己的优势长处及潜在的解决问题能力等内在资源，以及家人、朋友、同事、邻居、慈善机构、康复机构等社会支持系统。

4. 排除面临的困难

有时候人的心理问题，是由外在环境因素诱发的，如家庭、学校、工作单位或一般社会环境方面面临的困难，帮助患者消除或减少这些困难，有利于其心理问题的解决。

5. 提高应对能力

不同的应对方式会导致不同的适应结果，支持疗法中应与患者一起探讨其应对困难的方式，指出其不当的应对方式，并鼓励患者采取积极的、解决问题的、成熟的适应方式。

（二）基本步骤

以与患者谈话的方式为主，一般可分成以下几个阶段。

1. 收集患者资料

通过检验检查、询问、观察、心理测查等手段了解患者各方面的资料，主要包括患者的情绪状况、疾病状态、遭遇的挫折和环境的压力，以及生活条件、家庭情况、社会背景、人际关系、个性特点等与疾病有关的因素。

2. 鼓励患者倾诉

请患者倾诉对疾病的感受，对病情的认识，存在的情绪危机和心理困扰，此时医生应细心倾听，不要随便打断患者谈话，必要时可以做些启发式提问。

3. 分析与解释

医生根据所掌握的资料向患者分析其心理、躯体问题的性质和程度、产生原因、影响因素等内容，说明心身关系，应激、应对方式、个性等与疾病的关系。分析与解释时要语言明白易懂,在分析过程中,患者如有不同意见,可以保留,切不可与患者辩论、争吵。

4. 鼓励与指导

根据医学心理及医疗相关知识帮助患者树立战胜疾病的信心,指导患者正确看待疾病,积极改善环境,调节应对方式,提高适应能力。

实施支持治疗一般应选择安静的环境,每次治疗时间以 1 小时左右为宜。

三、适应证

支持疗法多用于那些遭受严重挫折或灾难,产生心理创伤的患者,还可以应用于人格不成熟,现实适应能力不强,或者是存在退化性障碍的人,通过支持与照顾,提高其应对现实的能力,降低心理问题出现或恶化的可能。支持疗法还可看作是一种非特异性的心理治疗方法,在多种情况下与其他心理疗法结合使用。要注意的是,不论是保证还是解释都应该实事求是,言过其实即使暂时有效,将来迟早要出问题。

第十一节　集体心理治疗

一、基本概况

(一) 定义

集体心理治疗(group psychotherapy)指为了某些共同目的将多个当事人集中起来予以治疗的心理治疗方法。集体心理治疗是相对于个别心理治疗而提出的,具有省时省力的特点,且集体中成员间相互影响,可起到积极的治疗作用,这一点是其他疗法无法比拟的。

(二) 作用原理

一般认为,集体心理治疗的作用原理可用以下 4 个方面来说明。

1. 团体的感情支持

在治疗集体中成员可以感受到他人的接受与容纳，发现自己症状与他人的相同性以消除因症状引起的自怜和责备，在集体中不受批评和嘲笑地倾诉和发泄，获得适当的关心与安慰，并可从他人进步的经验中形成对治疗的希望和信心。

2. 群体的相互学习

在集体中可交流信息与经验，模仿他人的适应行为，通过群体中他人的反馈了解和调节自己的社会行为。

3. 群体的正性体验

包括享受群体团聚性和领悟互助原则，前者指让参与者体会到成员间的相互关心，相互帮助，团结一致的群体体验，后者指让成员体会"人人需要帮助"的人生道理，感受由于帮助他人而产生的被需要感，并在帮助中提高自信，促进自我成长。

4. 重复与矫正"原本家庭经验"及情感

原本家庭经验是指每个人在自己小时候所体验的家庭关系，集体心理治疗中可通过描述重复这种体验，发现并矫正不良体验，帮助成员更改基于过去的病态行为。

二、集体心理治疗的种类

集体心理治疗方法大致可以分为两大类。一类是着重于个体的集体心理治疗，另一类着重于团体作用的集体心理治疗。

前面介绍的多种心理治疗方法，包括精神分析法、行为疗法、催眠疗法等，都可以在团体条件下进行。在这类集体治疗中，虽然也重视利用团体内人与人关系相互作用的积极一面，但主要目的还是将治疗手段直接应用于团体中的每一个人。例如，集体松弛训练，目的是使每一个成员学会这一技术；再如支持疗法也可集体进行，主要采用集体教育的方式，其直接目标也是直接针对每一个个体所存在的具体问题。

另一类集体治疗主要通过团体成员之间的各种心理接触来实现，国外流行的各种问题小组，大都属于此类，如训练小组、交朋友小组、心理剧、格式塔小组（gestalt group）以及罗杰斯的患者中心小组等。自我帮助小组也可归入这一类。这一类治疗方法是在医生领导下，重点通过团体内部的社会心理过程，使团体成员认识并改善各种情感、人际关系，以及行为方面的问题。这类集体心理治疗特别重视医生的社会角色作用，在国外，医生往往要经过特殊的训练培养过程才能胜任此项工作。此外，家庭治疗和婚姻治疗也可包括在这类集体治疗之中。

三、方法与技术

1. 普及性集体治疗

在我国常为综合治疗中的辅助手段，用于住院恢复期的精神病者。其目的是：①帮助自知力恢复；②解决共性的继发心理问题；③配合药疗防复发，促进社会回归。

2. 动力－交互关系法

采用心理动力学的技术，以改善不良人际关系为目标，鼓励患者逐渐习惯在集体中自我表达并评价他人。常用于神经症患者，每星期1～5次，可持续数月至1年。治疗者的作用仅在于引导，使各个体暴露问题后，通过其他成员的提醒及启迪达到领悟，以促进人格完善而消除症状。

3. 经验性集体治疗

基于人本主义的观点，强调个体在集体中获得经验，达到自我"觉醒"。有时要求患者无拘无束地暴露思想和感情，并心甘情愿地接受他人的坦率评论，甚至包括直言不讳的、带浓厚感情色彩的评议和争论。治疗者可安排各种丰富的集体活动，因该法需时较长，有人称之为"马拉松式"集体治疗。

4. 交往模式矫正治疗

有两大类：一为成熟的成人间的交往；二为不成熟模式，在成人交往中采用"儿童与父母交往式"或"童年伙伴式"，因此常产生人际紧张，引起交往中的矛盾。

治疗分4个阶段：

（1）结构分析、自我分析交往的层次。

（2）交往关系分析，共同分析当前集体中各人的交往方式。

（3）游戏分析，设计和安排各种游戏，部分参与，部分旁观，活动后讨论游戏中的交往方式。

（4）"原型"分析，原型为童年期建立持续至今的一些非适应现象，通过分析不良行为的根源和性质，以利于自我校正。

5. 心理剧启示法

属集体治疗范畴，"脚本"源于集体中某成员或某家庭的生活，"剧情"着重反映人际关系中的矛盾及问题，常采用"互换角色法"，扮演者往往能设身处地地体验其交往对象的感受，旁观者也可参与讨论分析，由于该形式一反心理治疗的枯燥乏味感，通过演出在笑声或情感激发后，往往有所启迪，借以调整及修正在人际交往中的不良行为表现。

四、适应证

1. 神经症，包括各种社交焦虑或社交恐怖。
2. 轻度的人格障碍，特别是人际关系敏感或有交往缺陷者。
3. 青少年心理与行为障碍。
4. 心身疾病，尤其是各种慢性躯体疾病患者。
5. 重性精神疾病缓解期，特别是社区中的康复期患者。
6. 各种应激性及适应性问题。

具有共同问题的住院和门诊精神病患者、儿童及其家长（包括学校和儿童医院儿童）、青年人、老年人、烟瘾和酒瘾者等特殊人群均可以接受不同种类的集体治疗。通过集体治疗还可以解决支气管哮喘、溃疡病、糖尿病、心血管病等疾病患者及其家属存在的许多共同心理行为问题。集体心理治疗已成为躯体疾病"综合性生物、心理、社会帮助"的一个重要组成部分。

参考文献

[1] 郭霭春. 中国医史年表. 哈尔滨：黑龙江人民出版社，1984：157

[2] 李德新. 实用中医基础学. 沈阳：辽宁科学技术出版社，1995：207

[3] 李鲁，王红妹，沈毅．SF－36健康调查量表中文版的研制及其性能测试．中华预防医学杂志，2002，36（2）：109－113

[4] 梁宝勇，王栋．医学心理学．长春：吉林科学技术出版社，1998

[5] 钱铭怡．心理咨询与心理治疗．北京：北京大学出版社，1994：213－232

[6] 王米渠，王克勤．中医心理学．武汉：湖北科学技术出版社，1987：72－79

[7] 汤宜朗，许又新．心理咨询概论．贵阳：贵州教育出版社，1999

[8] 杨本付，刘东光，邵光方．济宁市老年抑郁情绪的现况及其影响因素的探讨．中国老年学杂志，1999，19（4）：195－196

[9] 张伯华．中医心理学．北京：科学出版社，1995：224

[10] 郑铁涛．中医诊断学．上海：上海科学技术出版社，1988

[11] 森田正马．神经质的实质与治疗——精神生活的康复．藏修智，译．北京：人民卫生出版社，1992

[12] Banerjee S, Shamash K, Macdonald AJD, et al. Randomized controlled trial of effect of intervention by psychogeriatric team on depression in frail elderly people at home. British Medical Journal, 1996, 313 (7064): 1058－1061

[13] Blanchard MR, Waterreus A, Mann AH. Can a brief intervention have a longer term benefit? The case of the research nurse and depressed older people in the community. International Journal of Geriatric Psychiatry, 1999, 14: 733－738

[14] Fassino S, Leombruni P, Abbate DG, et al. Quality of life in dependent older adults living at home. Arch Gerontol Geriatr, 2002, 35 (1): 9－20

[15] Gilliland BE, James RK, Bowman JT. Theories and Strategies in Counseling and Psychotherapy. 2nd ed. Englewwood Cliffs, New Jersey. Prentice Hall, 1989

[16] Henderson L eds. The Carl Rogers Reader. Boston, Houghton Mifflin, 1989: 127－135

[17] Nelson JR. The Theory and Practice of Counselling Psychology. London, Holt, Rinehart and Winston, 1982

[18] Penninx BW, Guralnik JM, Ferrucci L, et al. Depressive symptoms and physical decline in community-dwelling older persons. Journal of the American Medical Association, 1998, 279 (21): 1720－1726

[19] Serby M, Yu M. Overview: depression in the elderly. Mount Sinai Journal of Medicine, 2003, 70 (1): 38－44

[20] Rogers CR. Theory of Therapy, Personality, and Interpersonal Relationships, as Developed in the Client-Centred Framework. In S. Koch (ed.) Psychology: A Study

of Science. New York, McGraw hill, 1959

[21] Rogers CR. Carl Rogers on Personal Power. London, Constable, 1977

[22] Rogers CR. Clinet Centered Therapy. London, Constable, 1987

[23] Rogers CR. Counseling and Psycholotherapy. Boston, Houghton Mifflin, 1942

[24] Rogers CR. The Necessary and Sufficient Conditions of Therapeutic Personality Change, in H. Kirechenbaum and V. L. Henderson eds. The Carl Rogers Reader, Boston, Houghton Mifflin, 1989: 219 – 236

[25] Rogers CR. A Client-centered/Person Centered Approach to Therapy, in H. Kirschenbaum and V. L. Henderson eds. The Carl Rogers Reader, Boston Houghton Mifflin, 1989: 135 – 152

[26] Unutzer J, Katon W, Callahan CM, et al. Collaborative care management of late-life depression in the primary care setting: a randomized controlled trial. Journal of the American Medical Association, 2002, 288 (22): 2836 – 2845

第九章

医学心理咨询

本章导读

- 心理咨询概述
- 心理咨询模式
- 心理咨询的程序
- 心理咨询的作用机制

心理咨询与治疗已经有近百年的历史了。心理咨询与心理治疗是指在良好的咨询与治疗关系的基础上，由专业人员运用心理咨询与心理治疗的有关理论和技术对来访者进行帮助，以消除或缓解来访者的心理问题或障碍，促进其人格向健康和协调的方向发展。当今社会，心理咨询与心理治疗在促进个体心理健康、提高生活质量方面发挥着越来越重要的作用，近年来成为备受社会各界广泛瞩目的一个新领域。

第一节　心理咨询概述

一、咨询

咨询（counseling）就是商谈、征求意见、寻求别人帮助。美国心理学家黎士曼（David W. Riesman）定义为："咨询就是通过人际关系而达到的一种帮助过程、教育过程和增长过程。"即通过咨询给来访者以帮助、教育，使他们获得益处。因为咨询是一个过程，因此，咨询需要多次，每次常需持续一段时间。

二、心理咨询

心理咨询（psychological counseling）主要是指心理学工作者或心理咨询专家运用心理学的知识、理论和技术，通过回答问题、解释疑惑、提供建议、商量讨论等方式，为求询者解决其心理问题的一种方法。心理咨询借助语言、文字等媒介，给咨询对象以帮助、启发、暗示和教育的过程。心理咨询是心理学的一个分支，国外称之为"咨询心理学（counseling psychology）"，且应用非常广泛，发展相当迅速。

心理咨询的主要内容是：

（1）为心理健康者提供人格发展的条件，促进人格的全面发展。

（2）帮助心理正常但又存在某种心理负担的人解决其在学习、工作、生活、人际交往以及疾病和康复等方面的心理不适应。减轻他们内心世界出现的矛盾，增强对挫折的承受能力，在认识、情感、态度和行为方面有所变化，学会发掘自身的潜能，更好地适应环境，完善自我。

应特别指出的是人的心理品质的形成与发展是渐进的，因而，不良心理品质或心理变态不可能只经过一次心理咨询就马上恢复正常。

三、医学心理咨询

医学心理咨询（psychological counseling in medicine）是心理咨询中的一个重要分支，它和普通心理咨询不同，有其自身的重点和任务。它的主要对象是患者或寻求医学帮助和指导的人们。它着重处理的是医学领域内的心理学问题，也运用心理治疗或医学治疗（如药物），帮助患者恢复心身健康。

医学心理咨询根据医学各科又可再分为许多细目，如内科、外科、儿科、肿瘤等心理咨询。精神病学是以研究病理心理为主要内容的学科，同医学心理学有密切的关系，精神病学咨询是医学心理咨询的一个重要部分，但不应把医学心理咨询和精神病学咨询等同，因为心理咨询的对象不同。

第二节　心理咨询模式

一、心理咨询的形式

一般分为门诊咨询、医院内咨询、信件咨询、专栏咨询、电话咨询和访问咨询等。

1. 门诊咨询

经典高效的心理咨询都是通过门诊咨询实现的，它可以让咨访双方都得到最真切的接触，心理咨询师更容易观察和深入咨询者的内心世界，因而可做出更准确的心理诊断和更有效的心理治疗。同时，这种形式还具有使用各种心理测验工具的便利，其室内环境更有利于保障来访者的权利和隐私。

2. 院内咨询

在综合性医院内建立由医学心理咨询医师、精神科医师、心理学工作者和其他医师组成的"联络咨询组",一起研究处理住院患者出现的心理问题。

3. 电话咨询

电话咨询是利用通信方式对求询者给予忠告、劝慰或对知情人进行危机处置指导的一种咨询形式。这种咨询形式一般用于紧急情况的处理。在国外,目前已有许多国家设置了电话咨询的专用线路,用于心理危机的紧急干预和自杀的防治。

4. 通信咨询

通信咨询的优点是不受居住条件限制,有问题者能随时通过信件诉说自己的苦恼或愿望;咨询机构在选择专家答疑解难时可有较大的回旋余地;对于那些不善口头表达或较为拘谨的求询者来说,通信咨询的优点更明显。

5. 网上咨询

网上咨询吸收了电话咨询、信件咨询的优点,而最大的特色就是互动性。网上咨询可以很好地保护隐私,让人没有后顾之忧地说出伤痛。

6. 出访咨询

指心理咨询师到来访者觉得安全满意的约定场所如学校、工厂,现场观察与调查,找出问题,提供心理服务。

二、心理咨询的适用范围

综合性医院医学心理咨询主要处理以下各类患者或来访者:
1. 焦虑性障碍(包括各种恐怖症)。
2. 抑郁性障碍。
3. 睡眠障碍,主要是失眠、多睡、梦游、遗尿等。
4. 慢性疼痛,但无器质性基础。
5. 不明原因的躯体症状。

6. 强迫性神经症。

7. 神经性厌食与贪食。

8. 性心理障碍,如性欲减退、阳痿、早泄以及性变态。

9. 学习障碍。

10. 躯体疾病伴发的心理反应。

综合性医院医学心理咨询范围,通常不包括有幻觉、妄想和严重行为紊乱的精神病患者,因为综合性医院不具备处理这类患者的条件。这类患者需要精神科的专门处理。但在医学心理咨询时,可能发现尚处于早期或幻觉、妄想尚不明显的精神病患者,则应建议他由家属陪同去精神科就诊。

三、心理咨询的内容

心理咨询的内容十分广泛。人们丰富多彩、纷繁复杂的心理活动决定了心理咨询内容的丰富性和复杂性。一般来说,心理咨询的内容包括:

1. 人生各个时期所遇到的心理问题,如日常生活中的人际关系问题、职业选择问题、教育过程中的问题、婚姻家庭中的问题等。

2. 各种情绪与行为障碍,如焦虑、抑郁、恐怖、紧张情绪的分析、诊断及防治。

3. 各种不可控制的强迫思维、意向和强迫行为、动作的诊断及治疗。

4. 某些性心理、生理障碍,如性变态、阳痿、早泄、性欲异常等问题的诊治。

5. 心身疾病,如冠心病、高血压、溃疡病、支气管哮喘等心理社会因素的探讨与心理治疗。

6. 康复期精神病患者的心理指导,促其更好地适应社会与生活,预防复发。

7. 长期慢性躯体疾病久治不愈,需要心理支持及指导者。

8. 要了解各种心理卫生知识者。

9. 接受各种心理检查者(如智力测验、人格测验等)。

10. 有其他心理疑虑而需要咨询者。

四、心理咨询的类型

(一) 心理咨询按其内容分类

心理咨询按其内容可分为障碍咨询和发展咨询。

1. 障碍咨询

障碍咨询是指对存在不同程度的非精神病性心理障碍、心理生理障碍者的咨询,以及某些早期精神病患者的诊断、治疗或康复期精神病患者的心理指导。重点是祛除或控制症状、预防复发。从事这类咨询的人员需要受过充分的精神医学和临床心理学训练,咨询的地点一般为专门的心理卫生机构、综合性医院下设的心理咨询机构、社区心理卫生机构以及专业人员开设的私人诊所等。

2. 发展咨询

所谓发展咨询是指帮助来访者更好地认识自己和社会,充分开发潜能,增强适应能力,提高生活质量,促进个体的全面发展。

咨询的内容十分广泛,凡是在人生各时期出现的各种心理问题都可以属于咨询的范围,如工作、学习、恋爱、婚姻、家庭生活、职业选择等。

从事这类咨询的人员除了有坚实的心理学基础外,还要具有哲学、社会学、教育学、文化人类学等方面的广博知识。

(二) 心理咨询按其对象的多少分类

1. 个别咨询

指单独咨询。它是心理咨询最常见的形式,它的优点是针对性强、保密性好,咨询效果明显,但咨询成本较高,需要双方投入较多的时间、精力。

2. 团体咨询

团体咨询,亦称集体咨询、小组咨询。指根据咨询者所提出的问题,按性质将他们分成若干小组,咨询师同时对多个咨询者进行咨询。它是一种很有前途的咨询形式。其突出的优点是咨询面广、咨询成本低,对某些心理问题或心理障碍效果明显优于个别咨询。

不足之处是同一类问题也可能因个体差异而表现出明显的个体性，单纯的团体咨询往往难以兼顾每个个体的特殊性。为此，应扬长避短，在团体咨询中，辅之以个别咨询。

团体咨询又可细分为两种：

（1）重点放在个体身上。这类咨询虽然也重视团体成员的交互作用的意义，但主要还是把咨询方法、干预手段直接应用于每个成员，比如讲座、训练等。正因如此，这类团体咨询又被称作团体讲座、团体训练。

（2）重点放在团体成员的交互作用上。这类咨询主要是通过团体成员相互作用所产生的影响力而使成员调整自己的思想、情感和行为。国外流行的各种咨询小组大多属于这一类。如交朋友小组、"心理剧"疗法、游戏疗法、格式塔疗法、敏感训练小组等。

从严格的意义讲，团体咨询主要指第2种形式，因为团体咨询的本质含义是指借助团体内心理相互作用的力量产生建设性影响的帮助活动。

五、心理咨询工作从业者的要求

心理咨询工作与其他职业相比是一种较为特殊的职业，是一项艰辛复杂而又充满挑战的助人工作，因此，对从业者的素质和能力要求很高。若要成为一名合格的心理咨询工作者，申请者不仅要接受严格的专业教育和训练、掌握较高的专业技能，而且应具备职业行为所必需的个性品质以及其他方面的个人要求。

心理咨询过程是心理咨询工作者的知识、技能、心理品质、职业道德、价值观、人性观诸多方面的展示，并且在很大程度上影响着心理咨询的效果，因此，卡可夫（Carkhuff R. R.）说"咨询是生命的流露"。

（一）心理咨询工作从业者专业知识、技能方面的要求

无论何种职业都有其特殊的专业属性，对从业者都有明确的资格要求，而达到资格要求的途径主要是通过接受专业教育和训练来实现的。

欧美发达国家心理咨询工作对从业者专业知识和技能有严格的要求。在美国，各个州都对职业心理咨询师有严格的从业要求，他们若要成为一名国家级资格认定的心理咨询师（NCC），则必须通过成立于1983年的

"国家咨询者资格认定委员会"（以下简称NBCC）制定的标准化考试，获取相应的开业"执照"。美国的心理咨询工作者，至少要获得心理咨询硕士学位，并在相应的专业领域完成规定的实习内容和实习时间。

我国心理咨询事业由于起步较晚，在相当长的一段时间里缺乏较系统正规的专业要求和训练，从业人员的专业水平高低不一，不利于心理咨询的健康发展。中国心理学会和中国心理卫生协会对此问题非常重视，1992年12月，中国心理学会为了避免心理测验在包括医疗、教育等领域的各种滥用和误用所带来的危害，通过了由张厚粲主持制定的《心理测验管理条例（试行）》，该条例对测验的登记注册、测验使用人员的资格规定、测验的控制使用与保管等作了详细的规定。

（二）职业道德方面的要求

美国所有的专业咨询师都必须遵守有关法律和所属专业组织所明文规定的道德准则，违反这些准则将失去专业组织的成员资格、吊销执照和法律诉讼。

1992年12月，中国心理学会制定了《心理测验工作者的道德准则》，1993年，中国心理学会和中国心理卫生协会颁布了《卫生系统心理咨询与心理治疗工作者条例》，包含职业道德方面的规定。1999年，中国心理学会和中国心理卫生协会又联合起草并下发了《心理治疗与心理咨询工作者道德规范准则》的专门文件，对心理治疗和心理咨询从业者的道德伦理提出了更高的要求。

（三）个人其他方面的要求

1. **要有适宜的心理品质**

具有哪些心理品质的人适合做心理咨询工作？这是许多从事这一工作的人努力探讨而又不容易取得一致意见的问题。由于心理咨询涉及的领域相当广泛，来访者的问题多种多样，不同心理咨询流派中咨询师的角色、地位、作用及其与来访者的关系也有所不同，因此要想在心理品质方面给咨询师制定一个完全的标准是很困难的，但这并不等于说不可能做到。事实上，心理咨询作为一项较为特殊的助人工作，确需从业者具备某些起码的心理品质。

2. 咨询师对自己价值观的良好自我意识的重要性

心理咨询的过程是咨询师与来访者心灵沟通的过程。咨询师要想在咨询过程中完全保持价值中立或无价值是很难做到的。最简单地说，咨询的终极目标或具体目标本身就带有价值导向的色彩。咨询师的价值观难以避免地会影响来访者，或是通过咨询师的指导、解释、提供信息和忠告等言语形式，或是通过咨询师的行为举止等非言语形式。由于来访者大多认为咨询师是有能力的、正确的，怀着信任和依赖前来求助，因此，咨询师的价值观对来访者的影响就可能更大。

3. 咨询师对自己心理健康状况的良好自我意识的重要性

心理咨询工作者应当是心理健康的人，只有这样才能对来访者起到示范和潜移默化的作用，否则会导致他们工作效率降低、服务质量下降等许多不良后果。

但是要求咨询师心理"完全健康"是不可能的！假如真是这样要求的话，就等于取消了心理咨询这种职业。因为咨询师不可能是圣人、完人。他们所能做的，就是在每一次心理咨询时，要随时保持警觉，觉察到自己内心产生了什么反应。不恰当的内心反应是难免的，关键在于，咨询师必须清楚地觉察到，并且能够防止它对咨询的干扰。

第三节 心理咨询的程序

一般来说，门诊咨询的程序包括：挂号，然后填写医学心理咨询记录卡与普通门诊卡。咨询开始时，先由来访者陈述要求咨询的主要问题。医生要注意把问题性质弄清楚，并进行必要的躯体与心理检查，或做症状评定量表等的测定，做出初步诊断。

一、心理咨询的过程

心理咨询是一种帮助过程、教育过程和增长过程，这个过程是由若干阶段构成的。

1. 建立咨询关系阶段

在这一阶段里，咨询师要与来访者建立起一种有效的咨询关系。其方法主要来自于罗杰斯的来访者中心或以人为中心的治疗方法。建立良好咨询关系的潜在价值是不可忽视的，因为它是咨询过程中的特殊组成部分，表明咨询师关心来访者，并将其视为独特而值得关注的人。对于来访者来说，良好的咨询关系能帮助他们对咨询师建立起足够的信任，以便最终能够披露自己的内心世界。有些来访者认为能与咨询师建立起这种关系就已经足够了，已经可以很好地解决自己的问题了。而对另外的来访者来说，关系的建立只是他们在咨询中寻求各种选择和变化的必要条件，而不是充分条件。他们需要咨询师采取进一步的治疗活动或干预措施。

2. 评估及确立目标阶段

该阶段常常与第一阶段同时或稍后进行。咨询师在这个阶段中，要帮助患者研究、了解自己和自己的问题。评估问题能使咨询师和来访者更全面、深入地了解究竟发生了什么事情，究竟是什么促使来访者来进行咨询。评估中所获得的信息对于规划咨询策略是极有价值的，而且可以用于控制来访者的抗拒心理。找出问题和困难后，咨询师与来访者还要一起制订预期目标，即来访者希望通过咨询而得到的特殊结果。预期目标同样可为规划咨询策略提供有用的信息。

3. 干预策略的选择与补充阶段

咨询师的任务是促进来访者顿悟并做出相应的行为。顿悟是有用的，但仅靠顿悟的作用是不够的，其作用远不如在顿悟基础上再将顿悟转化为特定行为的联合作用。为了达到这一结果，咨询师与来访者要在评估资料的基础上，选择并安排好行动计划或干预步骤，以使来访者取得预期目标。制订干预步骤时，重要的是选择那些与问题及目标相关联的策略方法，而且不要让所选择的策略与来访者的基本信念和价值观相冲突。

4. 评估及终止咨询阶段

这阶段要做的是评估咨询师干预措施的有效性，以及来访者取得目标的进展情况。这种评估会使咨询师知道何时可以结束咨询，何时需要修补干预行动计划。而且，评估结果中具体可见的进步也常常会鼓励、强化来访者。

二、心理咨询的原则

（一）心理咨询的一般原则

各种心理咨询理论和方法虽然有很大不同，但都共同遵循一些根本性要求，这便是所谓的心理咨询原则。较之咨询过程中各项具体的要求，它更概括、更有指导性。

现以马建青提出的心理咨询原则为例，做简要介绍。

1. 开发潜力原则

这一点常被人们忽视，但却很重要。咨询师是否相信人都是有发展潜力的，这实际上反映了咨询师的人性观。它直接影响咨询的目标、途径、方式、效果评价等，因而对于咨询师至关重要。立足于开发潜力的目的，咨询师会更多地启发、调动来访者自身的积极性、创造性，这是心理咨询中极其重要的思想，尤其对发展咨询而言。

2. 咨询师与来访者相结合原则

在心理咨询过程中，咨询双方都应处于主动地位，离开了任何一方的积极参与，咨询的效果都会事倍功半，甚至半途而废。

3. 综合性原则

心理和生理是相互作用、互为因果的，因此，咨询师应立足于这二者的结合。中国人常把心理问题躯体化，即心理上的困扰、不适被感知为或表述为各种躯体问题。这有多方面的原因：第一，许多人没意识到心理问题的存在，或者更容易感觉到躯体问题；第二，许多人即使感觉到了心理上的困扰，但觉得这是自己可以调整的，而躯体不适是需要他人治疗的；第三，许多人习惯于躯体有病的观念，而对于心理上的问题却既无辨识能力，更无描述能力；第四，很多人忌讳自己心理上有病，认为这是难为情、羞于启齿的，而有了躯体疾病是可以堂而皇之地去求医。

4. 灵活性原则

灵活性原则要求咨询师在不违反其他咨询原则的前提下，视具体情况，灵活地应用各种咨询理论、方法，采用灵活的步骤，以便最有效地取得咨询的效果。也就是说，在把握来访者共性的基础上，最大限度地根据每一个来访者的个性、特殊性作出判断，采取不同的方法。

5. 矫正与发展相结合的原则

就其实质来说，心理咨询是一种教育的、发展的咨询。矫正与发展相结合的原则包含了如下两方面的含义：其一是障碍性咨询与发展性咨询都是心理咨询的范畴，都是咨询内容的重要组成部分。而后者正是我国咨询领域中非常欠缺的、急需加强的一部分，同时，其领域十分宽广，意义深远。其二是在障碍性咨询中，矫治障碍只是一个具体目标、中间目标，障碍性矫治应该和促进人的发展结合起来，才能在更大程度上发挥咨询的功效，这也就是把具体目标与长远目标、根本目标相结合的问题。一旦咨询师真能把长远目标融合到具体目标中去，就会使咨询工作更加有成效。

6. 对来访者负责的原则

对来访者负责，就是以来访者的利益为重，这是心理咨询的一大特点。咨询师在心理咨询过程中的一言一行都应立足于这一原则。凡有损于来访者根本利益的、不利于咨询活动的言行均应避免。这可以成为衡量咨询师咨询言行的标准。当然，凡事都不是绝对的、无条件的。这一原则在一般情况下是有效的、正确的，但不应片面地、孤立地理解，以来访者利益为重的同时不能有损于他人和社会的利益。比如，保密一般认为是对咨询师的具体要求之一，而且十分重要，因为一旦离开了保密性，来访者就失去了对咨询师的信任感和安全感，咨询就难以正常进行。保密既是职业道德的要求，也是咨询工作的需要。但保密并不是无限度、无原则的，在有些情况下（如来访者有自杀或攻击他人、破坏公共设施的企图），适度地违反这一原则可能对来访者更为有利，这称为正当泄密。

总之，上述六条原则互相独立，但又互相联系，它们共同统一于为来访者负责这一总的原则。而对来访者负责则应建立在咨询终极目标的基础上。因此，凡有助于来访者心理健康和发展的咨询，就是有效的咨询，反之，就是无效的咨询。

（二）心理咨询中的价值干预问题

美国心理咨询中价值干预的一条总原则：侧重价值的干预功能，避免价值内容上的干预。认为这样做既有效地避免了直接干预来访者的价值选择权利，又满足了心理咨询中价值干预之必要性和必然性的要求。

价值的功能干预是指咨询师引导来访者把自我探索集中于个人选择与个人的需要之间的关系上，而不是由咨询师根据自己的价值判断来评判一个选择是否有价值，然后把自己的观点强加给来访者。例如，帮助来访者澄清其价值追求，让来访者意识到自己有什么样的价值观；帮助来访者明确自己的真实需要是什么；帮助来访者认识其价值观之间是否存在矛盾，认识价值选择和自己的需要之间是否存在矛盾或者不一致之处；让来访者领悟其价值观与行为和情感之间的矛盾及其后果，做出相应的改变，等等。在做这些工作时，尽可能避免价值说教（不向来访者宣讲人应该有什么样的价值追求），也不对来访者的价值观做好坏、正误判断。可以引入别的价值观，比如表白咨询师自己的价值态度，但这种引入目的在于扩大当事人的视野，认识到多种价值选择的可能性，而不能直接地或暗示性地迫使其接受某种价值观。

心理咨询中的价值干预问题是一个无法回避而又难以定论的重要问题。它可以具体化为以下3个基本问题。

1. 有无必然性

实际的心理咨询中有没有价值干预，或者是否有可能避免价值影响？我们认为在咨询中完全保持中立或无价值是做不到的，或者说不存在完全排除了价值干预的心理咨询。这是因为，第一，制定咨询的终极目标或具体目标本身就带有价值导向的色彩；第二，在咨询过程中，即使咨询师受过再好的训练也无法将自己的价值观完全隐藏起来，必定会在与来访者思想与情感的相互沟通中，以言语或非言语的形式微妙地表达出来。如果非要坚持价值中立，则只能说明持这种观点的人对咨询的认识和体验还不够全面。

2. 有无必要性

实际的心理咨询中，若没有价值干预就无法取得预期的效果吗？以咨询实践中常用的罗杰斯的来访者中心疗法和埃利斯（Ellis A.）的理性-情绪疗法（RET）为例，可以发现，这两种方法的共同作用机制之一，是改变来访者的价值观。换句话说，心理咨询要发生效力，必须得有价值干预。又如，行为疗法认为，来访者的各种问题都是通过学习而形成并固定下来，主张通过治疗者设计某些特殊情境和专门程序，使来访者逐步清除其问题行为，并经过新的学习训练形成正常的行为，所以该疗法重视对来访者的指导。

3. 有无伦理上的合理性

即咨询师对来访者的价值干预是否合乎道德。价值干预问题的核心是判断价值的标准问题。这就涉及价值标准的绝对性和相对性问题。迄今为止，人们对心理健康标准的看法存在着很大的差异，甚至在心理健康标准的基本取向上也没有公认一致的观点：是注重适应环境的取向，还是强调个体发展的取向？是以心态调整为取向，还是以行为矫正为取向？是认为心理健康只能属于少数精英，还是以社会大众的心理状况作为衡量心理健康的标准？心理咨询领域许多人之所以提倡"价值中立"，实际上也是考虑到在心理健康的评价尺度上难以有绝对的标准。在这种情况下贸然进行价值干预，也就是说咨询师把某个价值选择强加给来访者会承担很大的伦理道德风险。

从上面的分析中可以看出，心理咨询中的价值干预既涉及咨询在功能方面的科学问题，又涉及咨询专业在道德规范方面的伦理学问题，两者又存在矛盾。

三、心理咨询的基本技术

咨询的基本技术与一般心理治疗技术大致相同，但特别强调咨询工作人员的会（晤）谈技巧，即除了耐心倾听之外，还应该注意态度（attitude）、基本的会谈方式（basic way of talking）、集中注意（concentration）、指导（directing）与解释（explanation）。为方便记忆，将此几点的英文单词第一个字母缩写，亦称会谈技巧 ABCDE。

会谈是心理咨询的主要形式，心理咨询可能由几次会谈组成，也可能只有一次会谈。咨询师与来访者借助于会谈进行言语、非言语的双向交流，最终达到咨询目标。在心理咨询工作中，咨询师一般都很重视会谈技术，认为它是一种必须掌握的专业技能，对于咨询的成败起着至关重要的作用。

（一）会谈概述

会谈是指两个人或多个人为达到某种目的而在彼此之间进行的一种以对话为主的交流，咨询性会谈是指咨询师与来访者之间进行的会谈。每个人都有过会谈的经历，但心理咨询中的会谈，即咨询性会谈要比日常生活中的会谈复杂得多。因为咨询师的会谈对象有着形形色色的心理问题或心理障碍，咨询师必须在不太长的时间内通过与来访者之间的言语和非言语互动，去发现错综复杂的心理问题背后的根源，并最终帮助来访者解决心理问题，增进心身健康，提高适应环境能力，促进个性发展与潜能发挥。

1. 咨询性会谈的特点

会谈的目的是为了达到咨询目标。共情、积极关注、尊重与温暖、真诚、具体化、即时化和对峙等影响咨询关系的因素（即咨询特质）都是通过会谈发挥作用的。咨询师在会谈中起主导作用。会谈虽然是相互的，但是会谈能否达到预期的咨询目标、取得良好的咨询效果主要取决于咨询师的知识、经验、技能以及天赋。即便是在非指导的咨询方式中，咨询师的主导作用也是毋庸置疑的，只不过咨询师在会谈中发挥作用的手段更加间接、隐蔽和巧妙。会谈的技术既体现出咨询师个人的风格，也与咨询师所依据的咨询理论有关。例如，以来访者中心理论为指导的咨询师所采用的会谈技术与以行为治疗理论为指导的咨询师所采用的会谈技术就有很大的区别。

2. 咨询性会谈的主要类型

根据会谈的目的和功能，可以将会谈划分为诊断（或评估）型会谈和解决问题型会谈。

诊断（或评估）型会谈，通常在会谈的初期进行，一般占用一次会谈即可，有时咨询师需要更多时间来了解来访者。目的首先是要区分来访者是否适合进行心理咨询，其次是要分清来访者的问题到底出在哪里，什么是对方的主要问题。与此同时，咨询师还要与来访者建立良好的咨询关系。诊断（或评估）型会谈是以后咨询活动的基础。

解决问题型会谈，目的是帮助来访者产生某种改变。咨询师要运用不同的心理咨询理论、技术与方法达到这一目的。这是心理咨询中耗时最多的一类会谈。在这类会谈中，咨询师仍要保持和发展与来访者的咨询关系。

根据会谈有无固定的程序，可以将会谈划分为标准化（结构式）会谈和非标准化（非结构式）会谈。

标准化（结构式）会谈，有着比较固定的程序，问题事先准备好，咨询师以同样内容和同样顺序向每个来访者提出同样的问题。这种会谈通常用于对来访者问题进行诊断评估，咨询师主观影响较少，资料较可信，也较省时，会谈结果可以进行比较。缺点是过于主动查问，只能获得简单回答，难以取得深入的资料。

非标准化（非结构式）会谈，没有固定的程序，咨询师提问的内容和顺序都取决于对方的回答。这种会谈给双方很大的主动性，有利于咨询师了解来访者的深层次问题及细节内容。缺点是容易顾此失彼，不好把握重点和方向，花费时间较多，且受咨询师主观影响也较大。

3. 影响咨询性会谈的因素

大致可分为环境因素和时间因素。咨询实践表明，会谈的环境（情境）对咨询效果具有一定程度的影响，所以对会谈场所要有一定的要求。2001年8月，我国劳动和社会保障部首次颁布试行的《心理咨询师国家职业标准》中明文规定：心理咨询师的职业环境为室内、常温。

会谈的环境（情境）应有助于来访者处于适度的唤醒水平。如果来访者对会谈环境（情境）产生低度警觉和中等愉悦的反应，则说明会谈环境的唤醒水平是适度的。在这种会谈情境中，来访者感到舒适和放松，从而能够探索自己的问题及暴露自我。如果来访者觉得不够舒适或者过于舒适，以致抑制自己探讨问题的愿望，则说明会谈环境使来访者处于较低或较高的唤醒水平，甚至出现过度应激反应。这时咨询师应当考虑通过移动室内陈设、改变色彩和光线、调节室温、强化语言表述来调整会谈环境的唤醒水平。

一般来说，适宜的会谈环境（情境）应满足如下条件：会谈场所安静、隔音。这种安静、隔音的会谈场所可以满足来访者希望保密的愿望，并使会谈不受外界噪音的干扰。

会谈场所让来访者感到舒适。首先，温度要适宜。温度过低或过高，会导致来访者出现强烈的应激反应，妨碍双方全神贯注于会谈本身。其次，座椅应当让来访者的心身感到舒适。比如，座椅要软硬适中；座位的摆放尽量不要设在背对房门的位置，以免来访者因不知背后会有什么事情发生而产生不安全感；如有可能，来访者的座位应放在靠墙位置，与咨询师的位置呈直角，这样可以减少咨询师对来访者的视线压迫；室内色调要适宜，灯光不应正对着来访者的位置，等等。

要公开咨询师的专业身份（如姓名、学位、专业职务、职业资格以及获得的荣誉）等。这样既会对来访者产生某种暗示，有助于提高咨询师的权威性和可信度，同时也便于来访者对咨询师的监督，有助于增加来访者的安全感。

时间因素对咨询性会谈的影响作用，主要是与咨询师及来访者的时间知觉能力和时间观念直接相关的，尤其是与他们对会谈的及时性和延迟性感觉有关。一些来访者认为，延迟或重新预约咨询时间，表明了咨询师在搪塞，有的人却不以为然；一些来访者对咨询时间的延长觉得很合适、很值得，有的来访者则感到不必要、不理解。人与人的时间知觉能力是存在差异的，而且时间观念也各不相同。一些人的时间知觉能力强，且有严格的时间观念，所以做到准时会见咨询师，而且对会谈时间的控制也较好；另一些人的时间知觉能力较差，时间观念上很随便，所以对咨询师未按时到达不觉得是冒犯或搪塞，也不认为咨询师会对他们的迟到感到不高兴。

按事先约定好的时间来咨询室进行有一定时间限制的会谈，是欧美心理咨询的一种模式，而对我国的许多来访者来说，随意或顺便来访且对会谈时间不加限制的方式更为常见。还有的来访者愿意在心理诊所以外的环境中会谈。

（二）会谈中的言语技巧

咨询师在会谈中通常以两种方式作用于来访者，一种是言语表达，另一种是非言语表达。会谈技巧，就是咨询师在会谈过程中巧妙地使用言语表达和非言语行为，并将两种方式有机地结合起来，以达到最佳的咨询效果。有效地使用会谈技巧是优秀咨询师的重要标志之一。会谈中的言语性技巧包括参与技巧和影响技巧两大类。

1. 参与技巧

参与技巧（attending skills）也称倾听技巧（listening skills）。倾听来

访者的叙述是咨询师在会谈中最先做出的反应，咨询师虽然处于听的位置，但这是一种主动的听，是参与式的倾听，其作用至关重要。

首先，咨询师的倾听强化了来访者的自我暴露、自我剖析和自我探索，否则双方就有可能讨论与咨询目标无关的问题，或者咨询师就可能过早地提出干预策略；其次，咨询师的倾听表示了对来访者的关注和理解，它是建立咨询关系的必要条件；再次，咨询师可以通过倾听技巧将来访者的思路引向预定的方向；最后，对于某些寻求理解、安慰、宣泄的来访者来说，咨询师的倾听行为本身就具有帮助的作用，会产生一定的咨询效果。

所以，倾听是咨询过程的基础，是咨询师主动引导、积极思考、澄清问题、建立关系、参与帮助的过程。

常见的参与技巧包括开放性提问、封闭性提问、鼓励、澄清、释义、情感反应、概述等。

（1）开放性提问：一般来说，会谈开始或转换话题时大都采用开放性提问，这类问题被一些咨询师认为是最有用的会谈技巧。通常以"什么""如何""为什么""能不能""可不可以""行不行"开始，它能促使来访者主动地、自由地敞开心扉，自然而然地讲出更多的有关情况、想法、情绪等，而无须搜肠刮肚地回忆、思考，或者仅仅以"是"或"不是"等几个简单的词就结束回答。

一般来说，咨询师以不同的词语开始的提问得到的来访者回答也不同。具体如下：

1）"那么以后又发生了什么事情？""当时你有些什么反应？""还有什么人在场？"这种提问可以助其找出某些与问题有关的特定的事实资料。

2）"对这件事你是怎样看的？""你是如何知道别人的这些看法的呢？"这类带"怎样""如何"一词的问题往往会引导出来访者对事情经过的描述及其对此问题的想法和情绪反应。

3）"为什么你觉得这样做不公平？""为什么你说别人都看不起你？""你当时为什么那样做？"通过这类"为什么"的问题，可能得到多种较为具体的解释与回答，从中找出来访者对某事所产生的看法、做法、情绪等的原因。

4）"能不能告诉我，这事为什么使你感到那么生气？""可不可以告诉我，你是怎样想的吗？"以"能不能""可不可以""行不行"开始的这类问题，可以说是最为开放的问题了，这种问题可促进来访者的自我剖析、自我探索。这类问题一般都会得到一个较为满意的答复，但也可能有的来访者会说"不能""不可以""不行"，等等。如果发生这种情况，咨询师还可以进一步使用其他开放性问题，如"为什么……"等。当然这样的情况可能很少发生。

虽然开放式问题给来访者的回答以较大的自由度，可能会得到不同来访者各种各样的答复，但开放式问题的目标都始终趋向于来访者问题的特殊性。通过这类问题的提问，咨询师可以掌握与来访者问题有关的具体事实、来访者的情绪反应、来访者对此事的看法及推理过程等。

开放性提问要建立在良好的咨询关系基础上，否则，来访者就可能产生被讯问、被窥探、被剖析的感觉，从而产生怀疑和抵触情绪。有些提问，尤其是要逐一提问时，语气、语调、词语的选择既不能过于随便，也不能有咄咄逼人或指责的成分，尤其是涉及一些隐私时更是如此。辩论式、进攻式、语气强硬的发问与共情式、疑问式、语气温和的发问就可能会在来访者心里产生两种完全不同的印象，前者会被认为咨询师对自己有敌意，后者则被认为咨询师是真心实意地想知道事情的真相从而帮助自己。

询问是咨询本身的需要，绝不是为了满足自己的好奇心或窥探隐私的欲望。

需要指出的是，提出开放性问题后，要给来访者足够的时间来回答问题，要知道，来访者可能没有现成的答案。让来访者产生急于回答的感觉是有害的，因为他可能为使咨询师高兴而回答问题。

（2）封闭性提问：当会谈内容较为深入，需要进一步澄清事实、缩小讨论范围或集中探讨某些特定问题的时候，可以适当采用封闭性提问。封闭性提问通常以"是不是""要不要""有没有""对不对"开头，如"你喜不喜欢学校？""你来这儿是否因为婚姻问题？""你确实这样想过吗？"而来访者多以"是""否"或其他简短的语句作答。由于这种提问限制了来访者的回答，所以它还可以制止来访者喋喋不休、漫无边际的叙述。除此之外，封闭式问题也可以帮助咨询师把来访者偏离某一主要内容的话题重新牵引回来，如"我们能否继续接着讨论刚才的问题？"

但需要注意的是，封闭性提问不宜过多使用。否则，会使来访者产生被讯问的感觉，压制来访者自我表达的愿望和积极性，甚至对咨询关系产生破坏性影响。因为来访者前来咨询的目的之一是向咨询师表达自己的感受，若总是处于被动回答的地位，就会降低他/她的求助动机。

另外，一次不要提出多个问题，否则，会使来访者产生混乱，结果可能只回答了最不重要的那个问题。

（3）鼓励：鼓励是指咨询师直接、简明地重复来访者的话，尤其是重述来访者回答中最后一句话，或仅以某些词语如"嗯""好""接着说""还有呢""以后呢""别的情况下如何""我明白"之类过渡性短语来强化来访者叙述的内容，并鼓励其进一步讲下去。

（4）澄清：来访者由于心理困扰而来求助，其表达的大部分信息出自内部的参照系，因而这些内容可能是模糊而混淆的。特别可能引起混淆的信息是那些包括复数代词（他们）、含糊的短语（你知道）和一词多义的语句。如果咨询师不能理解信息的准确含义，则有必要进行澄清。

澄清通常以疑问的形式表达，如"你是说……""你能试着再描述……吗?""你能澄清……吗?""你指的是……"

澄清的目的主要有两个：一是通过澄清使来访者表达的信息更加清楚，并确认咨询师对求助者信息知觉的准确性。只要当你无法确信自己是否明白来访者的信息，并需要详细叙述时，就应使用澄清技巧。二是通过澄清可以检查咨询师从来访者信息中听到的内容。特别是在咨询开始阶段，在做出任何结论之前，一定要澄清来访者的信息内容。

（5）释义：释义又称说明或内容反应。是指咨询师对来访者的信息内容加以解释后，再反馈给来访者本人。换句话说，释义就是咨询师对来访者的回答内容进行再编排，换种形式向来访者再说一遍。释义的目的主要在于，一是可以让来访者知道，咨询师已经理解他们的信息，如果咨询师的理解是完整的，来访者就会进一步澄清自己的想法；二是可以鼓励来访者对一些关键想法或事实做进一步阐释，使他们深入地探讨某个重要话题而不至于分心。

（6）情感反应：情感反应与前面的释义很接近，其区别在于，释义是对来访者言语内容（认知信息）的反馈，而情感反应则是对来访者的情感内容进行再编排后反馈给来访者。情绪的发生依赖于个体的认知经验以及个体对环境事件的解释和评价，咨询师经由对来访者情绪的了解可进而推测对方的思想和态度等认知活动。此外，咨询师还可运用这一技巧促进来访者对特殊情境、人物或事件表达出更多的感悟。

（7）概述：概述又称归纳总结，就是用两句或更多的释义或情感反应浓缩来访者表达的信息，换句话说，也就是咨询师把来访者的言语和非言语行为进行归纳整理，并以提纲的方式将它们准确地复述给来访者。通过概述咨询师把会谈中来访者表达的零散信息以一个或多个主题串联起来，而且也可使来访者再一次回顾自己叙述的内容，并进行补充。

概述可以在咨询过程的一个阶段（包括几次会谈）完成时进行，也可以在一次会谈结束前或一次会谈中咨询师认为对来访者所说的内容已基本清楚的情况下进行。

2. 影响技巧会谈中的参与技巧（倾听技巧）

主要是从来访者的角度或参照框架出发，对来访者发出的信息进行反应。这固然对帮助来访者的成长十分重要，但如果仅仅使用这一技巧，那么来访者的成长将是非常困难和缓慢的。在咨询进行过程中，咨询师总要在某个时刻超越出来访者的参照框架，从咨询师自己的角度出发，依据所接受的咨询专业训练，所具有的洞察力、感受力和人生经验，主动影响来访者，以使来访者的成长更快一些。与参与技巧相比，影响技巧（influencing skills）对来访者的影响更为直接，它促使来访者意识到自己需要改变，而且需要一个更为客观的参照框架来指导自己行为的改变，这样，来访者的进步就会明显加快。另外，影响技巧还能体现出由咨询师引导而不是来访者引导的咨询风格。影响技巧包括解释、指导、提供信息、影响性总结、自我开放等。

（1）解释：解释就是咨询师对来访者思想、情感、行为和事件之间的联系或其中的因果关系的阐述。它与参与技巧（倾听技巧，如释义、澄清、情感反应和概述等）不同之处在于：其一，解释是从咨询师自己的参考体系出发的，而不是从来访者的参考体系出发的；其二，解释针对的主要是来访者隐含的那部分信息，即来访者没有直接讲出或没有意识到的那部分内容。咨询师要将来访者自己隐隐约约感觉到或没有感觉到的东西用语言表达出来。而参与技巧则仅仅针对来访者已经表达出来的内容。

解释是最重要的影响技巧之一，它能帮助来访者超越个人已有的认识，以一种新的方式（或者说从另一个参照框架）重新看待他们自身的问题，从而对问题有更好的理解，甚至还可能使他们的世界观产生认知性的改变。

解释也是最复杂的影响技巧之一。解释应该主要依据各种有效的心理咨询和治疗理论，但运用要灵活，要富有创造性，不能生搬硬套，要针对来访者不同问题，并根据咨询师个人的理解、领悟与实践经验，通过不断地修正，最终给予真正符合来访者情况的合理解释。

一般来说，使用解释技巧要注意以下事项：

1）解释应该在充分收集了与来访者问题有关的资料（尤其是来访者隐含的内容及其意义）之后进行，且来访者表示愿意倾听和接受咨询师对自己的问题的解释。所以，解释通常是在一次会谈的后期或几次会谈之后进行。

2）解释应建立在与来访者的良好关系的基础上。因为解释基于与来访者不同的参考框架，因而有可能导致来访者的阻抗。良好的咨询关系有助于提高来访者对解释内容的容忍、接受程度。反过来，解释技巧的妥善使用又会提高咨询师在来访者心目中的可信度和权威性，从而加强咨询关系。

3）虽然解释的目的是让来访者从一个与自己有所差异的方式重新审视自己的问题，但操作时要注意循序渐进，解释的内容不要与来访者的信念、文化背景存在过大差异或产生严重的冲突。此外，解释时的措辞要适合来访者。

4）解释的同时，注意观察来访者的反应，尤其是非言语行为，如沉默、微笑等。

（2）指导：指导就是咨询师直接告诉来访者做某件事、说某些话以及如何做或以某种方式行动。很多咨询师认为，指导是对来访者最有影响力的一种技巧。指导有多种多样，概括起来有两种类型：一种是根据各种不同的心理咨询理论做出的，另一种则是咨询师根据个人的咨询经验做出的。在第一种类型中，精神分析取向的咨询师指导来访者进行自由联想，以寻找问题的根源；行为主义取向的咨询师要求来访者做各种训练，如系统脱敏训练、放松训练、自信训练等；合理情绪学派的咨询师则针对来访者的各种非理性观念予以指导，用理性的观念去代替它们；运用森田疗法的咨询师告诉来访者不要把症状当作自己心身的异物，对其不加排斥和抵抗，带着症状去生活。

在使用指导技巧时，咨询师可依据各种咨询理论的指导模型和个人的咨询经验，灵活而富有创造性地加以运用，使之真正成为有效的指导。具体地说，咨询师应十分明确自己对来访者指导些什么？效果会怎样？叙述应清楚、明确，要让来访者真正理解指导的内容。同时指导要在与来访者建立良好关系的基础上进行，对于那些受教育程度较高、思想比较深刻、自尊心强的来访者，咨询师进行指导时不要以权威的身份强迫来访者执行，以免引起对方反感而中断咨询。如果来访者暂时不理解、不接受，可暂缓进行。此外，在进行指导时，要充分利用非言语行为的影响力。

（3）提供信息：在咨询会谈中往往想了解有关信息。例如，一位自诉被丈夫虐待的来访者，需要了解关于法律权利和诉讼途径的信息，一位因被老板无理辞退的来访者，需要了解有关劳动保障法规方面的信息。提供信息在职业心理咨询、婚姻家庭咨询以及对教育过程出现的问题进行的咨询中更为重要。正因为如此，我国劳动和社会保障部首次颁布试行的《心理咨询师国家职业标准》中，要求从业者必须掌握劳动法基本知识；同时还要掌握民法通则中与心理咨询和治疗相关的法律条文（如隐私权、人身权等），现行婚姻法、妇女儿童保护法、未成年人保护法中与心理咨询相关的条文，消费者权益保护法中与心理咨询相关的条文，以及心理评估技术。

咨询过程中的信息提供主要有以下几个目的：首先，当来访者不知道自己有哪些选择时，有必要提供其信息，这有助于帮助来访者明确其他的解决问题的方法。其次，信息提供也可用来校正无效的或不可靠的信息，如迷信观念。换句话说，当来访者对某事的信息有误时，应提供信息；最后，提供信息是帮助来访者审视他们一直回避的问题。例如，一年来一直感到身体不适的来访者，当从咨询师那里得到忽视疾病治疗可能会带来严重后果的信息时，也许能促使他尽快进行身体检查。提供信息不同于提建议。提建议是给来访者推荐或策划一个具体的解决方法或行动途径，并让他照着去做。相反，提供信息则仅仅是告诉来访者与主题或问题相关的信息。

（4）影响性总结：影响性总结是指咨询师将自己所叙述的主题、意见等经组织整理后，以简明扼要的形式表达出来。一般在会谈即将结束时进行。影响性总结与参与技巧中概述的不同之处在于前者是咨询师表达的观点，而后者是来访者叙述的内容，因而，前者较后者对来访者的影响更为广泛而深远。影响性总结既可在会谈中间使用，也可在会谈结束时使用。有时常和参与性概述一起进行。比如，在会谈结束时，咨询师首先对来访者叙述的内容进行归纳，然后讲述咨询双方所做的工作，最后总结出自己的主要观点。这样会使整个咨询过程脉络清楚，有利于来访者抓住会谈要点，掌握会谈中学到的东西。当然，这一工作也可以让来访者自己来完成，或者以咨询师提问让对方回答的方式来进行，咨询师借此了解来访者对咨询过程的了解、把握程度，并在适当时机进行修正。

（5）自我开放：自我开放也称自我暴露，是指将自己的思想、情感、经验等有关信息告诉来访者。心理咨询中原来只强调来访者的自我开放，认为这是咨询成功的必要条件。后来发现，咨询师的自我开放在咨询中同样十分重要。咨询师适度的自我开放，能使来访者产生共情、温暖和信任的体验，增加来访者对咨询师的认同感以及对会谈的兴趣，有助于彼此建立相互信任和开诚布公的咨询关系。除此之外，在咨询师自我开放的示范作用下来访者会进一步自我开放。

自我开放有两种形式。一种是咨询师把自己对来访者的体验与感受传递给来访者，其中包括正性信息和负性信息，但传递负性信息时一定要审慎，要以良好的咨询关系为基础，说话时口气要委婉、含蓄，要充分顾及对方的接受能力。如"你没有那样做，我有些失望，但我想也许你有什么原因？"另一种是咨询师暴露与来访者所谈内容有关的个人经历和体验。如"你目前的这种感受，我能想象得出来，因为我以前也有过类似的体验。"一般说来，这种自我开放内容应简明扼要，因为目的不是谈论自己，而在于借自我开放来表明自己理解并愿意分担来访者的情绪，促进来访者更多地自我开放。所以，在咨询师自我开放之后，应尽快把会谈话题转回到来访者身上来，进一步提出一个相关的开放性问题。也就是说，咨询师的自我开放是手段而不是目的，应始终把重点放在来访者身上。

此外，自我开放需要建立在一定的咨询关系上，有一定的谈话基础和背景，如果过于突如其来，反而收不到好的效果。另外，自我开放要有一定的限度。低于或高于这个限度的自我开放，既无助于来访者的自我开放，也不利于形成良好的咨询关系，甚至起破坏作用。尤其是过度自我开放，则会占用会谈中原本属于来访者使用的时间，而且可能会使来访者感到咨询师也是一个心理不健康的人，于是中断咨询。

（三）会谈中的非言语交流

咨询性会谈属于人际互动的一种形式，会谈中咨询师与来访者之间在运用语言符号进行言语交流的同时，还利用非语言符号进行着非言语交流。有时，非言语交流甚至比言语交流更重要。一个有效的咨询师不仅要善于运用言语交流，而且要善于运用非言语交流。

非言语符号的分类有多种，社会心理学家贝克（K. W. Beck）将非语言符号分为动姿、静姿和辅助语言与类语言。也有人将动姿与静姿合称为身体语言或体态语言，还形成了专门研究身体语言的身势学；还有人将非言语符号分为视觉符号和副语言两大类。其中视觉符号包括身体运动及姿势、面部表情、目光接触、身体接触、人际距离、仪表、时间控制、实物与环境等。

身体语言包括无声的动态姿势，如手势、面部表情、眼神、体态变化等，或无声的静态姿势，如站立、倚靠、仰坐等，以及交往中的人际空间距离等，它在人际交往中起着重要的作用。

在身体语言中，面部表情在人际交往中所传递的信息是大量而有效的。人类的大多数面部表情具有文化的普遍性和非习得性。但也发现，社会因素往往能够降低消极的态度和情绪的表情强度，使得那些本能性的面部表情受到严格的限制。在面部表情中，眼睛被认为是最能明确表达内心活动的，有人把眼睛比作是"心灵的窗户"，它在非语言交往中用途最广，往往能给人留下深刻的印象。

目光接触（也称视线接触）是人际沟通中极为重要的手段，其作用主要在于：①作为一种认识手段，表明对说话者十分感兴趣，并希望知悉、理解他们的话题；②控制、调整沟通者之间的互动；③用来表达人的感情及其在沟通情境中的卷入程度；④作为提示、告诫以及监视的手段。人们交谈的时候往往通过目光接触来了解自己的话语对他人的影响或者说他人对自己话语的反应。目光接触的意义可因以下因素的不同而改变：目光接触的时机选择、时间长短、强度以及双方的空间距离。

辅助语言，也称副语言或次语言，包括声音的音调、音量、节奏、变音转换、停顿、沉默等，而类语言则指那些有声而无固定意义的声音，如呻吟、叹息、叫喊、附加的干咳、哭或笑等。它能强化信息的语义分量，具有强调、迷惑、引诱的功能，弥补语言表达感情的不足。在许多场合下利用辅助语言和类语言表达同一语词的不同意义。例如，"谢谢"一词，可感动地、喃喃地说出，表示真诚的谢意；也可以冷冷地、缓慢地吐出每一个字，表示轻蔑或不耐烦。

四、医学心理咨询的注意事项

1. 全面了解患者

医学心理门诊中，来访者的情况多种多样，要求咨询的问题也很复杂。医生务必对他们要求咨询的问题从生理、心理、社会等几方面追溯原因，然后才能把问题的性质澄清，提出的处理措施才能大致准确。例如，患者要求咨询的是数月来食欲不振、消化不良，实际上患者还有失眠、情绪不良，然而患者由于某种原因（如患者不把情绪不良看成需要医生帮助的问题）没有说到情绪问题。如果不全面了解患者情况，就会忽略患者的抑郁症的诊断。

2. 防止漏诊器质性疾病

医学心理门诊对每一个患者的躯体情况都应注意检查，必要时进行心电图、X线摄片、化验等检查。即坚持生理、心理、社会的综合诊断原则。

3. 重视运用心理治疗

医学心理门诊不同于普通医学门诊，它必须给来访者有诉说心理问题的机会，对于心理障碍应采用各种有效的心理治疗。例如，支持性心理治疗、行为治疗、认知治疗、精神分析模式或人本模式的治疗、音乐治疗、催眠暗示治疗与生物反馈治疗等。

4. 保守患者的秘密

患者的隐私、创痛常与强烈的情感体验有联系，患者谈了以后，情感得到疏泄，往往可引起疾病的好转。但如果医生不承担保密义务，把患者的资料任意泄露，就会引起患者的失望、不满乃至增加其精神负担。

5. 精神药物的应用

医学心理门诊虽然重点是处理心理障碍，强调心理治疗，但并不排斥药物治疗，尤其是应用精神药物。这是因为有些患者虽有心理障碍，但不适合做心理治疗，而精神药物对其心理障碍却有肯定效果。一般而言，医学心理门诊配备的常用药物为：抗焦虑药、抗抑郁药及少量抗精神病药。

6. 转诊问题

对有幻觉、妄想和严重认知、行为障碍的患者应劝他们由家属陪同去精神卫生中心或精神病医疗机构求诊或咨询。这类精神病患者由于妄想或思维混乱，无法提供客观真实的病史资料；情绪的敌对、不合作，也无法按咨询医生意见去执行。有些患者有器质性疾病可疑，而咨询医生又不熟悉这些专科时，可建议去有关专科检查。

第四节　心理咨询的作用机制

心理咨询产生效果的作用机制是什么？每种心理咨询方法是否像每种药物那样有其独有的活性成分？还是不同的心理咨询方法有一些对来访者起作用的共同因素（common ingredients）？

基本的作用机制，也称共同的或非特殊的作用机制，是指各种咨询方法所共同具有的、能对来访者产生积极影响的因素；特殊的作用机制，是指每种咨询方法所独有的、能对来访者产生积极影响的因素。

Lambert 和 Bergin 列出了 30 个不同心理疗法共有的活性成分，如情绪宣泄、治疗关系、认知学习等。Mahrer A. R. 认为各种心理咨询和治疗方法起作用的共同因素有 6 个：矫正性情绪体验、从事新的有效行为、提出可供选择的生活态度、治疗者与来访者之间的关系、随时准备接受社会影响、意识扩大性自我探索。他进一步指出，这 6 个因素不能截然分开，它们互相之间有重叠，因为它们并不是在同一层次上的抽象产物。这 6 个因素的具体内容如下。

1. 矫正性情绪体验

不同的心理咨询和治疗都可以使来访者产生这种情绪体验。一方面，来访者的焦虑、紧张、沮丧、自卑等心情可能减轻；另一方面，来访者在与咨询师交谈中可能萌生希望甚至信心，感到心情轻松愉快，感到被理解和被尊重。

2. 从事新的有效行为

所谓新，是指来访者过去未曾尝试过的；所谓有效，是指行动能满足来访者的需要，如友好关系的体验、成就感等。启发、鼓励和支持来访者采取新的有效行动是多种不同心理咨询与治疗起作用的一个共同因素。这种启发、鼓励和支持可以是公开的和直截了当的，包含明确的建议和具体的指导，也可以是含蓄的、间接的或暗示性的。

3. 提出可供选择的生活态度

各种不同形式的心理咨询和治疗都有共同的临床策略，就是为来访者提出另外的可供选择的生活态度和看待他们自己以及周围世界的方式。这被许多咨询师和治疗家公认为是帮助来访者改变和成长的一个共同因素。态度就是个体对自身和外界事物一贯的、稳定的反应倾向，它包括认知成分、情感成分和意向成分。不同的心理咨询和治疗派别，有的强调认知，有的强调情感体验或领悟，有的强调行为。许又新进一步认为，心理冲突是态度的冲突。典型的神经症患者既有自相矛盾的认知，也有势不两立的情感和欲望，还有背道而驰的行动倾向，他们处于尖锐的态度冲突之中。神经症的痊愈必然有生活态度的根本性转变。所谓移情疗效之所以不持久，原因就在于患者只是重复过去已有的（往往是根深蒂固的）态度，如果治疗不彻底，患者一旦离开长期和他密切相处的治疗者，便会产生分离焦虑。没有生活态度的根本性改变，即使症状消失且维持相当一段时间，患者还是经受不了生活中的波折，容易旧病复发。他认为，任何减轻患者痛苦和症状的方法都可以采用，但是有一个条件，即这种方法不妨碍患者态度的根本性转变。

4. 咨询师与来访者的关系

建立咨询师与来访者之间的良好关系即使不是所有心理咨询和治疗的

特征，也是许多种心理咨询和治疗经常强调的一个共同因素。它直接有利于心理障碍的缓解甚至消除。不同的咨询和治疗理论有不同的说法，如移情关系，帮助关系，工作或治疗同盟，促进关系，真实关系，遭遇关系，密切或亲密关系，建设性关系，双方卷入的关系，等等。

5. 随时准备接受社会影响

来访者求助于咨询师的行动本身，就意味他准备接受社会影响。但是，只有初步的求助动机是远远不够的，还必须具有随时准备接受社会影响的能力和自觉性。否则，不仅来访者的求助行为可能会中断，而且也不会从社会生活中接受别人有益的影响。心理咨询和治疗的主要任务之一，就是培养来访者随时准备接受社会影响的能力和自觉性，并鼓励来访者去与别人建立和发展类似他与咨询师之间的关系，在广泛的社会生活中随时准备接受他人有益的影响。为此，咨询师要通过实例帮助来访者弄清楚某些与来访者最相关联的社会影响机制，如吸引、喜欢、爱、厌恶、憎恨、攻击等的机制，弄清楚如何处理从众、顺从、服从和保持独立自主性的关系这类问题。当然，由于问题的性质和来访者人格各异，讨论的重点因人而不同。

6. 意识扩大性自我探索

在咨询和治疗中，咨询师采取灌输的方式即使解决了眼前的问题，如果来访者不会自我探索，下次遇到新问题（可能只不过是老问题的另一表现形式）仍需求助于咨询师。所以咨询师和治疗家的启发和引导，不能代替来访者自觉的思考。

自我探索使意识的范围和深度加大，过去觉察不到的内心世界逐渐清晰地呈现出来，人们对自己的理解得以提高或深入。不同咨询和治疗理论对这一过程有不同的解释。来访者中心理论认为这是对自己内在感受的挖掘或开发，同时也是去掉面具而显现出真实自我的过程；精神分析学说认为这是对"无意识"的洞察或领悟；存在主义治疗理论认为这是对"亲在"（我这个独特的人的存在）的觉察；格式塔或完形（Gestalt）治疗理论认为这是对心理之整体的觉察；认知治疗理论也有类似的情况。例如，通过认知治疗使来访者认识到，自己的认知活动在诱发反应的刺激或生活事件与反应或结果之间，起着中间环节的作用；弗兰克尔（Frankl V. E.）

的意义疗法同样包含着这个因素。按这种治疗理论，经过治疗，来访者发现和体验到了自我存在的意义以及生活的意义，也就是开拓了意识，当然可以理解为意识扩大性自我探索；从表面上看，行为治疗的过程本身似乎没有意识扩大性自我探索，其实并不尽然。关键在于来访者是否开动脑筋积极地参与行为治疗，如果是的话，这个过程也包含有意识扩大性自我探索。尤其是新的有效行为意味着丰富了来访者的行为储备，这必然伴有意识扩大。成功的行为治疗使来访者自信心增强，行为的自觉性和责任感也增强了，这里蕴含着实践过程中的自我探索。

如上所述，促使来访者进行意识扩大性自我探索是各种心理咨询和治疗起作用的共同因素之一。但这一因素能否真正发挥作用，还有赖于来访者个人的一些条件。Sifneos P. E. 等认为，深入的自我探索性心理治疗要选择适当的来访者，来访者需满足以下5个条件：

（1）能够区别什么是主观的和什么是客观的。显然，正处于精神病状态的人，精神发育迟滞或痴呆患者，文化教养太低的人，都不适合。

（2）能够而且愿意把内心的感受说出来。

（3）为了长远利益，愿意忍受暂时的情感冲击。具有爆发性或冲动性人格特性的人不适合。

（4）能够超出自恋性满足的水平。这就是说，婴儿式地依赖他人，只能听得进安慰、体贴、赞赏等一类话的人不适合。

（5）有改变自我的动机。

其中（1）和（2）是比较容易发现和辨认的；（4）和（5）却有可能被来访者的假象所蒙蔽，尤其是戏剧型人格障碍者，并不总是容易被辨认出来的；（3）这个条件凭借咨询师和治疗家的努力和娴熟的技术可以部分地加以弥补。

我们以这一观点为基础，并且吸收和借鉴其他观点，认为各种心理咨询和治疗起作用的共同因素可能有以下几方面。

1. 来访者对咨询本身的期待

有些来访者一旦决定接受心理咨询并期待早日付诸实施之后，心情就显著改善，显然，这与咨询没有关系，而是期待咨询这件事本身起了作用。每个来访者对咨询的期待是不同的，有的来访者幻想咨询师能轻而易举地去除自己的心理问题；有的来访者希望咨询师能成为自己的后盾，帮助自己去应付面对的困难；有的来访者因决定接受心理咨询，开始关注自己的心理状况，费心检讨自己的想法、小心管理自己的情绪及控制自己的行为，无形中就发挥了心理咨询的功效。

2. 温暖和信赖的咨询关系

咨询师通过尊重、真诚、准确的共情（empathy）和无条件的积极关怀与来访者建立起温暖、信赖的咨询关系。这种关系可以增强来访者战胜困难、治愈疾病的信心。

3. 保证和支持

来访者往往以为自己的心理问题是独特的、难以解决的，通过与咨询师讨论，便可认识到这些问题并非少见或自己独有，且是可以解决的。咨询师的保证和支持，使来访者感到有依靠、安全和希望，焦虑水平降低。

4. 脱敏

各种心理咨询方法都有脱敏成分。在接受的气氛中同来访者一起谈论让来访者担心的问题和事件，这些问题和事件便逐渐失去威胁性；在安全的咨询场合重谈痛苦的经历，可逐渐消退与之有关的焦虑。

5. 理解或领悟

所有心理咨询都或多或少要向来访者解释，如问题是如何产生的？为什么持续存在？如何解决？不同咨询和治疗流派有不同的解释和方法。对于有令人担心的问题、而又不明其原因和严重性的来访者来说，不管咨询师如何解释、采用何种咨询方法，同专业人员接触本身便有消除疑虑、获得新知识和培育希望的作用。

6. 适应反应的强化和学习

所有咨询师和治疗家（不只是行为治疗家）对来访者的进步和成长都会投以赞许的目光和话语，对适应不良行为或态度感到失望。因此，在不同咨询和治疗方法中强化的使用只有有意、无意之分，没有哪一种方法没有强化成分，包括罗杰斯的来访者中心疗法在内。所有心理咨询和治疗都是以促进来访者行为或态度改变、帮助来访者进步和成长为目标的，因此也都包含学习。

7. 宣泄

所有咨询师都要倾听来访者的诉说，来访者倾诉内心的痛苦和烦恼，这本身就有积极作用，可以缓解内心的紧张、减轻心理压力，至少有暂时性功效。

8. 促进自然复愈与成长

许多心理上的困难，往往靠个体自己的复愈能力或随着个体的成长而恢复。心理咨询的作用只在于减除对自然复愈的障碍，使个体发挥自身的生命力去达到康复。特别是小孩或年轻人，充满生命力，只要适当排除存在的阻力或障碍，就能很好地成长。所以心理咨询有促进来访者自然愈合及成长的作用。

附录一："病史"采集式会谈或收集资料式会谈的内容

Ⅰ. 身份信息

求助者的姓名、地址、住宅和工作电话号码，紧急情况下可以联系的另一个人的名字。年龄，性别，文化，民族，种族，语言，健全/残障程度，婚姻状况，职业。

Ⅱ. 总体外观形象

大约身高，大约体重，求助者的衣着、修饰、举止等。

Ⅲ. 现在的问题（对每个问题进行记录）

记录求助者目前的主诉（直接引用求助者的话）：什么时间发生的？同时还有什么其他事件发生？发生的频率高低？相关联的想法、感受和行为是什么？何时、何地最常发生？有什么事件或人物促成问题的出现吗？它对求助者的日常工作和生活有什么影响？以前解决问题的方法或计划是什么？结果怎么样？这一次，是什么原因使求助者决定寻求帮助？

Ⅳ. 以往的精神病史或心理咨询史

治疗的类型，治疗的时间，治疗地点或人；当时的主诉；治疗结果和结束治疗的原因；以前的住院经历；是否因心理或情绪问题使用过的药物。

Ⅴ. 教育和工作背景

整个受教育过程中的情况：学业优、缺点，与老师及同学的关系；工作类型，工作时间，结束或换工作的原因，与同事的关系，为工作所进行的培训和教育，工作中的哪些方面最易产生压力和焦虑感，最轻松愉快的方面是什么？对现在工作的总体满意度。

Ⅵ. 健康和医疗史

儿童期的疾病，以往的重病史、手术史；目前与健康有关的主诉或疾病，如头痛、高度紧张，针对现在的问题所接受的治疗——哪种类型，由谁治疗，上一次体检的日期和结果；求助者家族中的重大健康问题（如父母、祖父母、兄弟姐妹）；求助者的睡眠状况，胃口，现在的用药情况（包括阿司匹林、维生素、避孕药、保健药）；药物或非药物性过敏情况；求助者的典型日常饮食（包括含有咖啡因的饮料、食物和含酒精的饮料）；身体锻炼的情况。

Ⅶ. 社会或成长史

现时生活状况，居住条件，职业和经济状况，与他人的关系，社交和休闲时间的活动和爱好；宗教信仰，军队服役背景，主要价值观，偏爱和信仰，求助者提到的以时间为顺序的重要事件，早期的回忆；在下列发展阶段发生的重大事件：学龄前（0~6岁），儿童时期（6~13岁），青春期（13~21岁），青年时代（21~30岁），中年（30~65岁），老年（65岁以后）。

Ⅷ. 家庭、婚姻和性历史

• 父母的情况：母亲奖励和惩罚的方式，父亲的方式；是否受父母、兄弟姐妹或其他人的身体和心理虐待；与母亲相处时的典型活动，与父亲相处时的典型活动；父母之间的关系。

• 兄弟姐妹的情况（包括求助者在家庭中的排行顺序及地位）：兄弟姐妹中，哪一个最像求助者，哪一个最不像求助者？哪一个最受宠于父亲及母亲，父亲及母亲最不喜欢哪一个？哪一个与求助者最融洽，哪一个最不融洽？

• 直系亲属中有无患精神病者及有过住院史；直系亲属中有无药物滥用者。

• 以往的约会，订婚或结婚状况，解除婚约的原因，现在与伴侣的关系（关系融洽度、问题、紧张、乐趣和满意度等）。

• 求助者有几个孩子，年龄大小。

- 其他与求助者在一块儿住的人或经常来往的人的情况。
- 描述以前的性经历,包括第一次(注明是异性、同性或双性经历),现在的性生活情况、手淫、性交等,注明频率,对现在性态度或性行为的想法及困惑。现在的性倾向。
- 女性求助者:取得月经行经史(初潮、现在的月经周期、在行经前和在行经过程中的紧张情绪和舒适程度)。
- 与父母,兄弟姐妹或其他人的性接触,或是否受到性虐待。

Ⅸ. 诊断结果(如果有的话)

轴Ⅰ:临床失常。

轴Ⅱ:人格和精神障碍。

轴Ⅲ:一般躯体症状。

轴Ⅳ:心理社会环境问题(注:社会政治因素也包括在这里)。

轴Ⅴ:功能的总体评价分数(0~100)。

注:所谓"轴Ⅰ~Ⅴ"系 DSM—Ⅳ 的诊断分类编码。

附录二:会面诊断心理检查表

心理检查表(一)

意识:清醒、模糊、朦胧、谵妄、昏迷。

仪表:整洁、蓬头垢面、奇装打扮。

接触力:主动、被动。

感知觉:错觉、幻视、幻听、幻嗅、幻触、幻味、感知综合障碍。

思维:联想障碍、逻辑障碍、妄想。

情感:自然、兴奋、呆板、淡漠;哭笑无常、自笑、倒错、矛盾、幼稚、衰败。

动作:正常、增加、减少、缓慢、蜡样姿势、戏谑动作、刻板动作、奇特动作、消极反抗、积极反抗、破坏行为。

言语对答:切题、答非所问、不连贯、缓慢、不答、发音不清、虚构。

言语表现:正常、散漫、增多、多辩、随境转移、音连意连、自语、唇语。

定向力:正常、减退、丧失。

自知力：正常、减退、丧失。
记忆力：远期记忆：正常、减退；
　　　　近期记忆：正常、减退。
计算力：正常、减退。
注意力：集中、涣散。
智力：正常、减退、痴呆状。

心理检查表（二）

抑郁：心境恶劣、自我感觉不良、缺乏活力、兴趣丧失、自信水平下降、自责自罪、消极等死（观念、行为）。

恐怖：动物、广场、幽室、高空、赤面、不洁、出血、疾病、社交。

强迫症状：观念、情绪、意向、动作。

焦虑：不明原因的紧张、烦躁、易激惹、预感不幸事件的发生、突然惊慌、恐惧濒死感、窒息感、失去自我控制感。

疑病：总疑心有病医生诊断不出来，对身体的某一部分的功能过分关注、医生对疾病的解释或客观检查常不足消除患者的固有成见。

自主神经功能：面部潮红、四肢冰凉、发冷、自汗、盗汗、无汗、麻木感、瘫痪、痒、蚁行感。

性功能：尿频、阳痿、早泄、性欲减退、性欲增强、月经不调、痛经、不育、不孕。

其他：口吃、手颤、头部抖动、肢体不自主弹跳、肌肉紧张、抽搐发作、附体感、神游、梦行、功能性感觉障碍、功能性运动障碍。

参考文献

［1］马建青．辅导人生——心理咨询学．济南：山东教育出版社，1992：16

［2］钱铭怡．心理咨询与心理治疗．北京：北京大学出版社，1994：17

［3］中国心理学会，中国心理卫生协会．卫生系统心理咨询与心理治疗工作者条例．心理学报，1993，2：223－224

［4］中国心理学会．心理测验管理条例（试行）和心理测验工作者的道德准则．心理科学，1993，4：1－2

[5] 许又新．心理治疗基础．贵阳：贵州教育出版社，1999

[6] 曾文星，徐静．心理治疗：原则与方法．北京：北京医科大学出版社，2000：312

[7] 曾文星．华人的心理与治疗．北京：北京医科大学中国协和医科大学联合出版社，2000：286-287

[8] 江光荣．心理咨询中的价值干预．心理学动态，2001，3（9）：248-252

第十章
临床心身问题

本章导读

- 临床心身问题概论
- 急诊科患者的心理问题
- 内科疾病中的心理问题
- 外科患者的心理问题
- 神经科患者的心理问题
- 眼科患者的心身问题
- 皮肤科患者的心理问题
- 肿瘤科患者的心理问题

第一节　临床心身问题概论

世界卫生组织曾组织全球五大洲14个国家的15个中心，完成了一项关于综合医疗机构就诊患者的心理障碍的调查，上海也参加了这项调查，共调查了25 000余名15~65岁患者，调查结果如下。

1. 在综合医院的就诊者中，心理障碍的患病率相当高，平均患病率为24.2%（中国为9.7%）。即每4个就诊中，就有1名患有符合ICD-10诊断标准的心理障碍者，比一般群体高2~4倍。这个结果尚不包括亚临床状态的心理障碍，如果全部计算进去数字会更大。

2. 所有的心理障碍中抑郁症最多见（患病率为10.4%），其他还有广泛性焦虑（旧称慢性焦虑症，7.9%），神经衰弱（5.4%），酒精滥用（3.3%）和躯体障碍（旧称内脏神经症，2.7%）。

3. 综合医疗机构的临床医师，对心理障碍的识别率，15个中心识别率中位数为51.2%。上海仅为15.9%，即每6名符合诊断标准的上海心理障碍患者中，仅1名给出诊断，5名漏诊或误诊。

4. 综合医院对已识别的心理障碍的处理也有问题。仅约半数（中位数为47.7%）的患者予药物治疗，约半数（中位数53.9%）给予非药物处理。

第二节　急诊科患者的心理问题

一、急诊手术患者的心理问题

急诊手术患者的不良心理反应有：焦虑、恐惧、疑虑等。引起不良心理反应的原因如下：

1. 患者入院时间短，无良好的心理适应过程。

2. 患者的疾病多数为意外伤或突发病，对自己疾病的认识不足。

3. 患者术前对手术了解不足，缺乏医学知识，把手术、麻醉想象得很神秘，乱猜想，故易产生不良心理反应。

4. 医务人员言行举止及医疗环境对其的影响，如医生对患者的心理支持不足或医生轻率的言行举止造成患者的误解，导致患者对医生缺乏信任感。

5. 陌生的医疗环境等易使患者产生不良的心理反应。

二、危重患者的心理问题

不论医学发展到什么程度，总有一部分患者因医治无效而面临死亡。临终患者的心理状态极其复杂，大多数面临死亡的患者心理活动变化可分为5个阶段。

1. 否认期

不承认自己病情的严重，对可能发生的严重后果缺乏思想准备。总希望有奇迹出现。有的患者不但否认自己病情恶化的事实，而且还谈论病愈后的设想和打算。

2. 愤怒期

患者知道生命将结束，禁不住想这种绝症为什么落在自己身上！表现得悲愤、烦躁、拒绝治疗、敌视周围的人，拿家属和医务人员出气，借以发泄自己对疾病的反抗情绪。

3. 妥协期

患者此时显得平静、安详、友善、沉默不语，能顺从地接受治疗，要求生理上有舒适、周到的护理，希望能延缓死亡的时间。

4. 抑郁期

患者已知道生命垂危，极度伤感，安排后事。大多数患者在这个时候不愿多说话，但又不愿孤独，希望多见些亲戚朋友，得到更多人的同情和关心。

5. 接受期

这是垂危患者的最后阶段。患者心里十分平静，对死亡已充分准备。

因疼痛难忍而希望速死。有些人病情虽很严重，意识却十分清醒，表现出留恋人生。听觉是人体最后的丧失知觉。故不可说对患者不利的话，不可耳语。有的患者来不及等到亲属到来就离开人世，就由护士代替其亲人接受并保存遗物，或记录遗言。

三、ICU 患者的心理问题

各种手术患者因病情危重收治于 ICU 病房，不仅身体上陷于危机状态，精神上也承受很大刺激。在 ICU 中，医务人员凭借着先进的医疗护理技术和临床经验，密切监护患者呼吸、循环等多方面的变化，并竭力使其恢复正常。但是，对有些患者来说，ICU 的特殊环境和管理制度以及在治疗过程中所承受的种种痛苦体验，导致了患者异常情绪的出现。其原因有以下几点：

（1）麻醉觉醒后认知、判断力下降。
（2）强迫卧位所带来的痛苦。
（3）交流障碍和对死亡的恐惧、逆反心理。
（4）自觉人格的丧失和护理人员自身的素质等因素。

第三节　内科疾病中的心理问题

一、内科疾病伴发抑郁的机制

（一）生物学机制

1. 调节情绪的神经化学通路受损

Alexander 等（1986）假设平行的机能神经网络联结了基底神经节和前额叶皮质；功能性或结构性的阻断影响了情绪、认知过程和运动功能。

2. 神经递质的影响

如在胰腺癌中，尿五羟吲哚乙酸（5 - HIAA）增高，这是突触部位可利用的 5 - 羟色胺（5 - HT）减少的标志物。一种理论认为胰腺肿瘤代谢色氨酸，且在外周竞争 5 - HT 前体；另一种理论认为，癌细胞释放的一种蛋白质能诱发同 5 - HT 受体结合的抗体；还有一种理论认为抗特异型抗体是 5 - HT 选择性的受体。

（二）心理社会机制

1. 疾病对患者的影响

躯体疾病常伴有疼痛和社会地位的丧失。不能从事日常活动，患者必须面对能力的降低。如果住院，必须面对一个新的且有潜在威胁的环境，也可能有严重的经济压力、残疾甚至生命威胁。

当患者有前途丧失感时，可能经历了类似于失去亲人后的悲伤状态；而且将经历否认、抗争、愤怒、讨价还价、最终接受的过程。有 1/3 的患者有抑郁障碍。在没有复杂化的悲伤中，患者可能描述一种失落感而不是患抑郁障碍。

2. 社会支持

社会支持低也许是抑郁障碍的决定因素，并且由于躯体疾病增加了个体对支持的需要，缺少这些支持能导致抑郁障碍。足够的社会支持能够通过部分缓解压力而减少个体发展成抑郁障碍的可能性。

个体对社会支持的需要差异很大，人格因素在很大程度上影响了这些需要。患者认为亲人或医护人员能够给予其支持帮助是非常重要的，无论这些人实际为其提供支持、帮助的程度如何。

二、心血管病患者的心理问题

抑郁障碍和心血管疾病在很多方面相互联系，两者的共患率很高。因为抑郁症患者患缺血性心脏病、高血压的概率明显增加，反之亦然。

心梗后的患者中 16% ~ 22% 出现重性抑郁障碍。在患有新诊断的冠状动脉疾病的患者中，在冠状动脉造影期间，17% 患重性抑郁障碍；在做过冠脉旁路搭桥术及心脏移植手术的患者中，有 40% ~ 50% 患者术前或术后出现焦虑和抑郁症状。另外，抑郁症患者在以后的 12 个月发生心梗及死亡的可能性是非抑郁症的患者的 2 倍。心境障碍明显增加了心梗患者短期及长期的死亡率。

（一）引起抑郁的心血管药物

1. 抗高血压药

包括β-受体阻滞剂、ACE抑制剂、钙离子通道阻滞剂、利尿剂以及其他药物。

（1）β-受体阻滞剂：如阿替洛尔和普苯洛尔亲水性，不能像亲脂类药物如普萘洛尔那样迅速通过血脑屏障，因此不太可能引起抑郁症状。尽管合并使用抗抑郁剂通常是安全的，但由于共同竞争肾上腺素受体，三环类抗抑郁药能减弱β-受体阻滞剂的降压效应。

（2）钙离子通道阻滞剂：抑郁症状可以是这些药物的不良反应。近来的荟萃分析发现使用钙离子通道阻滞剂与增加自杀的危险有关。

（3）ACE抑制剂：也有诱发抑郁症状的不良反应。

（4）利尿药物：可引起电解质紊乱，可产生类似于抑郁障碍的表现，尤其在老年人中。

2. 降胆固醇的药物

已有研究表明在使用普伐他汀和考来烯胺期间已观察到抑郁症状。这可能是由于低血清胆固醇可导致脑膜脂质黏性降低，导致了表面5-HT受体暴露的降低。

3. 抗心律失常药物

把洋地黄引入到医疗实践中去的William Withering，最早描述了这种药物同抑郁障碍的联系。使用地高辛时经常看到有谵妄、盲点、视幻觉、抑郁心境、乏力、激越、失眠和梦魇等。使用其他抗心律失常药，如利多卡因、普鲁卡因胺和奎尼丁，产生的抑郁反应很罕见的；但是利多卡因和奎尼丁经常引起焦虑和激越。

（二）心血管患者抑郁障碍的药物治疗

1. SSRIs

SSRIs和吗氯贝胺是治疗心脏病患者的抑郁障碍的一线治疗药物。

SSRIs 和可逆性 MAOI（吗氯贝胺）几乎没有心血管不良反应，可以安全地使用。在心血管疾病治疗中，加用 SSRI 不仅可显著改善抑郁和焦虑症状，也可改善心功能；后者反映在左室射血分数增加以及蹬车试验中运动能力的提高。SSRI 治疗也可减少抑郁症患者出现血栓的可能性。

2. 其他抗抑郁药物

非典型抗抑郁剂，布普品和米安舍林以及多塞平，并不减慢心脏传导，因此，可用于伴发抑郁障碍的心脏病患者。曲唑酮（又名：美舒郁，英文名：trazodone）不减慢心脏传导速度，但可引起体位性低血压，值得注意。

三、呼吸系统疾病中的心理问题

呼吸的频率、深度和节律可因情绪而变化。临床上有些疾病如过度换气综合征、哮喘以及慢性阻塞性肺疾病（chronic obstructive pulmonary diseases，COPD）的缺氧后果及氧疗的顺从性等方面均与心理有关。

（一）过度换气综合征

过度换气综合征（hyperventilation syndrome）表现为反复发作的意识丧失，但无癫痫、发作性睡病的证据。这种病只要让患者快速呼吸 2~3 分钟就可诱发出来，患者先感眩晕，然后昏厥或感头昏，产生脱离现实的情感；耳鸣、眼花、肢体刺痛或麻木、肌肉僵硬、手足痉挛；有时口干舌燥。可以在任何时候、任何地方发作，持续时间长短不一。

（二）支气管哮喘患者的心理问题

本病原因复杂且因人而异。现在已发现有许多不同的触发因素，除变态反应、感染、生化因素之外，心理社会因素也被认为起着始动作用。支气管哮喘发病的关键是支气管平滑肌的高反应性，一般认为，情绪因素是通过自主神经系统（迷走神经）而引起哮喘的。

早年曾对哮喘患者的心理特征做过不少研究，近年来，对这方面有一些指导性观点：①支气管哮喘没有单纯的或统一的人格类型；②许多哮喘患者（约占1/2）有强烈的乞求他人（特别是母亲及其替代者）保护的潜意识的愿望，这种愿望使患者对与母体分离特别敏感；③特殊的乞求愿望是由母亲对哮喘儿童的态度所引起。

1. 入院时心理问题

患者刚入院，病情较重，端坐呼吸，大汗淋漓，情绪紧张；心情烦躁不安。在进行治疗的同时，要关心体贴患者，态度和蔼，动作轻柔，操作熟练，尽量减轻患者思想负担。患者刚住院，顾虑重重，担心治疗效果不佳，惧怕操作检查，加之环境不熟，进一步引起精神紧张和不安，此时我们应细心观察，逐个解释，解除他们的思想顾虑，协助患者了解病房环境，当哮喘状态有所缓解时，要询问患者发作的原因，帮助他们解除不愉快的心理因素。

2. 住院期间心理问题

此类患者一般住院时间较长，当哮喘症状不能很快缓解时，患者往往对治疗失去信心，情绪低沉。再者，患者根据自己的经验，每当哮喘发作前先是精神紧张，然后是怕发病，这样往往造成发病。所以，很多患者每到夜间或中午出现哮喘发作。有些患者由于住院日久，了解了一些药物的作用及不良反应，而不能按时服药。对由于精神因素引起哮喘发作的患者，应帮助他们转移注意力，与他们谈心。

3. 出院时心理问题

我们应重视对患者出院后的宣教工作，指导患者养成合理的生活习惯，减少发作次数。①避免接触致敏原，如花粉、尘土、大蒜、牛奶、鱼虾等。尤其对已知的引起哮喘的药物及食物应避免接触。②加强锻炼，在病情许可的情况下，适当活动，到空气新鲜的环境去做操，参加一些自发组织的集体活动等。③生活要有规律，按时睡觉起床，不吸烟、不酗酒。

（三）肺心病的心理问题

1. 肺心病患者的心理特点

（1）由于疾病迁延不愈、反复发作，使患者产生恐惧、疑虑、烦恼等种种心理反应。产生的原因主要来自本身疾病。

（2）多疑和敏感：一种是不相信自己患的病，另一种则认为自己的病情比医生说得更严重，此心理多在发作缓解后出现，别人在低声说话，自认为是在议论自己或隐瞒自己的病情等。

（3）行为退化或角色过度：即依赖心理增强，老年患者较明显，往往由于病情危重患者完全处于被动状态，缺乏主见和信心，要求更多的关心和同情，并且事事都依赖别人去做。

（4）疑老心理：该病多发于中老年人，他们认为此时患病是否意味着衰老，疑老实质上是怕老，是心理上的衰老表现。

（5）患者角色减退或缺如：对疾病满不在乎即自恃心理。在急性发作过后往往急于活动，不听从指导，擅自增加活动量。

2. 心理护理

（1）建立良好的护患关系，深入心理沟通。良好的护患关系本身就具有治疗意义。多与患者交谈，了解其心理状态，以优良的态度、娴熟的技术赢得患者的信赖，使他们主动地配合治疗。

（2）对患者要高度负责，处处为其着想，如遇紧急情况要沉着、冷静，丝毫不能流露出不利于病情的言语和表情。

（3）依赖心理增强的患者，急需得到亲人照料与医护人员的关怀，然而亲人照料只能在患者心理上起一定的安慰作用，而医护人员的关怀同情却可减轻痛苦。

（4）对有自恃心理的患者，应加强健康教育，提高他们对疾病的认识。

（5）发现行为减退或角色过度时，则恰当地向其介绍病情，鼓励其循序渐进地活动，并讲明不活动的危害。

四、消化系统疾病中的心理问题

早在19世纪初 Beaumont 观察了胃瘘的患者的胃功能对心身的影响；以后，用动物实验模型来研究，发现心理应激（如束缚、食物剥夺或温度）可引起胃黏膜糜烂。Engel（1967）指出，情绪变化伴有胃肠道功能的改变，愤怒及愉快的激动可引起胃黏膜充血、胃肠运动增强、胃液分泌增多；抑郁性退缩情绪可使胃运动及分泌减弱。

（一）溃疡病的心理学研究

心理生理学研究的趋势主要是两个方面：一是把生理学研究与心理分

析理论结合起来；二是从多因素发病的理论出发，把心理社会因素与生物遗传因素结合起来。

研究发现，血清胃蛋白酶原水平高者易患消化性溃疡，他们假设，这种高胃蛋白酶原分泌是一种遗传特质。这一特质引起较高的口唇驱动。特别体现在早期母婴关系上，此种婴儿有强烈的口唇要求，而母亲难以满足，这种需求不能满足的挫折最终导致胃酸及胃蛋白酶原分泌增加而致溃疡。

生活事件也是发病因素之一，据报道，第二次世界大战伦敦受空袭期间，溃疡穿孔发生率增加。Cobb 及 Rose（1973）发现空中交通管理员比二级飞行员的溃疡发生高 2 倍。Rose 等（1978）在 5 年以上的前瞻性应激与疾病的研究中发现空中交通管理员的溃疡发生率比大批人群高 2~3 倍。复查表明，溃疡病患者大都不能表达自己的敌对情绪，表现顺从，希望讨上级欢喜等。

（二）心理社会因素与消化性溃疡

早期研究发现，初诊为消化道溃疡或复发的患者中，分别有 84% 和 80% 在症状发作前一周内有严重生活事件刺激；而健康人在相同时间内仅 20% 有严重生活事件。国外用艾森克人格问卷（EPQ）作严格配对研究表明，胃溃疡病患者更多具有内向（E 分低）及神经质（N 分高）的特点。表现为孤僻、好静、遇事过分思虑、事无巨细、苛求井井有条、情绪易波动和仇怒。

（三）功能性肠道疾病的心理问题

胃肠功能性障碍约占胃肠道门诊首发患者的 40%，在初级保健咨询的患者中，也占了重要比例。功能性肠道疾病同惊恐障碍间的相互关系推动了这个领域的研究。

功能性障碍的患者常有许多躯体症状，因此，可能被误诊为精神病性障碍。患有肠激惹综合征（IBS）的患者在疾病行为问卷中有异常表现，尤其是疑病和疾病信念的量表中。这些异常得分可部分通过患有抑郁障碍患者的亚群来解释。与确实有器质性胃肠道疾病的患者相比，有抑郁障碍的患者更加担心他们的疾病、更加确信有器质性病因、更多地从躯体角度

（而不是心理角度）看待疾病。

1. 功能性胃肠道疾病与精神症状的关系

功能性胃肠道疾病中的抑郁障碍患病率是器质性胃肠道疾病的 3~4 倍之多。因此，抑郁症状不能简单被认为是对胃肠症状不适的反应。Craig（1989）发现，在功能性胃肠道疾病患者中，49% 有精神障碍；此外，这些患者中的 24% 先出现精神症状，25% 的患者精神症状与功能性胃肠道疾病症状同时出现。Lyness（1993）等发现，在 IBS 症状出现前，IBS 患者中的 43% 出现精神症状，另外，有 34% 的 IBS 症状和精神症状同时出现。其共同点如下：

（1）过去抑郁障碍的发作：患非器质性胃肠道疾病的患者比器质性胃肠疾病患者更可能报告有过抑郁障碍的治疗。

（2）促发的生活事件：2/3 的 IBS 患者体验到严重的社会压力，如失去亲人、离婚、导致家庭关系破裂的激烈争执，这些正好出现于胃肠道异常症状之前。这种 IBS 发作前的社会应激模式与已知有促发应激所致的在先的抑郁障碍和故意自伤者有明显的相似性。

（3）童年经历：非器质性胃肠道疾病患者与器质性胃肠道疾病患者有明显的不同；前者在年轻时与父母分离的更多，并且更可能有不幸的童年。Creed（1985）发现，与阑尾炎患者相比，那些在阑尾手术中被切除的是正常阑尾的人更可能有精神病家庭史及与父母关系相处困难。

（4）虐待：与器质性疾病相比，功能性胃肠障碍的妇女更多地报告有性虐待及躯体虐待。Talley（1994）等在一篇社区研究中报道，患有 IBS 或功能性消化不良的患者，性虐待的比率是健康人的 2 倍。

2. 处理

心理治疗的研究表明，焦虑和抑郁症状的减轻与胃肠道症状的改善密切相关。

Owens 等（1995）评估了因功能性胃肠功能障碍首次来诊时医患相互关系的质量，发现当医生记下他们的心理社会史、说出导致求医的促发因素，并讨论他们疾病的细节时，患者很少再次看医生。

Lydiard 等（1986）和 Noyes 等（1990）提示，当患者接受抗抑郁剂治疗时，随着焦虑的减轻，胃肠道症状也有明显改善。Greenbaum 等

(1987) 发现，抑郁症状的减少可伴随腹泻症状的减轻。

（四）内窥镜检查中的心理问题

内窥镜检查作为一种先进的诊断技术，种类越来越多，应用越来越广，但对患者来说，则既有躯体上的不适和痛楚，又有心理上的紧张和恐惧，且以后者为主。有时可因患者的合作程度而影响诊断效果。

对患者进行术前教育，可减轻对内窥镜检查的应激，有助于操作的成功。事前测定患者的应对机制并采取相应措施，配合全身肌肉放松可使操作顺利进行。梁宝勇及洪炜（1983）对做胃镜检查的患者进行术前的疑虑解释与直觉教育，并辅以自我放松的训练，以心率、痛表现（恶心呕吐、肢体动、呻吟次数和流泪、皱眉程度）以及术后调查为指标进行分析，结果表明，内窥镜检查前患者的心理（行为）准备对于转变患者的紧张、恐惧心理，预防或减轻检查时的痛苦及不适症状是一项必要且有效的措施。

五、内分泌及代谢疾病中的心理问题

（一）糖尿病的心理问题

糖尿病是最常见的内分泌疾病，一般人群中患病率为1%~2%。糖尿病中患抑郁障碍的患病率为9%~27%。要注意患有糖尿病和抑郁障碍的患者很少能依从糖尿病正规治疗。

糖尿病受情绪影响并与灾难性环境变化有关虽早有记载，但由于没有以流行病学的方法进行研究，所以尚缺乏可信的循证医学证据。Dunbar（1933）研究糖尿病患者的人格特质，提出了被动、依赖、幼稚、性适应不良、动摇、受虐狂等因素。但这些人格特质与其他慢性病患者相仿，缺少特异性。蔡雄鑫等（1986）用艾森克人格问卷（EPQ）测定患者个性特征，结果表明，糖尿病组与甲亢组的N分均高于正常对照组，E分均低于正常对照组；但糖尿病与甲亢两组无组间差异。因此以上所述的人格特质可能是：①因患病而使个性固定；②随病情发展而倒退到早年的个性（Kimpell，1981），但多数人认为糖尿病并无特异的人格因素。

当治疗糖尿病患者的抑郁症状时，临床医生应当记住去甲肾上腺素能抗抑郁剂（如文拉法新）能增加对胰岛素的阻抗而使糖尿病恶化，注意尽量避免。而 SSRIs 能减少对胰岛素的抵抗性而有利于糖尿病的控制，这是需要及时调整降糖药的用量，以免出现低血糖反应。

（二）库欣综合征患者的心理障碍

库欣综合征的精神改变常先于躯体症状而出现，86% 的患者有明显的易激惹特征。行为症状与过量糖皮质激素有关。为此，库欣综合征易被误诊为难治性抑郁。内源性皮质醇增多者中 40%～50% 有精神障碍，最常见的是抑郁，自杀危险性很大；有时短期发作以激动、急性焦虑及情绪多变为特征，有 15%～25% 伴有妄想及幻觉。

外源性皮质类固醇输入的患者也常有心理状态的改变，75% 有欣快感并常伴有食欲旺盛及性欲的增强；而抑郁少见，如有则严重。

内源性及外源性皮质醇过量的精神障碍不同，因为外源性皮质醇可抑制 ACTH 的释放，而用 ACTH 做治疗时，严重的抑郁较为常见。

（三）阿狄森病的心理问题

像库欣综合征一样，抑郁症状可先于阿狄森病的症状出现。抑郁障碍的发病与促肾上腺皮质激素释放激素（CRF）和促肾上腺皮质激素（ACTH）分泌增加以及由于糖皮质激素缺乏诱发的神经递质不平衡有关。在轻、中度病例中，类固醇替代治疗可迅速改善症状，对于更严重的病例适合用电惊厥治疗。

（四）甲状腺功能亢进的心理障碍

甲状腺功能亢进（甲亢）的患者几乎都伴有精神变化，表现为紧张、易激动、情绪易变；尽管体力上感到疲劳，但仍想去干点事情；注意力集中的时间不长，有近事记忆损害。严重甲亢者可呈现精神症状、谵妄、昏迷甚至死亡。少部分患者，特别是老年人患慢性甲亢者，常表现为抑郁、淡漠和厌食。

关于甲亢患者的个性因素，以下两点值得注意：

（1）该病是由急性情绪状态或打击所引起的，有时甚至可以在一次极度的惊恐或重大精神创伤后几小时内发生。

(2)患者发病前人格特征是过分地承担责任，敢于牺牲自己利益。希望与需要遭到抑制后常伴有过分夸张的怕死和怕损伤。在丧亲与严重恐惧下特别脆弱。和其他心身疾病一样，这些人格特征在易感性、病因、发病机制等环节中的意义还不十分清楚。有人认为，这种病前人格特质像自身免疫机制一样，可能以某种途径与甲状腺组织的易损性相关。急性情绪应激作为一种非特异性促进因素，可激活遗传的或体质上的易感倾向，其途径可能是影响免疫系统，进而引起腺体的功能障碍。

(五) 甲状腺机能低下的心理问题

成年发病的甲状腺机能低下，相当一部分有精神障碍症状，而且，常先于躯体症状出现。抑郁障碍也可继发于甲状腺切除术后的甲状腺功能低下、甲状腺炎和锂盐治疗后（尽管一旦停用锂后可逆转）。相反，约10%的抑郁患者有一定程度的甲状腺素低下。

与甲状腺功能低下相关的抑郁症状可能对甲状腺替代治疗无反应，常需要抗抑郁剂治疗。对难治性抑郁障碍，包括双相障碍、甲状腺素和三碘甲状腺素可以辅助抗抑郁剂治疗。这些药物应从低剂量开始，缓慢加量，以避免产生心血管问题或器质性精神病。

第四节 外科患者的心理问题

一、手术患者的心理问题

手术对于患者是一种严重的心理应激，它通过心理上的恐惧和生理上的创伤直接影响患者的心理活动，并由此对手术后的康复产生影响，甚至决定手术的成败。

产生顾虑的原因常是对手术的不了解、对手术效果的怀疑、对医生的选择、怕手术中疼痛以及其他家庭、社会、人际关系中的问题。

术前情绪状态与手术后适应相关。术前畏惧水平中等者，其术后适应较好。因为中等畏惧反映了对现实情境的平衡，而且伴有一种在危险与保证之间的适应分辨能力。术前不表现畏惧者,大概是缺乏应对的思想准备,术后反而表现适应不良。过度畏惧者则由于应对过分而烦恼。术前畏惧中约62%的患者怕麻醉,15%怕开刀,23%有"其他恐惧",主要是怕"癌"或怕丧失控制。约有55%的患者怕丧失独立性(如本来可由自己做的事要他人帮忙)。手术患者在入院前、入院时、手术时及手术后都可体验到高水平的焦虑,并不仅限于手术前不久的一段时间。在手术当天早晨焦虑达到最大水平的只是少数。

二、心脏外科手术患者的心理问题

(一) 心脏直视手术患者的心理反应

根据开始的适应与手术有关的焦虑将这类患者分为4种类型:

(1) 适应型:患者在入院前及手术的一般功能水平均被评定为完整。认为手术对自己疾病有益,是必要的。对手术有中等度焦虑。但防卫反应足够而有效。

(2) 共生型(symbiotic type):患者已适应病患状态。可以与疾病"共生"地活下去。患者在过去生活中领带父母或配偶,对父母有依恋之情。亲人丧亡常成为发病原因。

(3) 否认焦虑型:此类患者能持久而完善地应对各种生活刺激,否认和缩小自己的症状;生活丰富多彩;希望通过手术使病情缓解。但否认对手术有焦虑,这类患者敏感、多疑、难与人相处。

(4) 抑郁型:因既往经历不同,应对能力也各异。术前多呈抑郁,多数否认焦虑。对手术期望各异,有不少是悲观的。

四型中抑郁型的术后死亡率最高;共生型及否认焦虑型的术后并发症较高;适应型可获得最大改善。

1. 早期

手术后到第5~7天,相当于在重症监护病房(ICU)期间,有4类反应:①不明显反应:患者有明显不适、不作否认、配合治疗、争取别人帮助。②灾难性反应:术后患者躺着不动、无表情、双目紧闭、睁开时也只是凝视、被动合作、懒于交谈、患者处于高度警戒状态,可持续4~6天而突然停止。③欣快：在术后 24 小时内表现欢快、活跃、敏感、似乎手术"没有问题"，并发症少，希望早日撤去输液管及装置。术后 3~4 天就要求回普通病房（常规需 5~7 天）。④意识状态改变：术后长期谵妄可持续数天到数周，逐步改善。

2. 中期

离开 ICU 后，可分为 3 个时相：①从下地活动开始，体验到极大的焦虑和恐怖；早期反应不同的患者适应也不同。②第二时相为抑郁，对医务人员不大理睬，几天后突然转变。在此期间可能产生肺梗死、心律失常等并发症。③第三时相，部分患者有重大焦虑。

3. 后期

术后 3~15 个月，是再适应与康复过程，是从过去趋向现实的过渡时期。

另外，用数字广度测验（倒背、顺背的总和）发现在心脏直视手术后，患者有轻微的脑功能障碍，这可能与全麻有关。

（二）冠状动脉搭桥术患者的心理

冠状动脉搭桥的"血管再通"产生的效益应包括患者的自我知觉及态度和社会心理影响，而不仅仅是医学因素。

对术后 6 个月患者的综合评估表明：焦虑、抑郁、疲劳及睡眠障碍减少而健康情况改善。

研究表明：这类患者体验到自我知觉的改变；不同阶段的自我知觉不同；不同个性的患者是以不同方式来体验自我知觉的改变。

（三）埋藏起搏器对患者的心理影响

植入的起搏器可以作为应激源而引起患者产生内分泌及心理反应。虽然埋藏起搏器只是一种在局麻下进行的小手术，但是患者的皮质醇明显增高，而这种增高要在手术后几天才降低。儿茶酚胺也有类似变化，据此推论这种激素和化学递质的变化是由心理应激所引起的。所以，有人采用结构性或非结构患者教育程序来减轻患者的焦虑和困扰，这种程序是向患者提供信息以增强在威胁事件作用期间对预期遭受到的躯体感觉进行调和。

对埋藏起搏器前、后，患者的内分泌和心理反应进行对比的结果表明：①经静脉的永久性埋藏起搏器是一种应激源；②患者的心情如焦虑及情感状态与内分泌反应呈弱相关，提示这种应激反应中生理成分大于心理成分；③结构性教育程序虽可明显改善治疗组对起搏器的性能的了解，但并未对患者的应激性内分泌反应及心理反应产生影响。

三、肾移植及血液透析患者的心理问题

肾移植和血液透析作为一种治疗肾衰的手段，挽救了不少肾功能不全患者的生命。但是，依靠器械或移植脏器来维持生命也给患者带来心理上的问题。

（一）透析患者的心理

1. 心理表现

（1）矛盾心理：健康与疾病的矛盾，生存与死亡的矛盾是透析患者面临的现实。不透析对患者来说意味着死亡；有透析机器就可以像正常人一样生活。

（2）人格解体：由于对人工肾的依赖，有的患者觉得自己是一个支离破碎的机体；有的患者无意识地认为自己已经机器化，成为人工肾的一部分；或者将机器人格化为自身的一部分。

（3）抑郁：抑郁是透析患者最常见的心理反应。透析患者的自杀率为年龄、性别相同的非透析人群的5~20倍。心理测验发现，透析患者的抑郁症评分与精神病患者相似。患者的抑郁是"丧失"的后果。如肾功能丧失、家庭稳定丧失、经济保障及生命安全感受到威胁，表现为自暴自弃、不遵医嘱、不按规定食谱进餐，一旦出现患者拒绝透析，往往就是自杀的先兆，应积极进行抗抑郁治疗。

2. 心理适应过程

透析及肾移植前患者的心理表现有3种类型：过高要求；自命不凡；猜疑。患者对透析的适应过程是逐渐的：

（1）第一期：患者处于严重中毒状态，表现为疲劳、淡漠、注意力不集中、抑郁及情绪不稳定，这是由于尿毒症的各种代谢紊乱所引起。

(2) 第二期：第一次透析后发生，可持续1~3周。在此期间，由于血液尿素氮降低，电解质紊乱的改善而达到生理平衡。精神方面，淡漠减轻，健康感觉增强，有时呈欣快状态。随着患者察觉到这是透析所致并逐渐调整其社会活动时，此期即告终止，在此期间可有暂时焦虑发作。

(3) 第三期：患者对透析的迷恋消失。约在第3周到第3个月期间发生。患者躯体衰弱，常有焦虑、抑郁，对机器依赖及对人（医生）依赖。体验到与透析有关的呕吐发作与头痛。意识方面有明显而迅速的改变，即患者从相对冷漠转变为高度警惕，这是电解质紊乱纠正所致，脑电图也转为正常。这种改变易被忽视。

(4) 第四期：发生于第3~6个月。部分患者出现适应，多数患者有性功能障碍。因为他们常把尿路与生殖系统的功能相混淆。

(二) 肾移植患者的心理

肾移植患者的不良心理反应率约为1/3，主要是焦虑与抑郁，严重的也可出现自杀。甚至在术后一年，社会心理适应不良者仍可达20%以上，若移植肾的供体是活着的亲属时，不良反应率高，有的报道可达57%；而供体为死者时，不良反应率约31%。这种现象值得进一步研究。

1. 器官移植的心理反应

主要是对植入的心理排斥和心理同化。

(1) 心理排斥：多见于术后初期，患者对移植器官有"异物"感，从主观上的机能不协调感觉到为生命担忧而恐惧不安；有时排斥心理来源于人际关系矛盾；即供体与受体个人间的矛盾。曾报道一例肾移植后情况良好的患者，在3个月后突然获悉移植肾来自其平时深恶痛绝的亲属，自此患者陷入很深的抑郁，随之肾功能不佳，肾衰竭而死。有的患者对移植肾有厌恶感或有自罪感（靠别人的器官生存）。临床观察表明，心理排斥与生物排斥有关。但心理生理中介机制不明，从现代观点来看，可能是通过心理免疫系统来实现的。

(2) 心理同化：患者喜欢打听供体的情况，甚至在康复后仍想方设法详细了解，并因之发生心理的改变。如移植男性肾的女患者有男性化，移植女性肾的男患者有女性化表现。曾报道一例豪放爽朗、不拘小节的男青年，因车祸两侧肾切除后，移植了一位女性文科大学生的肾脏。患者得知后，在日常生活中，时时处处以文科女大学生的要求约束自己，变得温文尔雅，彬彬有礼，与移植前判若两人。

2. 心理反应的原因

影响肾移植患者精神症状的因素归为3类：①直接起因是由排斥反应与病前性格相结合所致；②躯体因素是由透析、尿毒症和药物所致；③心理因素包括供体的选择，ICU的管理以及对移植肾的心理相容过程。

第五节 神经科患者的心理问题

一、脑卒中患者的心理问题

脑卒中后重型抑郁的发病率大约是26%，轻型抑郁为24%，6个月时随访，比例分别升到34%和26%，未经治疗的抑郁症状可持续半年。

(一) 脑血栓患者的心理特点

患脑血栓对任何人都是一种很强的心理压力，特别是老年人机体的各种功能减退，瘫痪、失语、意识和智力障碍等会产生一定的心理反应，对疾病恢复带来不利的影响。

患者急性期过后需较长的恢复阶段，患者表现为烦躁多虑，沉默不语，对自己的病不能正确对待，忍受不了如此沉重的打击和偏瘫带来的痛苦。因而产生焦虑、抑郁的心理和悲观厌世情绪。

(二) 孤独寂寞恐惧心理的处理

老年患者最大的特点是害怕寂寞与孤独，患脑血栓病后更加明显，部分患者的家属忽视患脑血栓后老年人特殊的心理需要，甚至有遗弃老人的不负责任和不道德行为，这更加重了患者寂寞与孤独感。

医务人员应该多和老年患者攀谈，耐心倾听患者的心声，尽量帮助患者摆脱孤独的境地,解决脑卒中患者的种种生活需要,用真挚的同情心和高度的责任感主动帮助患者解决困难。了解患者在想什么以满足其心理需要,不能冷淡或故意疏远,以高尚的职业道德情,同情关心体贴患者,增加他们对治疗的信任和支持。

(三) 失语及肢体运动障碍患者的心理问题

患者由于失语不能通过正常的语言交流,以至于情绪极度低落,又因肢体活动障碍,生活难以自理,患者心理压力很大,对治疗丧失了信心。医务人员应细心观察,掌握患者的心理活动特点,学会看患者的手势来代替语言的表达,通过了解患者的面部表情,举止行为,了解患者的内心活动,善于运用辅助语言交际工具发挥语言的作用,调动患者战胜疾病的信心,以最佳的心理状态接受治疗。

(四) 以良好的道德品质自身修养,促进患者心身健康

对于老年患者,不管他们的社会地位、经济条件、文化修养都一视同仁,诚恳相待,尊重人格,争取做到不是亲人,胜似亲人,千方百计为他们排忧解难。

医务人员要以晚辈尊重长辈的态度取得患者信任,并通过良好的语言和行为去影响患者,使患者自觉配合治疗方案,化担心、疑心为舒心、安心。

二、瘫痪患者的心理问题

(一) 心理适应

瘫痪患者一般都要经过痛苦期、达观期、悲观期或奋发期。

1. 痛苦期

患者突然由健康变为瘫痪,预想不到,不知所措。表现为激动,痛哭,不思茶饭,甚或有轻生的念头;情感脆弱,激惹性高;有的受挫折后,有攻击对抗行为,如拒绝治疗护理、拒绝见人、破坏物品等。

在治疗中要做到几点:

(1) 对患者行为(除外危险与破坏性行为)要理解。因瘫痪的突然

性、严重性及潜在的持久性而带来的心理负荷，此期过多的安慰鼓励，过亲的体贴关怀，会反遭患者拒绝与反感，只会加重其痛苦而不会立即减轻。绝不能强行制止患者感情的自然发展，先任其发泄与表现，然后，适时适度地劝说与安慰。不宜让过多的人接触患者，你来我往，频频游说，单调语言会令患者心烦。除接触患者的护士外，其他人应行若无事，若将患者当特殊人物看待，反易遭误会。

（2）具体关照患者是此期的首要任务。患者的痛苦首先是精神上，但随之而来的是肉体上的痛苦以及随后的肉体—精神交错的痛苦，如排泄、沐浴、性生活等痛苦，每时每刻都会引起精神痛苦。要从帮助患者的日常生活的困难着手，关怀与体贴患者，解除或减轻其精神痛苦。

2. 达观期

经过一阶段后，患者也知道瘫痪已成定局。对个人的一切安排也已有所准备与打算，生活上也逐渐有所适应。心理上也有了消极的适应，认为是好是坏皆如此，无可奈何。表现情感较为淡漠、消沉，强压内心苦痛，时而高兴，时而不乐；意志较为薄弱，遇事欲做不能；易受暗示性，久病乱求医。

（1）应加强"暗示"的心理引导：此期患者的基本心理活动仍是消极的，只是作了某些掩饰，有很大的可塑性，或向积极转化，或向消极转化。因此，通过暗示来引导心理状况的转化。有计划地同患者谈话，接受他们的要求，理解他们的苦衷，引导他们的发泄，了解他们的困难，借助语言的直接暗示来解除其思想苦闷，安抚其思想痛创。有步骤地安排患者的户外活动，接触阳光、花草树木，以转移其注意，激励其对生活的向往。有意识提供有积极意义的文艺作品给患者阅读，从美的形象中得以启发，从英雄形象中求得学习的目标。

（2）有组织地解决好患者与周围人之间的关系：消除某种歧视与情感的疏远，解决朋友之间的矛盾，消除夫妻之间的误解与隔阂，动员其亲友给予他热情与温暖，通过组织给予解决生活问题。

3. 悲观期或奋发期

达观期的转化所向取决于患者康复情况、文化素养、意志特征、人际关系与医护人员的态度等。

(1) 悲观期：表现自悲、自卑、焦虑、神经质、甚至产生轻生自杀的念头。对这类患者要特别注意，一方面要经常激励与安慰，促进其心理转化，另一方面要严密观察，发现苗头，防止意外事故发生。帮助教育患者正确对待残疾等。

(2) 奋发期：表现有坚定顽强的信念，有强烈的生活欲望，有战胜残疾的信心，不仅能积极地适应残疾生活，而且以坚韧不拔的毅力贡献于社会（如写作、翻译、绘画等）。对这类患者主要应从照料其生活与帮助解决困难着手，当然，积极鼓励与支持仍是基本的做法。患者心理活动是会反复的，患者会触景生情，触发其苦衷，重又产生悲观之念，因此，言行要小心谨慎，要细致观察，防微杜渐，做好心理保护。

(二) 自卑心理

在瘫痪等残疾患者中这种心理是最基本的，时而隐匿时而又会暴露。应了解患者的心理基调，掌握演化规律，在日常工作中处理人际关系上应保护患者的心理免受挫伤，要设法消除伤害患者的各种因素，如讥笑、讽刺、打击、蔑视等。要经常同患者保持接触，以便了解到患者的情绪反应，主动地进行激励与疏导。

(三) 挫折心理

瘫痪患者的挫折心理表现为攻击型的并不少见，尤其是战伤、工伤、事故创伤的患者更为严重。表现为易发怒、暴躁，常常有对立的行为，不论对待医护人员、亲友、病友及其他人都是如此，常可因小事而激动，难以自控。这时要有耐心，体恤其病痛，谅解其过激，并适当作劝说或解释，绝不可同患者争执甚至吵闹。在患者尚未平静时，"被攻击"对象不宜直接对患者进行医疗与护理，因为此时操作稍有不慎，易激惹患者，有时患者也会无故寻衅，纠缠医护人员，因此，回避是十分必要的缓和措施。

三、慢性疼痛患者的心理特点

疼痛是老年人最常见的症状之一。长期持续的疼痛与抑郁障碍有关，抑郁障碍也可以表现为疼痛。慢性疼痛的患者常确信他们的疼痛的起源是器质性的，而否认任何心理问题，不情愿考虑非躯体的原因或治疗。

伴有与不伴有慢性抑郁障碍的慢性疼痛患者比较研究提示，尽管这两个群体有相同的人口统计学特点、疼痛相关和治疗反应的变量；但两者治疗反应的预测因子不同。患腰背痛和抑郁障碍的患者较之无抑郁的疼痛患者有更多的认知错误。

药物治疗疼痛和抑郁症状疗效好，说明慢性疼痛的患者可能有潜在的抑郁障碍。抗抑郁剂可有效地治疗这些患者，常有效地减少疼痛、恢复正常睡眠，减少烦躁不安和乏力，使患者在康复中活力再现。

抗抑郁剂对抑郁症状、焦虑、恐惧和失眠都有效，或使疼痛或抑郁症状减少，或大大提高其应付的能力。三环类药物阿米替林，既能作为抗抑郁剂也可作止痛药。抗炎止痛药乙酰水杨酸（阿司匹林）可增加三环及四环类抗抑郁剂的血浆浓度；相反，在服用三环类抗抑郁药或有抗胆碱能副作用的抗抑郁剂时，解热镇痛药的吸收延迟。因此，解热镇痛药的剂量需要调整。

咨询、认知和支持性治疗也可治疗这些疾病，但通常不推荐使用动力性和精神分析的疗法。如果各种方法减轻患者疼痛无效，有必要帮助患者来应付疼痛。

四、痴呆患者的心理特点

1. 焦虑

痴呆患者易出现失落和不安全感，症状有坐立不安、反复挑选衣服、不停地搓手、到处吼叫或来回走动、甚至拒绝进食与治疗等。

对策：给患者足够的照顾，保证居室安静，安排有趣的活动，放轻松的音乐。

2. 抑郁

具体表现为呆滞、退缩、食欲减退、心烦、睡眠障碍、疲倦等。

对策：耐心倾听患者的叙述，不强迫患者做不情愿的事，鼓励参加运动，散步为宜。

3. 激越

情感不稳定，常为小事发火，逃避、顽固、不合作。

对策：分析产生激越的具体原因，安慰患者，避免刺激性语言，鼓励规律性的锻炼，以达到放松的目的。

4. 欣快

常表现出满足感，易怀旧，自得其乐，话语增多，面部表情给人以幼稚、愚蠢的感觉。

对策：尊重患者，增加活动，如下棋、读报、打太极拳等。

5. 淡漠

表现为退缩、孤独、回避与人交往，对环境缺乏兴趣。

对策：增加照明度，室内摆放患者喜欢的物品，如日历、时钟、照片、收音机等，向患者说一些关爱的语言，建立信赖的关系，鼓励患者所做的事情。

第六节　眼科患者的心身问题

眼睛是人体中最敏感的器官之一，人体接受的信息有 80% 以上是通过视觉获得的。随着心身医学的发展，人们对眼科疾病中的心理社会因素有了新的认识，眼科心身疾病及眼病后的心理问题的重要性正在被广大眼科工作者所接受和重视；在眼病的治疗上，越来越多的眼科工作者开始采用各种各样的心理治疗方法以提高临床疗效。

目前可列入心身性眼病的有：原发性青光眼；睑痉挛；边缘性角膜溃疡；心身性溢泪症；眼部异物感；飞蚊症；眼疲劳；中心性视网膜脉络膜炎；癔病性视力障碍；交感性眼炎；高眼压症；精神性大小变视症；高血压性视网膜病变等。甚至频发睑腺炎患者也与引起心境不愉快的生活事件有关。现将有关的眼科心身疾病分述如下。

一、原发性青光眼

青光眼是致盲的主要原因之一，它分为闭角型、开角型两类。其中原发性青光眼目前已被确认为一种心身疾病，因此，也可以称为心身性青光眼（psychosomatic glaucoma）。

（一）分类及特点

1. 闭角型青光眼

该病多见于女性，发病率约为男性的 2~4 倍，是老年期常见的眼疾之一。目前发现，该病在原发性青光眼中所占的比例有逐渐增高的趋势。

2. 低眼压性青光眼

本病在临床上也不罕见，其病因一般认为是因供应视神经与视网膜中神经纤维层的血管发生硬化引起供血不足所致。

（二）心理治疗原则

心理治疗虽不能取代手术及药物治疗，但通过对青光眼患者的心理支持、疏导和宣泄，对于稳定情绪，缓解症状确有重要作用。心理治疗的方法很多，医生应根据患者的具体情况适当选用。

（三）眼科手术患者心理问题

由于人体主要信息通过视觉获得，因此眼科手术患者的心理压力很大，常感紧张、压抑和忧虑。医务人员要注意患者的情绪变化，充分重视积极语言的作用，安抚患者。

患者在眼科手术时，非常害怕手术失败，惧怕眼睛失明，医生要通过语言做好耐心细致的解释工作，以解除他们的焦虑，给予心理上的支持。

术后换药，要搀扶患者，使其获得安全感。在给双眼包扎患者换药或检查时，首先触摸患者的手给以亲切感，然后触其前额，配合言语，打开敷料，这样可减少患者的惊恐心情。

在处理复明手术后的患者时，更应充分说明手术可能发生的各种结果，使患者有充分的心理准备以配合治疗的全部过程。

二、浅层边缘性角膜溃疡

本病属于单纯性角膜溃疡的性质，多见于中年人，常为单眼发病。不少患者作细菌培养可以是阴性，在应用抗菌抗病毒药物之后，也不能收到明显的疗效，经进一步问诊，可发现有各种各样的心理社会因素，如亲人亡故，夫妻离散，婆媳或邻里关系不睦，工作不满意，住房困难等，这种情况在性格内向者身上表现得更为明显。

三、眼疲劳症

眼疲劳症也称视力疲劳，是临床上常见的一种视力障碍症状。患者在用眼工作或学习时，较常人易感到眼睛疲劳，并伴视觉模糊、眼部不适、头痛、头晕、恶心等症状，因此，阅读不能持久并伴有眼部和全身症状。

该病的病因十分复杂，是由身体状况、工作条件和精神因素相互作用而产生。在某些情况下，心理社会因素起重要作用。如果患者除眼疲劳外，常感失眠多梦、疲劳和思想不集中，查体可见咽反射消失。

该病的性格特点是性格内向、心情压抑；一般有明显社会环境刺激因素存在，因此，一般认为该病是心因性眼疾。

对此，采用以心理治疗为主的综合处理，方可收到良好的疗效。

四、眼部异物感

这也是眼科患者的常见症状，在诊断时，应先排除眼部器质性疾病。有些患者在眼部炎症消退后仍有明显的异物感，这也许与心理因素有关。

另有一些无原因的眼部异物感，如有心理社会因素存在，则为心因性眼部异物感，这种患者常常长期应用滴眼药，治疗时若采用心理疗法，并适当停用滴眼药，常可获得意想不到的效果。

五、飞蚊症

这是眼科临床上常碰到的一种主观症状，绝大部分属生理性的，但对于缺乏医学知识的患者来说，常会由此产生许多顾虑。特别是个性内向，平时情绪压抑，常有焦虑忧郁、疑病心理严重者，该症的出现会给他们带来许多烦恼。对这样的患者，详细解释就是一种不可缺少的治疗方式。在提高患者对飞蚊症的正确认识之后，要求患者尽可能不去注意它，转移注意力，这种飞蚊幻视就会慢慢消失。但是，在诊断时，一定要先排除病理性病变。特别是这种"飞蚊"逐渐增大时一定要首先排除眼底病变。

第七节 皮肤科患者的心理问题

皮肤作为机体与环境的界面,是机体防御系统的主要组成部分,它涉及体温和体液的调节。从器官系统看,皮肤血流量改变而致的色泽改变可以作为情绪反应的一个方面;皮肤的感觉机能(痛、温、触、压)又使它成为躯体"自我"的基础。

一、异常皮肤感觉

(一)全身瘙痒症

痛、痒是由同一传入纤维输送的,其区别仅在于冲动的频率不同。但迄今对瘙痒发生的神经体液基础仍不十分明了。

全身性心源性瘙痒症是指没有器质性原因或者说是不存在持续的器质性原因,情绪冲突可能与其发生有关。

(二)局部瘙痒症

1. 肛门瘙痒症

本病常有局部刺激史(如蛲虫病、霉菌感染)或全身性因素(如营养缺乏及药物中毒等),用传统的常规处理无效。这是一种足以干扰工作和社交活动的不适感觉。对大批患者的研究发现,发病前就有人格偏离。且常因情绪障碍而促进或使其保持。有人认为,这种患者有特异精神因素,并认为许多特质是在幼年时对父母训练排便的顺从或对抗的结果。

2. 会阴瘙痒症

同上。也有局部及全身性特异的躯体原因。

二、异常的皮肤表现

（一）多汗症

恐惧、盛怒及紧张可以引起汗腺分泌。人类出汗有情绪性及温热性两种形式。情绪性出汗主要在手掌、足底及腋部；而温热性出汗则多见于前额、颈部、躯干及手背和前臂。

多汗症可以视为由自主神经系统中介的焦虑现象，应注意与药物引起的多汗相区别。在长期应激刺激下，过多出汗可致许多与原发情绪无关的继发性皮肤改变，如发疹、起泡以及感染等。

（二）荨麻疹

荨麻疹性损害的原因涉及许多物理的、化学的及生物的因素。急性病例常有变态反应的基础，而在亚急性、慢性及反复发作时，则找不出变态反应的因素，多数人认为情绪是某些荨麻疹发生的原因或有促进作用。

（三）遗传性过敏性皮炎

遗传性过敏性皮炎是许多湿疹性皮炎中受情绪影响最强的一种。痒感与可见损害不成比例。有人认为皮肤损害是由原发性的痒感导致搔抓所致。因此常称为神经性皮炎。所以称之为"特发性"（atopic），是指这是一种变态反应障碍。

有近80%的患者在皮炎发生前有扰乱情绪的生活事件；起病、加重、复发均与情绪障碍性情境有关。

（四）银屑病

银屑病与遗传有关，但主要原因不明。已肯定可促使病情加重的因素中也包含情绪性应激。情绪障碍常出现在发病或加重之前。在应激期间，患者的皮肤湿度增加和反应性充血的阈值降低。在给予保证后，又恢复正常。

从精神病学角度去检查银屑病的患者，发现约占半数患者有情绪性适应不良。情绪障碍的幅度很大，既无一致的人格类型又无特异性的冲突形式。银屑病的病情可以在波动的情绪状态下发展，也可以与心理因素无关。

（五）心源性紫癜

Ratnoff 及 Agle（1968）提出了心源性紫癜这一名称来代替早年的"自体红细胞过敏"（autoerythrocyte sensitization）。起病为突然的疼痛使患者注意到躯体某一部位皮肤上的疼痛性青肿隆起，随即转为血肿而成瘀斑，持续一周以上，疼痛程度剧烈。

前驱的躯体创伤与发病有一定的关系，怀疑本病是患者对创伤后释入组织的自身红细胞过敏所致，而且可以用自己的红细胞肌内注射复制这种损害来证实这种敏感性，并以此作为诊断手段。但以后发现，在催眠条件下暗示患者也可引起特征性损伤，并证实许多病例与心理应激相关。因此，对损伤的想象可引起局部释放缓激肽样特质而引起皮肤损害。

第八节 肿瘤科患者的心理问题

一、癌症发生发展中的心理社会因素

（一）个性因素与癌症

许多研究中提到癌症患者的心理特征有："反应迟缓、不大表露感情、与父母感情较冷淡""抑郁加抽烟易得肺癌""乳癌患者往往是怒气难以自制而又被压抑着""孤独、无助并处于绝望等情绪忧伤可使白血病及何杰金氏病发展"。

据全国胃癌综合考察流行病学组（1981）指出，与胃癌相关密切的社会心理因素有：①性格特点：内向、抑郁、不灵活；②生活事件：青少年时期或早期的精神创伤。"好生闷气"居胃癌各类危险因素之首。

（二）生活事件与癌症

Miller（1977）在一篇综述中指出：①在 200 余篇涉及人格、情绪、应激对癌症关系的文献中,结论均为肯定的联系;②临床经验表明,确信自己癌症诊断者,往往预后较差,而对诊断持怀疑态度者常较好;③临床上有些长期存活(15～20年)后突然复发,其原因均为在复发前6～18个月内有严重的情绪应激;④乳腺癌与无法解决的悲哀有关;⑤对1400对配偶作癌症发病调查表明,配偶一方患癌或死于癌症的心理应激可引起另一方患癌(当然还应考虑"共同环境"因素的参与)。

有人将不同疾患者群中出现类似的个性,称为一般性因子(G因子);另外,还有一种界定癌症特定部位和类型的心理学因素,称为特异性因子(S因子)。研究表明,乳腺癌患者的S因子为:①孩子较小或没有;②难以发泄的敌意和被遏制的愤怒;③信奉宗教或社会的正统规定;④犹豫不决;⑤早年生活特征是童年丧失父母形象或由于父母冷淡而使童年期较少保护和爱抚,使之常处于抑郁与绝望心境中。

二、心理因素致癌的机制

心理社会因素促进癌的发生、发展显然是通过心理生理学途径实现的,这条途径就是心理-神经-内分泌-免疫轴。

大量的实验表明,电击、创伤性恶性刺激、反复而集中的条件反射实验可引起神经系统的过度或普遍应激而促进"自发的"肿瘤生长。去大脑皮质或使用中枢抑制药物可促使移植肿瘤发展和使动物提前死亡;而咖啡因及小剂量士的宁可明显延缓或阻滞肿瘤发生。

毁损下丘脑背内侧核及室旁核使甲状腺的腺样增殖退化;破坏背侧下丘脑可使移植肿瘤存活期延长;带状破坏下丘脑前部可引起抗体滴度降低和过敏反应的抑制或延缓。这些实验资料提示,下丘脑在介导心理社会因素对肿瘤的影响中起重要作用,下丘脑与免疫反应之间可能是通过自主性神经系统及神经内分泌等多种过程共同影响的。有关的要点如下:

1. 内在发怒(anger-in)伴有肾上腺素分泌增加;外显的发怒(anger-out)伴随去甲肾上腺素的增加。

2. 不同类型的应激可引起血、尿中激素发生明显的特异性改变,多数应激反应可致17-羟皮质类固醇、儿茶酚胺、甲状腺激素及生长激素的增加。

3. 亲人丧亡（父母、配偶）、防卫应对失败而致精神抑郁时，有 17-羟皮质类固醇升高或 T 细胞数减少。皮质醇水平增高对乳腺癌患者的预后不良；应对较好或灵活者，皮质醇水平低，而且预后好。

4. 神经内分泌系统主要是集中于下丘脑弓状核区及延髓孤束核的阿片-黑色素-皮质素系统以及广泛分布于中枢神经系统的促肾上腺皮质激素释放因子（CRF）神经元核群。这两个系统都是免疫反应产物反馈效应的靶组织。

心理社会因素启动神经内分泌系统与免疫系统环路，从而影响癌症的发生与发展。

三、对癌症治疗的心理反应

用药物、放射线或手术治疗癌症所伴随的不良反应常可构成暂时或持久的心理冲击。患者的反应取决于治疗的躯体应激及对自尊心冲击之间的复杂相互作用。

化疗及放疗所致的恶心、呕吐是暂时性不良反应，一般在 24～48 小时内消失。但是反应的严重与持续时间有很大的个体差异。如患者的焦虑可增强或延长反应；恶心、呕吐常成为患者坚持治疗的依从性差异的主要原因。

手术的结果是永久性改变。涉及颜面部或截肢、内脏造瘘、器官切除等都可构成心理创伤。有人发现，乳房切除后适应不良者约占 20%，患者在获得装饰性乳房后，术后的抑郁降低，信心增加。乳癌患者术后约 1/3 有中度以上的焦虑及抑郁需要心理上的帮助，另外，结肠癌手术或癌性截肢因毁形或功能丧失而损害自尊心。

四、肿瘤患者的抑郁症状

伴有抑郁症状的适应障碍在癌症患者中常见（高达 68%），这包括抑郁情绪、焦虑及混合性情感障碍。也有亚抑郁障碍或混合性焦虑抑郁障碍。

重度抑郁障碍可由疾病本身或化疗药物引起，或对癌症相关的残疾的功能性反应。反复出现自杀观念在癌症患者中常见，且其强度有助于区分重性抑郁障碍和正常反应。

抗癌化疗药包括甲氨蝶呤、碱化物（如 decarbazine、长春新碱、天冬酰胺酶、盐酸甲基苄肼和干扰素）都可引起抑郁症状。亦有报道，肌肉注射干扰素（200万~500万单位/日）可引起流感样症状，包括乏力、厌食和抑郁症状。甲氧氯普胺常用于治疗化疗所致胃肠道不良反应，也可能引起抑郁障碍。

对疼痛的恐惧（及疼痛本身）是癌症患者最常见的恐惧，并可能是在癌症人群中激发抑郁症状的重要因素。在有明显疼痛的患者中，15%有重性抑郁障碍。

在癌症患者中，急性疼痛常与治疗相关，而慢性疼痛与疾病状态相关。在这些人群中，精神病症状应首先考虑是疼痛未能控制的后果，疼痛控制后，应重新评估患者的精神状态，以确定是否存在抑郁或其他精神病性障碍。

五、抗抑郁药物治疗

治疗伴有抑郁障碍和（或）疼痛的癌症患者，5-羟色胺回吸收抑制剂（SSRIs）类抗抑郁药使用最广泛。对照研究已证实了它们的有效性。与伴有抑郁障碍的健康人相比，这些患者对短期、低剂量治疗疗效较好。SSRIs 和选择性5-羟色胺去甲肾上腺素再摄取抑制剂（SNRIs）也有疗效，且比三环类抗抑郁药有更少的不良反应。

临床医师应注意，氟西汀可抑制食欲及一过性的体重下降；精神兴奋剂（如右旋苯丙胺、盐酸哌醋甲酯和匹莫林）在低剂量时，治疗抑郁症有效，且亦可用于对抗用于止痛的吗啡的镇静作用。

六、心理治疗

当患者得知有生命威胁的疾病诊断时，医生应给予患者特殊的照料。在此诊断之前或同时应该对患者的心理状态进行评定。如果认为患者心理上较脆弱，应在常规随访的同时，立即提供适合的心理支持。

如果患者相信他们自己能促进疾病的康复，那么这些患者的依从性较好。一些技术如放松、瑜伽、想象可能有益。也应鼓励患者把他们的诊断向亲密的朋友和亲戚公开。保密可造成心理适应不良。

一种慢性、威胁生命的疾病的晚期阶段，或因为疼痛难以控制，生理状况严重恶化，或伴有严重的抑郁发作，患者可能有自杀企图，并要求大夫帮他完成自杀。这样的要求提出了一个重要的伦理学的争论，轻率的答复是不适合的，因为患者的自杀选择与他们当时的心理状态有关，具有波动性，此种情况下应经常并直接给患者予支持，因为对抑郁障碍的有效治疗可激发患者更好地配合治疗以战胜疾病。

一些心理干预可增加癌症患者的存活率，这也许是因为免疫功能增强。Spiegel 等（1989）证实，转移性乳腺癌患者接受有效社会心理治疗生存期比接受常规治疗者平均长 18 个月。社会支持小组由癌症患者、生存者配偶和家庭成员组成，对减轻症状和提高生活质量也有效。

参考文献

[1] 陈国桢. 内科学. 2 版. 北京：人民卫生出版社，1984：623 – 624

[2] 刘涛. 实用心身医学. 北京：北京农村读物出版社，1989：383 – 384

[3] 张明园. 精神科评定量表手册. 长沙：湖南科学技术出版社，1993：38 – 41

[4] 中华神经科学会. 各类脑血管病诊断要点. 中华神经科杂志，1999，29（1）：379 – 380

[5] Cabrera-Vera TM, Battaglia G. Prenatal exposure to fluoxetine (Prozac) produces site-specific and age-dependent alterations in brain serotonin transporters in rat progeny: evidence from autoradiographic studies. J Pharmacol Exp Ther, 1998, 286 (3): 1474 – 1481

[6] Harris T, Creed F, Brugha TS. Stress Life Events and Graves' Disease. Br J psychiatry, 1992, 161: 535 – 541

[7] Kobayashi T, Washiyama K, Ikeda K. Inhibition of G protein-activated inwardly rectifying K + channels by fluoxetine (Prozac). Br J Pharmacol, 2003, 138 (6): 1119 – 1128

[8] Marcoli M, Cervetto C, Castagnetta M, et al. 5-HT control of ischemia-evoked glutamate efflux from human cerebrocortical slices. Neurochemistry International, 2004, 45(5): 687 – 691

[9] Molchanova S, Koobi P, Oja SS, et al. Interstitial concentrations of amino acids in

the rat striatum during global forebrain ischemia and potassium-evoked spreading depression. Neurochem Res, 2004, 29 (8): 1519 – 1527

[10] Paolucci S, Antonucci G, Grasso MG, et al. Post-stroke depression, antidepressant treatment and rehabilitation results. A case-control study. Cerebrovasc Dis, 2001, 12 (3): 264 – 271

[11] Schaper C, Zhu Y, Kouklei M, et al. Stimulation of 5-HT1A receptors reduces apoptosis after transient forebrain ischemia in the rat. Brain Res, 2000, 883 (1): 41 – 50

[12] Sheline YI. Neuroimaging studies of mood disorder effects on the brain. Biol Psychiatry, 2003, 54 (3): 338 – 352

[13] Sheline YI, Barch DM, Donnelly JM, et al. Increased amygdala response to masked emotional faces in depressed subjects resolves with antidepressant treatment: an fMRI study. Biol Psychiatry, 2001, 50 (9): 651 – 658

[14] Svenningsson P, Tzavara ET, Witkin JM, et al. Involvement of striatal and extrastriatal DARPP-32 in biochemical and behavioral effects of fluoxetine (Prozac). Proc Natl Acad Sci USA, 2002, 99 (5): 3182 – 3187

[15] Sonino N, Girelli MR, Boscaro M, et al. Life Events in the Pathogenesis of Graves' Disease. Denmar Acta Rndocrinol-Copenh, 1993, 128 (4): 293 – 296

[16] Thomas AJ, Perry R, Kalaria RN, et al. Neuropathological evidence for ischemia in the white matter of the dorsolateral prefrontal cortex in late-life depression. Int J Geriatr Psychiatry, 2003, 18 (1): 7 – 10

[17] Van de Meent H, Geurts AC, Van Limbeek J. Pharmacologic treatment of poststroke depression: a systematic review of the literature. Top Stroke Rehabil, 2003, 10 (1): 79 – 92

[18] Winsa B, Adami HO, Bergstrom R, et al. Stress Life Events and Graves' Disease. Lancet, 1991, 338 (8781): 1475 – 1479

[19] Yan B, Wang DY, Xing DM, et al. The antidepressant effect of ethanol extract of radix puerariae in mice exposed to cerebral ischemia reperfusion. Pharmacol Biochem Behav, 2004, 78 (2): 319 – 325

# 第十一章
患者心理与医患关系

本章导读

- 患者心理
- 医患关系

第一节 患者心理

一、患者概念与患者角色

（一）患者

患病包括客观性的组织器官的结构、功能和生化的变化，主观的病感以及社会功能异常3个方面，但是，这三者并不一定同时出现或同时具备。

客观性变化可以通过科学方法检验出来，但个体主观的病感则是不能直接加以验证的，它是以一定的症状形式表现出来的主观体验的心身状态。病感的产生，可以源于内在的客观病变，也可以由心理与社会功能障碍引起；组织器官的结构或功能异常一般伴随有病感，但在疾病早期或病情轻微，也可以没有病感。社会功能障碍多因病情或症状较重而不能履行社会角色职责。

健康的实质是人体与环境统一，心身统一和机体内环境的协调。与之相对应的是患者，较全面理解应该是：患有各种躯体疾病、心身疾病或心理障碍（不论就医与否）的人，均统称为患者。

（二）患者角色

患者是一种社会角色。这一点是首先由美国著名社会学家帕森斯（Talcott Parsons，1902—1979）在其所著《社会制度》一书中提出来的。

帕森斯认为"患者角色"的概念包括4个要点，也就是说，从4个方面规定着患者角色。

1. 患者可以从其常态时的社会角色中解脱出来。例如，一个"学生"若是成为患者角色，他便可以不去"上学"，一个"工人"则可以不去"上班"，疾病可以使人免于去执行其日常的角色行为、免于去承担其日常要承担的社会义务。当然，这种解除，与疾病的种类以及疾病的严重程度有关。越是严重的疾病，越能更多地解除原有的角色行为和社会责任。通常，这种解除需要经过医生的证明（开诊断书、开假条、住院等）。这种法定的手续是社会用来防止"造假者"利用患者角色的身份来逃避履行其承担的社会角色行为和社会责任的。

2. 患者对于其陷入疾病状态是没有责任的。一个人得病通常是自己不能控制的。例如，一个人在食堂或饭馆吃了一顿饭，陷入严重的食物中毒，对于这种疾病状态的出现，患者是无法负责的，他是不能自行控制的，是非意志的产物。不能责怪患者，你为什么会得病。社会所能、所应要求患者的，乃是患者应尽可能想法早日从其疾病状态中恢复过来。

3. 患者力图使自己痊愈。患者应该认识到生病是不符合社会对每个人的期望的。社会希望他的成员健康，能承担社会角色、社会责任。从社会责任中解脱出来，只应是暂时的，应该力图重新恢复健康。也就是说，患者有恢复健康的义务。

4. 患者应该寻求在技术上可靠的帮助，通常应该找医生诊治，并且应该和医生合作。

归纳起来，按照帕森斯的"患者角色"概念，患者有从常态社会职责中解脱出来的权利，同时有积极寻求医疗以便早日恢复其社会职责的义务。

登顿（Denton）曾归纳了可使对患者角色的期望出现变化的原因：

（1）因人而异，因病而异。同样的咳嗽出现在母亲身上，母亲可能觉得无所谓，但若出现在她的婴儿身上，母亲可能会很重视；对于一种可治的病和不可治的病的期望是不一样的，对同一种病在其不同严重程度、不同发展阶段的期望也是不一样的。

（2）因疾病治疗的可能性而异。一个人患了重感冒，可能被要求去医院诊治，但若在流行性感冒大流行时，医院"人满为患"，那么同样的感冒情况则可能只希望你在家里休息。

（3）因对社会人口状态的看法而异。例如，社会上经常存在着一种看法，常常不论老年人是否真的有病，总把他们当成患者看待。

（4）因期望者与被期望者的关系而异。例如，患者的配偶常强调其供养其他社会角色的义务，雇主常强调尽量减少工作能力的丧失，医生则常强调要听从医务人员的劝告。

（5）因对疾病的态度而异。如妊娠、酗酒等，有人看成为病患，有人则不看成病患。

（6）因患病个体的社会价值而异。例如，下列人员可能出现价值下降：老人、穷人、酗酒者、自杀未遂者。

（7）因利益关系而异。长期卧病对有关人员有利，有关人员的期望也就不同。

（8）因患者接触的距离而异。例如，在医院中陪住的人员和外地或不陪住人员对患者的期望不同。

（三）患者的角色适应

当一个人被宣布患病之后，角色行为就会发生变化，原有的社会角色变为患者角色。但是这一转变存在一个角色适应问题，会有一些不适应，常见如下几种情况。

1. 角色行为冲突

即患者角色与其他角色发生冲突。在现实生活中，人们总是承担着多种社会角色，如在家庭中可以是父母和儿女，在工作单位可以是上司或下属等。当患者从其他角色转变为患者角色时，其他角色则处于从属地位。如果患者不能很好地由父母或儿女、上司或下属等角色转变为患者角色，继续操劳家务，辛苦工作，则对治疗、康复非常不利。此外，社会舆论对患者过度关注，也可导致患者的角色行为冲突加剧。

对于这类患者，医务人员应劝说其暂且淡化其他社会角色，放下包袱，配合医务人员治疗疾病。对于患者的父母和儿女、上司和下属等，可建议他们尽可能分担患者的日常工作、事务或学习负担，使患者无后顾之忧，专心治病。对于社会各界，应提倡以一颗平常心对待患者及其病情，不要过度关注，更不要为了其他目的而故意炒作。

2. 角色行为缺如

即患者未能进入患者角色。虽然医生已做出正确的诊断，但患者本人却否认自己有病，根本没有意识到或不愿承认自己是患者。出现这种情况的原因，除患者对自己所患疾病缺乏认识外，还与患者患病后觉得自我价值贬值，影响工作、学习、就业以及婚姻等原因有关。患者角色行为缺如对治疗、康复非常不利。

对于这类患者，医务人员应给予详细的、通俗易懂的病情解释，使患者正确认识自己所患的疾病，配合治疗。对于患者家属，医务人员可在向他们解释病情的基础上，要求他们给予患者强有力的心理支持。对于患者工作单位、学校或所在组织团体，可请求其负责人根据实际情况和有关政策，尽可能解决患者的后顾之忧。

3. 角色行为减退

即患者虽然进入患者角色，但由于强烈的其他角色（如父母角色、子女角色、配偶角色以及领导或下属角色等）需要，患者往往忽视自己的患者角色，仍偏重于其他角色，照常带病工作、照常照顾家中的老人或年幼的子女，以致影响治疗和休息，使病情加重，甚至殃及生命。

对于这类患者，医务人员应首先肯定其工作责任感、家庭责任感以及其"毫不利己、专门利人"的爱心，然后指出这种行为其实也有不好的一面，就是影响自己的身体康复。身体不能康复或延迟康复就不能很好地工作，无形中会加重家庭、工作单位和社会的负担，故实际上是对家庭、工作单位和社会不负责任的一种表现。所以，应为家庭、工作单位、社会乃国家养好病，方为上策。

4. 角色行为强化

即患者因为患病而导致自信心减弱，对家庭、工作单位以及社会的依赖性加强，安于"患者角色"，小病当大病，大病当重病，重病当病危，病愈后不愿出院，长期留在医院疗养或在家休养。患者这种角色变化，是因为病后体力和工作能力下降、原工作生活环境比医院差以及因病享受到身体健康时所不能享受的精神和经济利益所致。

对于这类患者，医务人员应首先帮助他们树立自信心，其次，可将患者已经病愈或病情不如患者想象中那么严重的实际情况告知患者家属、同事以及其他有关人员，使他们以一颗平常心来对待患者，以免患者继续从"病"中获得精神和（或）经济上的利益，从而促使他们走向社会，恢复正常或比较正常的工作、学习和生活。如经上述处理效果不佳，可请心理医生给予患者心理咨询或治疗。

5. 角色行为异常

即患者虽然知道而且也承认自己患有某种疾病，但受病痛折磨而感到精神沮丧、失落、烦恼、忧愁、悲观、失望或绝望等，从而自暴自弃，不愿配合医院治疗，或漫骂攻击医务人员，或破坏公物和自毁家具，有的甚至逃离医院或离家出走，极少数患者可出现自虐、自残行为，甚至以自杀寻求解脱。

对于这类患者，医务人员应对他们加以教育，动之以情，晓之以理，为他们分析上述不理智行为对自己、对医务人员、对家人以及对社会产生的不良后果，以促使他们猛醒，悬崖勒马。此外，还可动员其家人、亲友、同事进行劝导、感化、监护等。必要时，可与他们一起请有关部门介入，以保障有关人员的人身安全，并防止患者自虐、自残和自杀。

二、患者的心理需要

除了具有一般人所共有的多种心理需要外，作为一个受疾病困扰的特殊群体，患者在满足各种需要的重要性和迫切性上有不同于正常人的情况。

1. 接纳的需要

患者有伤病，希望能得到及时的诊治；在需要住院时，希望医院接收其入院。入院以后，进入一个生疏的环境，在由医务人员、病友共同组成的新群体里，又希望能成为这个群体中受欢迎的人，渴望能与病友沟通，相互之间关系融洽。

2. 尊重的需要

自尊需要的满足会令人自信，感觉有存在价值。患者往往因丧失部分能力，处于被动地位，更增加了对自尊的需要和渴望被人尊敬。患者可能通过与医务人员亲切的感情交流而使自己受到重视，那些不善交往者，也希望得到一视同仁的关照。有一定地位的患者可能会有意无意地透露或表现自己的社会身份。如果患者感到自己在医务人员心目中没有地位，无足轻重，往往会感到伤感，失去自尊心，从而降低对医务人员的信任和战胜病魔的勇气。来自医务人员的重视、赞扬、鼓励和尊敬，患者会感到是对自己的最高奖赏。

3. 提供诊疗信息的需要

患者住院治疗，是进入了一个陌生的环境，初次住院的患者更是茫然。患者要适应这一新的环境，需要了解有关情况，对于疾病诊疗的信息，尤为关心。及时向患者介绍住院生活制度，有关诊断和治疗的安排，疾病的进展和预后，如何配合治疗等，有助于减轻患者的担心和焦虑，使其心境平稳，积极主动地配合治疗。

4. 安全需要

疾病的检查和治疗总是带有一定的探索性，有时可能会有危害性或危险性。患者住院，对于种种检查、抢救设施和措施，既寄予希望又充满恐惧。安全、稳定、宁静、有序的医院环境和医疗措施，能增加患者的安全感，使他们放心地接受治疗。安全需要对患者来说是最基本的需要，但患者的不安全感是始终存在的，一方面来自患者对疾病的自身感受和担心，另一方面来自医疗机构和医生。医院的环境、条件，医务人员的个性、医疗作风，医患关系等，都可能影响患者安全感的满足。

患者的心理需要常以各种方式反映出来，若得不到满足便会导致一些"越轨"行为，或者表示不满，或者违反院规和医嘱。假如不从患者心理需要的角度去考虑，医护人员很可能对这类患者产生反感，把他们当作不愿配合的"坏患者"，甚至少数医护人员用让其出院或换病房的方法来对付他们，这种对抗的处理方式对患者的心身健康是不利的。

三、患者的权利

患者的权利是指患者在患病期间应有的权利和应得到保障的利益，是一种道义上的、普遍的、有条件的权利，不同于法律上的权利，尽管其内容也涉及法律的范畴，如隐私的保护和治疗中的知情同意等问题。

患者的权利已受到全社会的日益重视，一方面，由于随着生活水平的提高，人们对自身健康和医疗服务的要求越来越高，而且，医患之间的医学知识差距正在缩小，患者及其家属参与和监督医疗过程的能力不断提高。另一方面，人们的参与意识、法律意识和自我保护意识不断增强，对医患关系的认识发生了微妙的变化。

根据我国的社会制度、卫生体制和已有的法规，医务人员必须保障患者的以下权利。

1. 基本医疗权

维护健康是人类的基本需要，也是应该得到保障的基本人权。任何患者都有权享有必需的、合理的、公正的、有尊严的、费用比较节省的医疗服务的权利。

2. 疾病认知权

除非意识不清或处于昏迷状态，大多数患者都希望了解自身所患疾病的性质、严重程度、治疗情况及预后。从伦理和法律的角度来看，患者有权了解自己病历的内容。在法律上，病历本身是医院或医生的财产，但病历中的信息是患者本人的财产，医生应把病历中的内容告诉患者或允许患者复印病历的内容。

3. 自主决定权

自主决定权是指患者有权根据自己的意愿做出决定或采取某种行为。对于丧失行为能力如昏迷的患者，或不具备行为能力如婴儿，应由家属或监护人代行自主决定权。医生有责任告诉患者种种可行的治疗方案及其可能的结果以及医生所认为的最佳方案和理由。如果由于患者行使其自主决定权而与他人的权利或利益发生冲突时，经过权衡，为了保护他人的利益，可以不优先考虑甚至放弃患者的自主决定权。

4. 知情同意权

指患者被告知要承担一定的医疗风险，并征求患者或其代言人的同意。一般要求使用一张签字后正式同意的表格，这是确保患者自主性的一种工具，同时也是保护医生利益的一种法律依据。必须保证患者在完全知情的情况下签字。大多数患者都倾向于把做出详细决定的责任交给他们的医生，因为他们认为大部分技术细节与他们无关。而对医生来说，却有必要详细说明有关的细节，每一部分所承担的风险，至少应说明患者认为比较重要的方面。只有两种情况似乎不必征求患者的同意：一是需要采用急症治疗来保护患者的生命或健康，二是有确凿的证据表明，与患者讨论过多的实情将对患者造成多种损害。当患者神志不清、缺乏判断力、年龄过小时，应获得患者代言人的同意。

5. 保护隐私权

隐私权是指对自己身体和精神独处的享有权，医生在为患者查体时允许他人旁观，就侵犯了患者的隐私权。医生出于职业的需要可以了解患者的一些隐私和有关健康情况，但任何人都有权维护自己的隐私不受侵害，因此，患者有权要求医务人员为其保护生理、心理、家庭等方面的隐私。

6. 要求赔偿权

国务院1987年颁布实施的《医疗事故处理办法》规定：在诊疗护理工作中，因医务人员诊疗护理过失，直接造成患者死亡、残废、组织器官损伤导致功能障碍的，患者有权向医院提出解决的要求，有权申请事故鉴定，有权请求卫生行政部门处理，有权请求医疗事故发生单位给予经济补偿，也有权向人民法院起诉。

7. 了解医疗费用权

《医疗机构管理条例》第37条规定：医疗机构必须按照人民政府或者物价部门的有关规定收取医疗费用，详列细项，并出具收据。

8. 免除一定社会责任权

疾病肯定会或多或少地影响患者承担社会责任和义务的能力，因此，患者在取得医疗机构的证明文书后，有权根据病情的性质、程度、发展和预后的情况，暂时或长期、主动或被动地免除如服兵役、高空作业、坑道作业、上学等社会责任或义务，同时，还有权得到休息和各种福利保障。

四、患者的义务

患者在享受以上权利的同时，就应该履行一定的道德义务，以便对自身的健康和生命负责，对他人和社会负责。

1. 保持和恢复健康的责任

在慢性疾病的发生过程中，个人的生活习惯和行为方式是影响疾病发生和健康的重要因素。要改变不良的生活习惯和行为方式，必须通过个人自身的努力，这时，个人对其患病就应该负一定的责任了，个人的努力在恢复健康中的作用也更突出。应该鼓励患者关心自己的健康，注重个人健康的价值，对自己的健康负责，主动维护和促进自己的健康。

2. 主动配合治疗的义务

患者是医疗服务的参与者，而不是被动的接受者。患者必须及时就诊，维护医疗单位的正常秩序，遵守医疗单位的各种规章制度，使自身的需要与医务人员的工作程序统一起来。患者必须为医生提供详细而真实的病史，必须参与制定治疗方案并认真执行医嘱。患者还应尊重医务人员的劳动和人格尊严，不能无理取闹。

五、患者的心理特点

（一）认知活动特征

1. 感知方面

易出现主观感觉异常现象；也有出现感受性降低的现象（如长期卧床的患者）；对周围环境中刺激感受性的变化。

2. 记忆方面

患者往往存在不同程度的记忆力异常。除了器质性大脑疾病，还有一些躯体性疾病往往伴有明显的记忆障碍，如慢性进行性肾功能不全的患者往往有记忆障碍和智能障碍。

3. 思维方面

患者的思维活动往往受一定的影响，特点是瞻前顾后，犹豫不决。

（二）情绪特征

1. 焦虑

大部分患者会出现焦虑，一般表现较轻，可出现烦躁、失眠，考虑问题多而复杂。焦虑患者早期的不良心理活动，不利于疾病康复。应当给予安抚、劝解，耐心帮助患者提高对疾病的认识，稳定情绪，介绍有关科普知识和其他患者的治疗情况，解除患者的心理压力。

2. 抑郁

表现为悲观、失望、无助、冷漠、绝望等，并产生消极的自我意识；行为方面，个体会有活动水平下降，言语减少，兴趣减退，回避他人的特点；生理方面，还会出现睡眠障碍、食欲性欲减退、内脏功能下降及自主神经紊乱的症状。

3. 恐惧

恐惧是企图摆脱某种不良后果或危险而又无能为力时产生的紧张情绪。由于其心理应激引起的矛盾冲突容易导致焦虑、恐惧、绝望、羞愧、罪恶、束手无策等不愉快情绪。有的患者故意表现出健康人的神态，明知有病，又怕别人提及，故做力不从心的工作，在他人面前故意谈笑自若，掩饰自己的焦虑与恐惧。同时在这种心态的支配下，可以出现失眠，食欲不振，肌肉紧张，出汗，搓手顿足，紧握拳头，面色苍白，脉搏加快，血压上升，等等。这种心态不仅增加生理和心理上的痛苦，而且影响治疗效果。

4. 愤怒

少数患者病情重、治疗时间长或疗效不显著、疾病的折磨等导致心理失衡和心中愤愤不平，表现为固执、偏激、情绪急躁，稍不如意就出现情绪激动，摔打药品、用具，拒绝治疗，拒食，哭闹，甚至谩骂医务人员。

此时患者心里非常痛苦，需要别人的体贴、关怀和照顾及帮助。医务人员对待患者绝对不能嫌弃，要表现出极好的耐心和宽容，加强感情沟通及有效的疏导，在言行中做到庄重、大方、诚恳、自然，减少患者对医务人员的猜疑，赢得患者的好感，从而积极配合治疗，达到早日康复的目的。另外，应尽可能通过各种形式如听音乐、赏花等转移患者的注意力，以减轻其愤怒情绪。

（三）患者的意志行为特点

对于患者而言，得病和治病是不以患者的意志为转移的。在这个过程中患者可以出现意志行为的改变。患者的一般意志行为特点是优柔寡断，依赖性增强，行为退化。此时有些患者容易产生自卑和依赖心理，患病后受到周围亲人和同事的照顾，患者成为人们关心帮助的中心，患者自己有意无意地变得软弱无力，对事物无主见，对自己日常行为和生活管理的自信心不足，被动性增加，事事都要依赖别人，行为变得幼稚。

（四）患者的个性改变

个性的特点是具有稳定性。也就是说，个性一般不会随环境和时间的改变而发生变化。但是，个性的稳定性又是相对的，在一些特殊的情况下关系会发生改变。患病就是一种可以改变个性的情况。患者的独立性降低、依赖性增强、敏感多疑、情绪不稳定、缺乏自尊等往往是其角色行为，随着疾病的痊愈会逐渐消失，因此不能算是个性改变。但是，有些慢性疾病，如慢性疼痛、截肢、毁容等可能会引起患者个性的改变。

其原因可能是疾病影响久远，使患者不得不顺应与疾病相当的新的行为模式；也可能是疾病的影响巨大，以至于改变了患者的一些基本概念，因而导致个性的改变。

患者的个性变化是以患病为契机，受多方面影响的结果。但值得注意的是疾病并不必然引起个性改变。

（五）晚期患者心理的特征

心理学家研究发现，晚期患者要经历以下5个阶段的心理反应，即否认期、愤怒期、协议期、忧抑期和接受期。

1. 否认期

此期常发生在患者知道疾病已进入晚期之后。患者在此阶段内对诊断常持怀疑态度，希望只是一次误会，他们会去找医生，有时找很多医生询问病情和诊断，反复查证结果，总想在医务人员那里得到证实。这一阶段不会很久，患者很快会从拒绝承认现实过渡到陷入深深的孤独之中。此时，家属和亲友应给他们温暖、同情，解除其孤独情绪。

2. 愤怒期

渡过了否认期，患者知道预后不佳，但不理解病情为何恶化到这种程度，常想："为什么偏偏是我病到要死呢？"患者表现非常愤怒，敌视周围的人，不接受日常的护理或治疗，对于平时热情照料他的医务人员也发脾气，或训斥他的亲属与朋友。

3. 协议期

也称许诺阶段。患者由愤怒期转入协议期，心理状态显得较为平静、安详、友善，往往许愿"要是我好了一定更好地工作"，也感到以前自己做的工作太少，做得不好，深表后悔。

4. 忧抑期

患者已知自己的生命垂危，有极度伤感的情绪，考虑自己死后对家庭与子女的安排，要求留下遗言。许多人很急切地要见到自己的亲人或朋友。我们要同情患者，尽量满足患者的要求，允许亲友多来探望，并安排在小病房内，让患者同亲人在一起渡过不能再多得的时刻。

5. 接受期

这是垂危患者的最后阶段。患者对于面临的死亡完全有了准备，表现平静、安逸、悠然，同时，患者也很虚弱、衰竭。

（六）老年患者的心理特点

1. 心情抑郁、焦虑、恐惧心理

老年人一般都有慢性病或退行性疾病，所以当某种疾病较重时，由于对病情不了解，就会出现恐惧、焦虑，过度紧张引起心理上的消极状态，造成心情抑郁。

2. 多疑善感，烦躁易怒

老年患者在受到不良刺激时会变得多疑善感，容易激动，可为小事而大发脾气，对周围事物总感到看不惯，不称心，固执己见，不听从治疗和护理安排。

3. 过强的自尊心理和依赖心理

老年患者情感变得脆弱、敏感，顺从依赖，喜欢周围人对他尊敬，希望子女朋友来探望，得到更多的关心和温暖，对医护人员存在很大的依赖心理，稍有不如意就会发脾气。

4. 无价值感和孤独感

有的老年人从忙碌的工作岗位上退下来之后一时失去生活目标，加上与同事往来明显减少，生活的重心变成了家庭琐事，若老伴去世，子女不在身边，又抱病在身，就会感到孤独寂寞、无价值感，导致情绪低落。

5. 情绪不稳定、自卑、自弃

有的老年患者病情较重，情绪多不稳定，常较悲观，不愿与人交往或交谈，对治疗及疾病的转归表现漠然，不积极配合治疗，有的患者经不起肉体和精神上的折磨，产生轻生念头。

医护人员应该始终掌握患者的心理状态这个主要因素，要以深切的理解与真诚的善心去感化患者，帮助老年患者树立乐观的情绪和战胜疾病的信心。

第二节　医患关系

一、求医行为

求医行为是指当人们发现自己处于疾病状态而向医疗机构或医务人员寻求帮助的行为。求医行为可以分为主动和被动两类。

一般情况下，人们感到有病就会采取求医的行为，求医是一个患病的人进入患者角色之后可能选择的最主要的行为。但在现实生活中，我们也经常会遇到一些确实患有疾病却不表现出求医行为的患者，也经常见到一些无法诊断为疾病或确实没有疾病的人却表现出经常性的求医行为。这种求医的过少或过多都不利于患者的健康及健康的恢复，因此有必要了解患者求医的原因及影响患者求医的因素。

（一）求医行为产生的原因

一般而言，患者在下列3种情况下会产生求医行为。

1. 为满足生理需要而产生的求医行为

由于身体有器质性病变或自我感觉身体不适，并且病痛造成痛苦，甚至达到难以忍受的程度，而自己又无法解除这方面的病痛，必须寻求医疗帮助，这时会表现出主动去求医的行为。这也可以说是由于身体性的原因而导致的求医。

2. 为满足心理需要而产生的求医行为

由于受某种精神刺激或某些原因导致紧张、焦虑等使机体功能失调，或确实有某些心理方面的问题需要进行心理咨询产生了求医行为。但有时一些非特异性的自我紧张也会导致求医行为。这类求医属于心理原因所致。

3. 为满足社会需要而产生的求医行为

为了防止疾病的传播或蔓延对社会人群的危害，对诸如传染病、精神病等对社会人群有现实性或潜在性威胁的疾病患者采取一些强制性的治疗，使他们被迫产生求医行为，这是由于社会性的原因导致的求医行为。

主动求医行为是指人们为治疗疾病、维护健康而主动寻求医疗帮助的行为，是正常情况下人们通常的求医行为。被动求医行为指患者无法或无能力做出求医决定和实施求医行为，由第三者帮助代为求医的行为，如幼儿患者、处于休克、昏迷中的患者、垂危患者等，必须在家长、亲友或者其他护理人员的帮助下才能去求医。强制求医行为是指社会卫生机构、病患者的亲友或监护人为了维护社会人群和病患者个人的健康和安全而对患者实施强制性治疗的行为，这主要针对可能对社会人群的健康、公共秩序和安全有严重危害的精神病、传染病患者。

（二）影响求医行为的因素

影响患者求医行为的因素：①动机；②对疾病的认知程度；③经济因素；④求医条件；⑤心理因素；⑥社会文化因素。

影响患者采取求医行为的因素主要简述下列几种。

1. 对疾病或症状的主观感受

不论患者实际所患疾病的性质如何，患者的主观感受常是决定患者行为反应的重要因素。由于认知上的差异，或心理耐受程度不同，患者对他所患的疾病，可能有正确的看法，也可能会产生误解或歪曲，这些都会影响患者的行为。

2. 症状质和量的影响

症状对患者行为的影响，取决于该症状在特定人群中出现的频度（常见或罕见），一般人对其是否熟悉与重视，该症状或该疾病的预后是否易于判断，它的威胁有多大，由此带来的损失会是怎样，会不会干扰自己有价值的活动或日常生活工作等。例如，体力劳动者普遍存在的腰腿痛可能会被认为不算病，因而不出现求医行为；而"咳血"的症状则是不常见、不熟悉、不明预后的，因此感到可怕，从而导致求医行为。

靠症状的体验决定求医行为并不完全可靠，许多慢性疾病早期毫无症状，待到发现症状时，常已是达到某种严重程度或难以逆转了。

由于个体对症状的敏感性和耐受性不同，因此有些人"无病呻吟"，而另一些人则会忽视症状的危险性。

3. 心理社会因素影响

知识水平低，缺乏医学常识，对症状的严重性缺乏足够认识，对于医生及医疗手段的恐惧或对个人健康持冷漠态度，都可以导致讳疾忌医。社会及经济地位低，担心支付不了医疗费用，多为被动求医或短期求医。工作繁忙，家务重，或交通不便，也会影响人们的求医行为。

二、遵医行为

遵医行为是指患者为了预防、治疗疾病而与医嘱保持一致的行为，即患者的依从性（compliance）。

遵医行为的好坏常常是影响疗效和疾病转归的决定性因素，国外曾经有人指出："在一个有效治疗快速发展的时代，有1/2的患者由于没有恰当地遵从医嘱而没有得到应有的全部效果。"有人对进行高血压治疗的患者进行研究发现，50%以上的患者在一年内退出治疗，剩下的患者中也仅有2/3服了足量的药物，结果仅有20%~30%的高血压患者的血压得到了很好的控制。研究指出，只有当患者服药量达到应服药量的80%以上时，患者的血压才开始下降。因此，遵医行为对患者的康复至关重要。

患者既然花费了时间、精力及金钱去求医，医生对他的疾病进行了诊断、提出了治疗方案、开出了处方，对药物用法、用量及注意事项（如药物的毒副作用、可能引起的反应和饮食禁忌等）做了明确的交代，患者就应该密切和医生合作，严格按医嘱进行治疗，积极地争取早日康复。但事实上，与求医行为一样，在现实生活和医疗实践中也大量存在患者不遵医嘱的行为。1993年，WHO总结一些文献后发现，20%~50%的患者并不遵照医嘱定期复诊；25%~60%的患者不按时按量服药。不遵医的行为可以表现在许多方面，包括不按医生要求的用法、用量服药，擅自停药，不执行或不完全执行医生的治疗计划，等等。既然遵医行为与治疗效果和疾病的转归密切相关，而不遵医嘱的现象又普遍存在，作为一个医生就必须清楚导致患者不遵医的原因，促进患者的遵医行为，避免或减少不遵医行为的出现。

（一）影响遵医行为的因素

影响患者遵医行为的因素是多种多样的，既有患者自身的原因，更与医生的行为、态度等有关。主要的影响因素包括以下几个方面。

1. 患者对疾病的看法及对治疗的主观愿望

一般来说，患者对自己的疾病和病因都有自己的解释，有自己的治疗意愿和习惯。如果一个医生对此没有足够的了解，治疗的措施与患者的主观看法和愿望不吻合，就有可能导致患者的不遵医行为。例如，有一个因意外而导致头部受了一点外伤的患者患感冒而头痛，由于其平时社会生活中所形成的一些观念的影响，他对头部受伤这一事件较敏感，所以他认为头痛是外伤所致。而医生的诊断认为头痛是感冒所致，给他开了一些治疗感冒的药物。其结果当然是这个患者拒绝服用这些药物，重新求医。如果为他治疗的这个医生能了解他对疾病的看法，给予针对性的解释，消除其恐惧心理，就可能提高其遵医行为。同样，如果患者希望得到中药，而医生开出的是西药；或医生开出的是普通药物，而患者想要的是昂贵药物；患者希望做理疗，而医生却给他打针吃药等，所有这一切使医生和患者双方发生矛盾和差异时，不遵医行为就不可避免了。

2. 疾病种类、症状及患者的就医方式

不同的疾病遵医率不同，一般来说，慢性病患者由于长期患病，看过不少医生、吃过多种药物，而且目前对慢性病大多无特效药物，治疗效果不显著，使患者产生不信任感。而"久病成良医"又使患者形成了对疾病的固定看法。因此，较之急性病患者更可能不遵医嘱。轻症患者、门诊患者等不遵医的情况也较多，而重症患者、住院患者由于对疾病的重视或有医护人员的提醒和监督，对医嘱有较高的遵从率。

3. 患者对医生的满意程度

患者求医是将医生看作可以为其提供帮助的对象，一般来说都对医生有尊重、敬畏和顺从之心。但是，如果医生的服务态度不好、服务质量不佳就可能使患者对医生产生不满，影响他们对医生的信任和尊重程度，从而也就影响患者对医嘱的遵从程度。另外，医生的知名度、年龄、仪表等有时也会成为导致患者对医生不满意、不信任的原因而影响遵医率。有时，对医疗机构的环境、服务等不满意也会转嫁到对医生的不满上，影响患者的遵医行为。

4. 患者对医嘱内容的理解、记忆程度

有一些医生在给患者医嘱时往往"说得很少，写得又潦草"，使患者不知所云，更谈不上理解，当然也就难免出现遵医行为的偏差。如果医生开"大处方"，使服用的药物很多、服用的方法复杂且剂量不一致，由于每个人的记忆能力有限，也容易出现遵医率降低，如服错药物、药量、多服或少服药次等。对糖尿病患者或充血性心衰的患者使用一种药的遵医错误低于15%；使用2～3种药时错误上升到25%；当用5种或更多种药物时错误超过35%。这一点，对老年人、文化水平较低、智力低下者影响尤其大。

5. 治疗方式的复杂程度

主要是指患者对治疗行为的适应程度，如养成按时服药的新习惯，戒除一些影响治疗效果的旧习惯，如要求患者改变自己的饮食习惯、行为嗜好等，并需要持之以恒。这些不但需要患者付出很大的努力，而且有些还需要家庭其他成员的配合，有较大的难度，因此，要求越严格、复杂，对遵医行为的影响越大。

（二）提高遵医率的途径

我们知道遵医行为在治疗中的重要作用，也分析了导致不遵医行为的原因，就应该设法提高患者的遵医率。从上述原因来看，虽然患者自身的影响因素不可忽视，但更重要的是应该从医疗保健机构和医务工作者的教育着手提高遵医率。

1. 医务人员应该改变传统的观念，看"患者"而不仅仅是看"病"。将患者看作人，看作有心理活动、生活在社会环境中的人，充分了解他们的看法，在尊重他们意愿的基础上给予耐心的解释。改善医患关系，在治疗措施上由患者被动顺从改为医患共同参与、相互合作，这对提高某些长期用药的慢性病患者的遵医行为尤其重要。另外，从各个方面提高医护人员的业务素质和医德修养,增加患者对他们的满意程度,也有利于遵医率的提高。

2. 高度重视患者在执行医嘱方面的偏差,采取必要的方法和手段加深对医嘱的理解和记忆,提高他们执行医嘱的能力。首先,要提高患者的注意力,明确告诉他们医嘱的内容和严格执行的重要性以及不遵医嘱可能带来的危险后果;其次,医嘱内容要尽量简单明了,通俗易懂,少用专业术语;再次,尽量使医嘱内容具体化,把药物名称、作用、服药次数详细地告诉患者;最后,可以让患者复述医嘱的内容。

3. 医生开处方时要注意主次分明,尽量使用疗效显著、副作用小、容易服用的药物,少开辅助性的一般药物,避免患者服错药或者遗漏服药等不遵医行的发生。

三、医患关系及其意义

(一)人际关系

人际关系(interpersonal relationship)就是在社会交往过程中所形成的、建立在个人情感基础上的人与人之间相互吸引与排斥的关系,反映人与人之间的在心理上的亲疏远近距离。人际关系一般包含三种相互关联、相互影响的部分:认识、情绪及行为。认识部分包含与认识有关的人际心理过程,情绪部分包括双方的情绪状态,行为部分主要包括活动、活动的结果及举止作风等。社会认知和人际吸引理论与人际关系的形成有密切关系。

1. 社会认知

社会认知(social cognition)是个体对自己或他人的心理状态、行为动机和意向做出的理性分析与判断的过程,包括感知、判断、推测和评价等一系列的心理过程。社会认知的结果是人际关系建立的基础。

在社会现实生活中,人们由于各自的经历不同,形成了各自所特有的认知结构,因此,即使是同样的社会刺激,各人的认知表现各不相同,因之所致的人际关系结果也不相同。人们在社会认知过程中,会保持对他人认识判断的一致性,减少互相矛盾的评价,并会以个人的态度倾向有选择地认知他人,表现出认知对象的社会意义和价值。在社会认知的过程中还会因自我控制的作用调节认知结果，使之保持与社会环境的平衡。

2. 影响社会认知的因素

社会认知受客观因素和主观因素的影响。

客观因素指环境特点和认知对象特点，在不同的社交情境中会有不同的认识和判断，认知对象的外部表情、言谈举止、音容笑貌以及语言等信息，是社会认知的主要依据。

主观因素指认知者本人的文化背景、生活经验、生活方式，以及个人需求、价值取向等特点，人们总是根据自己的标准及需求认识自己及他人。

人们通过对自己的认知形成自我概念（self-perception）和自尊（self-esteem），即对自己的认识和评价。

人们通过对他人的认知形成对他人的印象（impression），印象形成中由于信息出现次序不同产生了首因效应（primacy effects）和近因效应（recent effects）。

首因效应是指人们比较重视最先得到的信息，在首次交往中由仪表、风度、言语、举止等形成的第一印象对印象的形成有关键作用。

近因效应则是指最新得到的信息对他人的印象形成起较强作用的现象，即最后一次交往留下的印象影响更大。

由于人们的社会经验和在社会认知中的联想，形成了印象形成中的晕轮效应（halo effects），这是由交往对象的某种特征推知其他相关联特征的现象，如一位同学因学习好给人留下的好印象，会使人觉得他的其他方面都好。人们对社会群体的认知形成刻板印象（stereotype），这是对某一特定群体的固定而概括的看法，如人们普遍认为的男性有坚毅、果敢、独立、以事业为中心的特点，而女性有敏感、热情、依赖、以家庭为中心的特点，刻板印象有其一定的合理性，但也有许多偏差的成分。

3. 人际吸引

人际吸引（interpersonal attraction）是人与人之间产生的彼此注意、欣赏、倾慕等心理上的好感，从而促进人与人之间的接近并建立感情的过程。人际吸引是人际交往的前提和基础。

产生人际吸引的原因主要有以下5个方面：

（1）相近吸引，是由于时间及空间上的接近而产生的吸引。

（2）相似吸引，是以彼此之间的某些相似或一致性特征如态度、信念、价值观念、兴趣、爱好等为基础的吸引。

（3）互补吸引，是当交往双方的需要以及期望成为互补关系时，就会产生强烈的吸引力；相悦吸引，是指在人际关系中使人感受到的心理上愉快满足的感觉产生的吸引。

（4）仪表吸引，是由人的身材、容貌、衣着、打扮、风度等仪容仪表产生的人际吸引。

（5）敬仰性吸引，是因单方面对某人的某种特征的敬慕而产生的人际吸引。

（二）医患关系

医患关系（doctor-patient relationship）是医护人员与患者之间相互联系相互影响的交往过程，是一种特殊的人际关系。

医患关系的实质是医护人员以自己的专业知识和技能帮助患者摆脱病痛，预防疾病，保持健康的过程。

和其他人际关系相比，医患关系有以下特征。

1. 医患关系以医疗活动为中心，以维护患者健康为目的

医患关系是一种工作关系，以治疗疾病、维护健康为目的的医疗活动是医患交往的核心内容。

2. 医患关系是一种帮助性的人际关系

医护人员具备专业知识和技能，处于帮助者的地位，患者因其健康问题，处于被帮助者的地位。

3. 医患关系是以患者为中心的人际关系

一切医疗过程和医患交往过程都要作用于患者，并以解决患者健康问题为目的，因此对医患关系的评价应主要以其对患者的作用和影响为标准。

（三）医患关系的作用及意义

传统的医疗活动仅以各种检查和检验数据来诊断疾病，忽视医患关系，已经造成了许多不良后果。医学模式的转变使现代医学更加重视医患关系的作用，良好的医患关系的作用和意义主要体现在以下几个方面。

1. 良好的医患关系是医学模式转变的要求

新的医学模式要求医疗活动从生理、心理、社会三个维度考虑健康和疾病的问题，良好的医患关系是促进患者心理健康和社会适应的必经途径。

2. 良好的医患关系是医疗活动顺利开展的前提

良好的医患关系可以增强患者对医务人员的信任感，帮助医务人员更好地采集病史资料，还可以提高患者对医嘱的依从性，争取患者在医疗活动中的配合。

3. 良好的医患关系可调节患者心理状态，有利于健康恢复

可以消除患者因疾病产生的不良心理反应，调节情绪状态，并通过心理—生理反应提高抗病力。

四、医患关系模式

根据医患双方在共同建立及发展医患关系过程中所发挥的作用、各自所具有的心理方位、主动性及感受等的不同，可以将医患关系分为以下3种基本模式。

（一）主动-被动型

主动-被动型（active-passive mode）是一种最常见的单向性的、以生物医学模式及疾病的医疗为主导思想的医患关系模式。其特征为"医生为患者做什么"，医生在医患关系中占主导地位。医生的权威不会被患者所怀疑，患者一般也不会提出任何异议。

这种模式主要存在于昏迷、休克、全麻、有严重创伤及精神病等患者的医疗过程中。此类患者一般部分或完全地失去了正常的思维能力，需要医生有良好的职业道德，高度的工作责任心，以及对患者的关心与同情。

（二）指导-合作型

指导-合作型（guidance-cooperation mode）是一种微弱单向、以生物

心理社会模式及疾病治疗为指导思想的医患关系，其特征是"医生教会患者做什么"，医生在医患关系中仍占主导地位。但医患双方在医疗活动中都是主动的，尽管患者的主动是以执行医生的意志为基础，医生的权威在医患关系中仍然起主要作用，但患者可以向医生提供有关自己疾病的信息，同时也可以对医生及治疗提出意见。这种模式主要存在于急性病患者的医疗过程。因为此类患者神志清楚，但病情重，病程短，对疾病的治疗及职业了解少，需要依靠医生的指导以更好地配合治疗。此模式的医患关系需要医生有良好的职业道德，高度的工作责任心，良好的医患沟通及健康教育技巧，使患者能够在医生的指导下早日康复。

（三）共同参与型

共同参与型（mutual participation mode）是一种双向性的、以生物心理社会医学模式及健康为中心的医患关系模式。其特征为"医生帮助患者自我恢复"，医患双方的关系建立在平等地位上。在这种模式中医患双方是平等的，相互尊重，相互学习，相互协商，对医务目标、方法及结果都较为满意。

这种模式主要存在于慢性疾病的医疗过程中。患者不仅清醒，而且对疾病的治疗比较了解。此类疾病的治疗过程常会涉及帮助患者改变以往的生活习惯、生活方式、人际关系等。医生要以患者的整体健康为中心，尊重患者的自主权，给予患者充分的选择权，帮助患者树立战胜疾病的信心，使患者在功能受限的情况下有良好的生活质量。

五、临床医学中的人际交往

交往（communication）是人们以变换意见、表达情感、满足需要为目的，彼此间相互了解，认识和建立联系的过程。交往过程是一个人与人之间信息交流的过程，也是交往双方获得心理满足的过程。

（一）言语交往

言语交往是信息交流的一个重要方式，主要指以口头语的交往方式即交谈或称晤谈（interview），而书面语的形式则少用。交谈能准确地表达和传递信息,只要交往双方对语言及语境理解一致,交往中损失的信息就较少。交谈是医患之间最主要的交往方式,医务人员询问病情、了解病史、进行治疗及健康指导一般都是通过交谈来完成的。

医护人员语言美,不只是医德问题,而且直接关系到患者的生命与健康。因此,医护人员一定要重视语言在临床工作中的意义,不但要善于使用美好语言,避免伤害性语言,还要讲究与患者的沟通技巧。

1. 交谈的原则

(1) 尊重患者:交谈要在平等和谐的医患关系中进行。在医患关系中,患者一方常处于弱势地位,因而在医疗过程中经常会出现医务人员居高临下,患者被动服从的情形,这时患者信息往往不能很好地表达,产生沟通障碍。

(2) 有针对性:医患交往毕竟是医疗活动的一部分,交谈应该有目的、有计划地进行。在交谈之前,医护人员应做充分的准备,明确交谈的目的、步骤、方式。

(3) 及时反馈:在交谈过程中应及时反馈,采用插话、点头肯定、表情等手段对患者的谈话进行应答。及时的反馈有利于交谈过程顺利进行,也有利于医患间的双向信息交流。另外,对交谈中获得的信息也应及时整理分析,并将有关内容反馈给患者,如疾病的诊断、病情的进展、治疗方案的实施、疾病的预后等。

(4) 避免使用伤害性语言:伤害性语言可以代替种种劣性信息给人以伤害刺激,从而通过皮层与内脏相关的机制扰乱内脏与躯体的生理平衡。如果这种刺激过强或持续时间过久,还会导致或加重病情。例如,医务人员一句漫不经心的话可以导致严重的医源性疾病,一声恶语可以使冠心病发作甚至猝死。临床上引起严重后果的伤害性语言有如下几种:

1) 直接伤害性语言,包括对患者训斥、指责、威胁、讥讽和患者最害怕听到的语言。例如,一肝病患者因大便弄到了手上,被护士训斥一顿,几分钟后患者出现了肝昏迷;一肺心病患者,因自己调整氧气阀受到了护士的严厉指责,因而加重了心力衰竭,经抢救无效而死亡;还有的医护人员当面告诉患者疾病治疗无望,也能加速患者的死亡。

2) 消极暗示性语言,医护人员无意的言语给患者造成严重的消极情绪。比如有个患者害怕手术，提心吊胆地问护士："我要做的肺叶切除手术有危险吗？"护士冷冰冰地说："那谁敢保险！反正有下不来手术台的！"结果这个患者拒绝手术，拖延了手术期。

3）窃窃私语，由于渴望知道自己的病情，患者会留意医务人员的言谈，并往往联系到自己。护士与护士或医生与护士在患者面前窃窃私语，患者听得片言只语后乱加猜疑，或根本没听清而纯属错觉，这都容易给患者带来痛苦或严重后果。

（5）善于使用美好语言：美好的语言，不仅使人听了心情愉快，感到亲切温暖，而且还有治疗疾病的作用。医生护士每天与患者接触，频繁交往，如果能注意发挥语言的积极作用，必将有益于患者的身心健康，大大提高医疗水平。在临床护实践中，应当熟练运用的语言主要有如下几种：

1）安慰性语言：医务人员对患者在病痛之中的安慰，其温暖是沁人肺腑的，所以医生护士应当学会讲安慰性语言。例如，对刚进院的患者，护士主动对他说："我是您护理组的负责护士，名叫×××，有事情找我，不必客气。"在早晨见到刚起床的患者就说："您昨天睡得很好吧，看您今天气色很好。"话虽简短，但患者听后感到亲切愉快，这可能会使他这一天的心境一直很好。

对不同的患者，要寻找不同的安慰语言。对牵挂丈夫、孩子的女性患者，可安慰她："要安心养病，他们会照料好自己的。有不少孩子，当大人不在的时候更懂事。"对事业心很强的中年人或青年人，可对他们说："留得青山在，不怕没柴烧。"对于病程较长的患者，可对他们说："既来之，则安之，吃好、睡好、心宽，病会慢慢好起来的。"对于较长时间无人来看望的患者，一方面通知家属亲友来看望，一方面对患者说："您住进医院，亲人们放心了。他们工作很忙，过两天会来看您的。"

2）鼓励性语言：医务人员对患者的鼓励，实际上是对患者的心理支持。这对调动患者的积极性与疾病做斗争是非常重要的。所以，应当学会对不同的患者说不同的鼓励性的话。比如，对病程中期的患者说："治病总得有个过程，贵在坚持！"对即将出院的可说："出院后要稍加休息，您肯定能做好原来的工作！"

3）劝说性语言：患者应当做而一时又不愿做的事，往往经医务人员的劝说后而顺从。例如,有位 52 岁的男性早期胃癌患者,因害怕手术,宁肯速死也不肯做手术。家人再三劝说无效,而护士的一席话却使他愉快地接受了手术,结果预后颇佳。

4)积极的暗示性语言:积极的暗示性语言可以使患者有意无意地在心理活动中受到良好的刺激。比如,看到患者精神比较好,就暗示说:"看来你气色越来越好,这说明治疗很有效。"对挑选医生治病的患者说:"别看某某医生年轻,可他治你这种病还真有经验。"

5)指令性语言:有时对患者必须严格遵照执行的动作和规定,护士指令性的语言也是必须的。比如,做精细的处置时指令患者"不许动";患者必须空腹抽血或检查时,指令患者不得进食;静脉点滴时指令患者"不得随便调快速度";对肾脏和心脏病患者告诉他们:"一定要低盐饮食",等等。护士在表达这种言语时,要显示出相当的权威性来。

2. 交谈技巧

说话不但要注意上述几种方式,还要因人因病采用不同的谈话技巧。急性人喜欢说话开门见山,慢脾气的人喜欢慢条斯理,思维型的人喜欢言语合乎逻辑,艺术型的人喜欢言语富有风趣,老年人喜欢言语唠叨重复,青年人喜欢言语活泼一些,儿童则喜欢言语滑稽一些。医生护士的言语要与之相适应。对急性或很痛苦的患者,言语要少,要深沉,给予深切的同情;对长期卧床的患者,言语要带鼓舞性;对抑郁型或躁狂型患者,言语则顺从。

(1)善于引导患者谈话:医生护士对患者是否有同情心是患者是否愿意谈话的关键。对于患者来说,他认为自己的病痛很突出;而对于医生护士来说,患者有病痛是疾病过程中常见的事。如果医生护士的情感没有"移入"患者,就会缺乏对患者的同情心。

此外,对谈话内容感兴趣,也是使谈话成为可能的前提。特别是在引导那些沉默寡言的患者说话时,一方面要着意找出患者感兴趣的事件,另一方面在谈话开始时,对任何话题都要表示出相当的兴趣。但也要注意,和患者闲聊,对患者热情过度,也会收到相反的效果。

(2)开放式谈话:如果有一患者告诉医生护士说:"我头痛。"回答:"吃片去痛片吧。"这样,就头痛问题的谈话,则无法继续了。这种谈话就是"封闭式"的谈话。

如果医生护士这样说："哦,怎么痛,什么时候开始的?"或问:"痛得很严重吗?"这种谈话患者不能用"是"或"否"的答案结束提问,医生护士可以从与患者的谈话中继续提问,这种谈话就是"开放式"的谈话。

(3) 重视反馈信息:所谓反馈是指说话者所发出的信息到达听者,听者通过某种方式又把信息传回给说话者,使说话者的本意得以澄清、扩展或改变。可采用目光接触、简单发问等方式探测患者是否有兴趣听,听懂没有等,以决定是否继续谈下去和如何谈下去。这样能使谈话双方始终融洽,不致陷入僵局。

(4) 认真谈:与患者交谈时,如果听者心不在焉地似听非听,或者随便中断患者的谈话或随意插话都是不礼貌的。听话时,应集中注意力,倾听对方所谈内容,甚至要听出谈话的弦外之音。谈话时,要让对方看到自己。特别是老年患者,他们视野窄,和他们面对面地谈,效果最好。有一名护士,在向患者家属介绍病情时,斜着身子,两手插在口袋中,显得高傲不凡,家属当即表示不信任,非要亲自陪护不可。

另外,谈话时要用相互能理解的词语。如告诉有的患者"此药对××敏感"。由于患者对"敏感"二字概念不清,这一信息反使患者增加疑虑。在临床上,经常发生医生护士埋怨患者不认真听,明明已经交代清楚的事还反复问。这是因为对患者来说,他可能是处于焦虑、恐惧等不平静心理状态下,对所给予的信息很容易遗忘;而对医生护士来说,则可能由于语速快,所给信息复杂或比较含糊而使患者记不住。

谈话双方由于知识结构不同,有时也会给沟通带来困难。只有从认真谈话中逐渐了解对方,沟通才会顺利进行。

(5) 处理好谈话中的沉默:患者谈话中出现沉默有4种可能:

第一是故意的,是患者在寻求医生的反馈信息。这时给予一般性插话,以鼓励其进一步讲述。

第二是思维突然中断,或是出于激动,或是突然有新的观念闪现。这时最好采用"反响提问法"来引出原来讲话的内容。例如,一个刚入院的患者说:"今晚我吃了一两饭。"这时出现突然的停顿。医生应当说:"您吃了一两饭?"这样会引导患者按照原来的思路说下去。如若不然,问：“是食堂饭菜不好吗？”这样问就会妨碍患者说出原来要说的内容。

第三是有难言之隐。为对患者负责，应通过各种方式启发患者道出隐私，以便医治其心头之痛。

第四是思路进入自然延续的意境。有时谈话看起来暂时停顿了，实际上是谈话内容正在富有情感色彩地引申。沉默本身也是一种信息交流，所谓"此处无声胜有声"。谈话时，也可运用沉默的手段交流信息。但长时间的沉默又会使双方情感分离，应予避免。打破沉默的最简单方法是适时发问。

（二）非言语交往

非言语交往在人际交往中亦占有重要地位，因为人们相互交往在许多情况下不可能全部以言语的方式来表达，也可以通过表情、动作、目光接触、周围环境信息等手段表达自己的情感，从而达到交往的目的。非言语交往可分为动态与静态两种。动态主要包括面部表情、身体表情和人际距离等。静态包括衣着打扮、环境信息等。

1. 面部表情

面部表情动作包括眼、嘴、颜面肌肉的变化。喜悦与颧肌、痛苦与皱眉肌、忧伤与口三角肌都有一定的关系。面部表情的变化是医生观察患者获取其变化的一个重要信息来源，同时也是患者了解医生心灵的窗口。医生既要有善于表达情感的面部表情，也要细心体察患者的面部表情。

2. 身体表情

身体表情是身体各部分的姿势动作。例如，沉痛时低头肃立，惧怕时手足无措。此外挥手、耸肩、点头等方式都表达一定的意思。临床活动中，医生诚恳友善地点头，患者的温暖和安全感就油然而生。

3. 目光接触

俗话说"眼睛是心灵的窗口"，它既可以表达和传递情感，也可以揭示某些个性心理特征，是非言语交往中的主要信息渠道。临床上，医务人员与患者交谈，双方往往通过目光接触判断对方的心理状态和信息接受的程度。

4. 人际距离与朝向

两人交往的距离与朝向取决于彼此间会见亲密的程度,它在交往初期就显得十分重要,直接影响到双方继续交往的程度,有人将人际距离分为4种:①亲密型,为0.5米以内;②朋友型,为0.5~1.2米;③社交型,为1.2~3.5米;④公众型,为3.5~7.0米。医生对孤独自怜的患者、儿童和老年患者,可以适当地缩短人际距离,促进情感间的沟通。

5. 语调表情

语调能传递言语以外的深刻含义。

6. 接触

接触是指身体的接触。据国外心理学家研究,接触的动作有时会产生良好的效果。按中国的文化背景和风俗,除了握手之外,在医院这样的公共场合,只限和儿童接触较为随便。对成年患者,护士的某些做法如若得当,也可收到良好的效果。例如,为呕吐患者轻轻拍背,为动作不便者轻轻翻身变换体位,搀扶患者下床活动,对手术前夜因惧怕而难以入睡以及术后疼痛患者进行背部按摩,以示安慰并分散注意力,以及双手久握出院人的手,以示祝贺。这些都是有益的接触沟通,对神经症患者的接触,更有鼓励支持作用,可使患者愿意说话,愿意解剖自己,改善态度,增强病愈信心。

参考文献

[1] 叶浩拉. 医患关系与消费关系的区别以及患者权益的保护. 法制与经济(下旬刊),2017,1:143-144

[2] 谢清华,李卓. 网络舆情对构建和谐医患关系的影响和对策分析. 人力资源,2017,1:19-20

第十二章
老年药物心理学

本章导读

- 药物的生理作用及心理效应
- 影响药物心理效应的因素
- 药物的安慰剂效应
- 药物依赖
- 患者用药的依从性
- 老年人的用药问题

老年药物心理学（pharmacopsychology of aging）是研究药物在应用到老年人的过程中，药物对老年人心理活动和行为的影响以及影响药物效应的心理社会因素的一门科学，它是提高老年人药物疗效的心理学的分支学科。

第一节　药物的生理作用及心理效应

神经生理学、神经心理学、神经生物化学、神经内分泌学、精神药理学和行为科学等学科的飞速发展，为阐明药物的心理效应提供了神经生物学的理论，使我们有可能认识药物引起的心理和行为变化的可能作用机制。

使用药物时，不仅要重视药物本身引起的生理效应，还要重视患者在接受药物治疗时的心理效应和行为改变。

临床上我们经常看到，如果患者对某种药物高度信任甚至是迷信，那么患者心理上处于良好的感受状态，则药物疗效可大大提高，甚至没有药理作用的安慰剂也可以具有某种良好的疗效。反之，即使是确实有治疗作用的药物，如果患者对它不信任或反感，则这种药物的疗效则会大打折扣，甚至没有任何治疗效果。

对药物心理效应的这些研究表明，利用患者对药物认知活动的规律，因势利导，增加用药的依从性，提高药物的疗效。

药物引起的干扰正常心理活动的现象有如下几类。

1. 记忆力减退

作用于中枢神经系统的药物如安定类药物、催眠药、镇静剂和抗癫痫药物，可引起患者记忆力下降。

2. 意识障碍

使用阿托品及莨菪碱类、安定、抗组胺等药物可引起一定的意识障碍，可引起意识的内容和意识的程度的改变。

3. 长期状态情绪改变

抗高血压药物可致抑郁；酒精、催眠药、异烟肼等药物可以引起欣快感。

4. 精神运动性失调

如安定可以引起精神运动性失调，因此，特别是驾驶人员不能使用；抗精神病药物可引起震颤麻痹；长期饮酒或服用催眠药可引起肢体震颤等。

5. 幻觉和妄想

使用苯丙胺、类固醇激素、异烟肼、合霉素等药物时，可以出现幻觉、妄想等精神症状。

第二节 影响药物心理效应的因素

患者用药后，有无效果，疗效多大，受很多因素的影响，其中与心理因素有很大的关系。

1. 人文背景

患者的求医行为和选择药物的习惯甚至是偏见与特定的人文背景有直接关系。另外，对用药的民间传说、官方舆论和名人的宣传、患者的社会地位和经济情况等因素都能影响药物的心理效应。

一般来讲城市居民一般推崇现代医学，喜欢用西药；而农民大多首先去找中医或民间医生，服用中药或单方草药，只有在治疗无效时才去找西医；也有一部分人始终只相信中医中药或只相信西医西药，甚至是只服用一种品牌的药物，有时迷信一种药物，如一种特殊的抗生素，可以达到常年连续服用的惊人程度。

2. 疾病的性质

一般来说，凡是感染、代谢、内分泌紊乱和营养不良疾病，应进行抗感染、纠正代谢紊乱、调节内分泌的异常机能活动、补充营养等，这类调整生理功能的药物引起的心理作用不大，而心因性疾病（心身疾病），或虽为器质性疾病，在使用药物时，往往会产生比较明显的药物心理效应。

3. 个体特征

个体的气质、人格特点、年龄（特别是老年）等因素，也会影响药物的心理效应，如有的老年人，没有病也热衷于买药；有的把退休金几乎全部用于买药，而这些药并没有吃掉。动物实验证明，强而不可抑制的兴奋型实验动物，所需药物的剂量要大于弱而抑制型动物的 8 倍才能产生相同的药物的生理心理效应。

4. 药物的制备、剂型和包装

这些因素对患者可能直接产生暗示作用，具体特点分述如下：

（1）对药物颜色的选择：喜欢白色的最多，其他依次为浅黄色、浅红灯色、浅绿色、棕色、黑色和紫色。

（2）对药物味道的选择：最喜欢甜味，其他依次为无味、香味、酸味、苦味和咸味。

（3）对药物剂型的选择：最喜用糖衣片，其次为冲剂、胶囊、普通片剂、丸剂、合剂和散剂。

（4）对包装的选择：喜欢玻璃瓶；喜欢压膜药物的患者也较多，因携带轻便又可防潮。

（5）药物的包装设计、美工造型、图案、商标，也都会产生药物的心理效应。为了适应患者的求异心理，市场上不断有新药推出。

5. 用药心理

医师和患者都喜欢使用作用强、见效快并且安全的药物。

医院的门诊用药调查表明滥用抗生素、维生素、激素的现象十分严重。究其原因，一是患者要求用，二是医生也往往有一定的投其所好的心理。享受公费医疗的患者，喜欢用新药、进口药、名贵药而且希望多用药，联合用药的心理十分普遍，而经济条件差的农村患者则希望用价廉而有效的药物。

6. 用药方法和途径

就服药次数来说，患者倾向于以少为好。因为既可减少麻烦，又能避免遗忘服药。故出现一日一次、一周一次或两周一次的用药方法。用药次数过频、间隔时间太短，易发生不良反应、干扰工作和学习、引起患者的不良心理反应。

7. 药物不良反应

如用药后出现疲乏、头晕、恶心、呕吐、震颤、共济失调等症状，使患者不易耐受，往往就会引起不遵从医嘱、中断治疗、甚至动摇对治病的信心。

第三节　药物的安慰剂效应

安慰剂（placebo）是一种既无药效，又无毒副作用的中性物质，但其外观与真药完全相同。安慰剂多由葡萄糖、淀粉等无药理作用的惰性物质构成。安慰剂对于那些渴求治疗、对医务人员充分信任或崇拜的患者，能在心理上产生良好的、积极的治疗反应，可以出现双方希望达到的药效，这种效应就称为药物的安慰剂效应（placebo effect）。

使用安慰剂时容易出现相应的心理和生理效应的人，被称为安慰剂反应者。这种人的人格特点是：好交往、有依赖性、易受暗示、自信心不足、好注意自身的各种生理变化和不适感、神经质。

医务人员可以利用安慰剂激发患者的安慰剂效应。当患者对某种药物深信不疑时，就可增强这种药物的治疗效果，提高整体医疗质量。某种新药问世，评价其疗效时，一定要把药物的安慰剂效应估计进去。如果某种新药的疗效与安慰剂的疗效经双盲法验证后相差不大，没有统计学上显著性差异时，这种新药的临床使用价值就不大。这也就是为什么一些没有实际药效的"新药"刚刚问世时，人们往往把它们当作灵丹妙药，而经过一段时间的使用后，其热潮消失、身价暴跌以至于无人问津的原因。

还有一些患者，在使用安慰剂时，也可出现恶心、头痛、头晕及嗜睡的药物不良反应，这也属于安慰剂效应。

在患者中安慰剂效应是较易出现的，大约有35%的患躯体疾病的患者和40%的精神病患者都会出现此种效应，由于患者有这种心理特点，才使江湖野医和巫医术士得以有活动市场，施展其术，骗取利益。

第四节　药物依赖

药物依赖或药物成瘾是指对药物和毒品的生理依赖和心理依赖，一旦突然中止药物或毒品，就会出现戒断反应如焦虑、惶恐、疼痛、流涎、无力、疲乏、失眠等症状，严重者可以出现谵妄、震颤、大汗、恐怖性幻视、幻听、兴奋、躁动、甚至可以导致虚脱。

医务人员在指导患者使用药物时要考虑药物依赖问题。药政管理和药物销售部门也要考虑到药物引起的药物成瘾。为了保护人民健康、维护社会安定、减少犯罪，医务人员、公安机关和海关等部门都应十分重视药物的合理使用并加强对精神类药物的监管。

一、药物依赖的原因

1. 疾病

如由于疼痛、失眠而长期服用止痛片、APC、安乃近、麻黄素及催眠剂等。

2. 处方问题

医师滥用或过度使用某种药物。

3. 监管问题

药物销售管理不严，不按国家规定的精神药品和毒麻品使用规范操作。

4. 滥用职权

医务人员凭借职务之便，轻易或长期使用某种药物而引起药物依赖。

二、药品滥用及酒瘾的社会心理原因

1. 止痛

疾病或手术后为了止痛，过度使用如吗啡类药物而成瘾。

2. 长期用药

焦虑症或抑郁症患者，精神痛苦不能自拔，或借酒消愁或服用抗焦虑、抗抑郁剂而成瘾。

3. 药品滥用

精神空虚无聊，寻找刺激，为获得暂时欣快感而吸大麻、致幻剂等药物（abused drug）。

4. 试毒

年幼无知、意志薄弱，为猎奇而尝试成瘾。

5. 病态人格

某些病态人格或精神病患者，抱着特殊动机而沉溺于某种毒品而成瘾。

6. 文化因素

以酒待客已成为许多活动的必备形式，而且非一醉方休才够朋友，而且豪饮者才是英雄。在这样的社会群体中，很易形成酒精滥用和成瘾。

第五节　患者用药的依从性

用药依从性（compliance）是指患者是否按医师所嘱用药。在临床医疗实践中，要治好疾病，不仅决定于医师的正确用药，还决定于患者是否合作，严格执行医嘱用药。

事实上，据调查有 30%~70% 的患者没有按医嘱用药，甚至未用药，或中途停药。

一、患者不依从医嘱的原因

患者不按照医嘱用药的原因有：

1. 不信任医师。
2. 怕药物中毒。
3. 怕药物的不良反应。
4. 怕成瘾。
5. 有些患者自觉病情好转，不愿再服药。
6. 用药时出现不良反应，不能忍受。
7. 用药方式或途径不方便，嫌麻烦。

8. 太忙，忘记按时服药，因而时断时续。

9. 经济因素，嫌药物太贵。

10. 认为药价太便宜治不了病。

当然，也有相反的现象，患者急于求成，滥用、多用药物。

因此，医师应郑重用药，耐心地向患者说明必须用药的道理，可能出现的药物副作用，不执行医嘱的危害。尊重患者用药的意见；与药剂人员及药厂互通信息、加强合作，制备患者乐意使用和能坚持服用的药物制剂，以提高药物的治疗效应。

二、患者拒绝用药治疗的对策

无论是什么原因，如不坚持用药都会给患者带来不同程度的不良后果，对此要采取不同的对应办法。

1. 对待疾病没有自知力的患者，如果家里没有条件，最好让其住院治疗，在医院里 24 小时有值班护士，看着患者服下 3 顿药，能够保证患者的治疗。一般情况下先要采用耐心说服的办法，大部分患者一般是能够被动接受的。尽管他不愿意，看着医生护士监督和督促也就能够按时服药。

2. 有少部分患者，尽管医务人员耐心解释，也不能够服从。这时要在医生的指导下，可采用暗服药的办法，或肌内注射或静脉注射药物的方法进行治疗，甚至是肌内注射长效药物等。目的是让患者尽早得到治疗。

3. 如果有条件也可采用将药研碎放在粥里来让患者服下。有时这种办法也可治疗一段时间。

4. 对于抑郁症患者，一定要注意其自杀倾向，一般对这种患者需要一日三次用药，每次药都要认真看着患者服下去，再让患者张开嘴，看看是否藏在舌下，或牙齿周围，看着患者确实服下了，再让患者坐一会儿，待药物充分在身体里发生作用之后，再让患者离开，因为有时有的患者服药后会马上到厕所将药物吐掉。因此，对这种患者服药时要认真观察，防止患者藏药或大量吞服药物造成不良后果。

5. 恢复期的患者，长期服用抗精神病药的患者，自认为无须再继续服药，而拒绝服药的患者，需要做好说服解释工作，帮助患者认识疾病的性质、特点和规律，以及维持用药的重要性，争取患者的配合，并且要及时了解患者用药的不良反应。可根据情况适当调整药量，减少患者的痛苦，达到巩固疗效和预防疾病复发的目的。

6. 对病理性原因（幻觉、妄想等）采取快速药疗时，应给予强制执行，尽快控制症状。

7. 对非病理性原因的治疗，要积极开展心理治疗（针对性认知治疗），改变其错误认知。

8. 对不明原因者，应在积极治疗、确保疗效的前提下，尽快寻找原因，以便更好处理；观察病情变化，以了解其病情波动是否系拒药所致；经常检查患者活动场所，察看有无遗弃的药片等；观察服药、治疗时，患者的合作程度，开展健康教育，提高患者的治疗依从性，促进其康复。

第六节 老年人的用药问题

因为新陈代谢及身体各主要器官功能的衰退，老年人发生药物不良反应的危险增多，容易出现药源性疾病。因此，对老年患者所用的药物及其剂量乃至药物监测都应予以足够的重视。

一、老年人用药原则

老年人用药应该注意以下几点：

1. 确定必需的药物治疗，老年人的一些健康问题无须用药亦可解决。如老年人易便秘，为此常服泻药。其实老人便秘，最好用调节生活节奏和饮食习惯的方法来解决，养成每天定时排便的习惯，必要时可选用甘油栓或开塞露通便，禁止长期使用泻药。

2. 尽量避免一次服用多种药物。老年患者服用的药物越多，发生药物不良反应的机会也越多。此外，老年人记忆力欠佳，药物种类过多，易造成多服、误服或漏服，因此，最好一次不超过3~4种。

3. 服药方案尽可能简单，如果可行，最好选择每日只服一个单剂量的药物。

4. 考虑到老年患者的耐受性较低，多数药物首剂量通常最好小于标准剂量；维持剂量也应该慎重确定，一般60岁以上老人的维持剂量要比其他成年人的小一些。老年人用药，一般用成人剂量的1/2~3/4即可。

5. 联合用药。将两种治疗作用相同、不良反应相反的药物合并使用，可增强疗效，又能减少不良反应。

6. 出现药物不良反应时，应及时更换药物或更换其他药物剂型。

7. 注意烟酒茶及食物对药物作用的影响。

8. 尽可能避免大的片剂或胶囊，选用液体制剂便于老年人或体弱者服用。

9. 老年人用药应进行监督，确保安全有效。一种药物长期应用，不仅容易产生抗药性，使药效降低，而且会对药物产生依赖性甚至形成药瘾。

10. 禁止滥用三大"素"。抗生素、激素、维生素是临床常用的药物，老年人将它们当成万能药。应当预防这类药物的滥用，否则会导致严重的后果。

11. 依赖安眠药。老年人大多数睡眠都不太好，但长期服用安眠药易发生头昏以及步态不稳，久用还可成瘾并损害肝肾功能。治疗失眠最好用非药物疗法，安眠药为辅。安眠药只宜用于帮助患者度过最困难的时刻，必须应用时，最好交替轮换使用毒性较低的药物。

二、老年人慎用的药物

1. 老年人最好避免使用的药物

下列药物老年人最好避免使用，因其易增加不良反应发生的可能性：制酸药、巴比妥、保泰松、羟基保泰松、环磷酰胺、四环素类、己烯雌酚、环苯丙胺、雌激素、吲哚美辛（消炎痛）。

2. 老年人使用时应减量的药物

巴比妥酸盐类、利尿药、催眠药、抗高血压药、麻醉药、三环类抗抑郁药、抗组胺药、降糖药、口服抗凝血药、洋地黄制剂、新异丙肾上腺素、肾上腺素、特布他林、甲状腺制剂、氟哌啶醇、肾上腺皮质激素类、伪麻黄碱、麻黄素、布洛芬、苯氧苯丙酸、甲氧萘丙酸、美托洛尔、萘啶酸、哌唑嗪、普萘洛尔、秋水仙碱、奎尼丁和托美汀等。

3. 老年人使用后可引起意识模糊和行为障碍的药物

金刚烷胺、布洛芬、抗组胺药物、麻醉药品、镇痛新、巴比妥、苯妥英钠、扑痫酮、卡马西平、洋地黄制剂、利血平、甲基多巴、左旋多巴、利尿药、弱安定类药、镇静药、催眠药、甲丙氨酯、苯海索、氢麦角碱、西咪替丁、氨砜噻吨、苯氧苯丙酸、三环类抗抑郁药、阿托品（及含颠茄的药物）和舒筋灵。

4. 可引起老年人直立性低血压的药物

抗高血压药、安定类药、利尿药（各种类型）、三环类抗抑郁药、吩噻嗪类和血管扩张剂。

5. 易引起老年人便秘或尿潴留的药物

新异丙肾上腺素、肾上腺素、雄激素、金刚烷胺、氢麦角碱、阿托品类似药品、抗帕金森症药、麻醉药品、吩噻嗪类、特布他林和三环类抗抑郁药。

6. 易引起老年人尿失禁的药物

利尿药、催眠药和镇静药。

三、老年人服药应特别注意的问题

老年人体弱多病，服药的机会也多，甚至有35%的老人还不只患一种病，服药多对身体造成损害的机会也多。

1. 地高辛

洋地黄类强心药，可用于充血性心力衰竭。地高辛的治疗量和中毒量很接近，因此安全范围窄。老年人的肾清除率比中青年低，故极易发生中毒反应。

老人服用后，有50%~95%的人感到疲乏、倦怠、食欲欠佳、恶心。这些症状可导致进食量减少，因此，任何一个服用地高辛的老年患者，如果体重明显减轻，就应该考虑到中毒，必要时应该停用地高辛或采取其他措施。

2. 利尿剂

患高血压和充血性心力衰竭的老年患者要服用利尿药。任何人服用利尿药，都可因尿中大量排出钾而导致全身无力、心律失常、血压过低。在服利尿药期间一定要多补充富含钾的食物，如绿豆、豌豆、蚕豆、红豆、大豆、香菇、蘑菇、发菜、紫菜、海带、干贝类、虾仁、香蕉、花生等。

3. 激素类药物

对于老年人来说，激素类药物是慎用药。老年人由于蛋白质需要量增加，维生素 D 和钙吸收减少，对因激素类药物引起的肌肉萎缩和骨质疏松特别敏感，而且停药后也不能恢复，特别是绝经后老年妇女用此药更易引起骨质疏松，所以老人不能用激素类药物。如果病情需要，非用不可时，必须充分补充动物肝、鱼肝油、禽蛋、牛奶（或羊奶）等含维生素 D 很丰富的食物，以及含钙丰富的蛋黄、黄豆、虾皮、豆腐、海带、干酪等。

4. 异烟肼

又叫雷米封，是治疗肺结核病的主要药物。它可以增加维生素 B_6 的排泄，从而导致各种神经症状，并且还会损害肝脏。年龄越大，异烟肼对其肝脏的损害的程度也越严重，而维生素 B_6 却可以降低异烟肼对肝脏的毒性，所以老年人服用异烟肼，极容易造成维生素 B_6 缺乏，必须补充维生素 B_6。牛肝、麦麸、米糠、干酵母含有大量的维生素 B_6。

5. 镇静和抗焦虑、抑郁药物

老年人服用镇静药后，往往出现嗜睡，无食欲，久而久之，会导致营养不良而引发其他病。相反，若服用抗抑郁药，则又引起食欲亢进，营养过剩，偏嗜甜食，这又对有糖尿病或高血压病史的老年人非常不利。

6. 氨茶碱

氨茶碱是一种松弛支气管平滑肌的药物，对缓解支气管痉挛和黏膜充血水肿效果显著。老年人中老年慢性支气管炎和哮喘发病率高，所以常用氨茶碱。

7. 对酰氨基酚（醋氨酚）

过去认为，一般解热镇痛药属非麻醉类镇痛药，不成瘾。然而近 20

多年来，人们发现，像阿司匹林、对酰氨基酚、吲哚美辛、布洛芬等常用的解热镇痛药，如果滥用也会形成药物依赖性。长期滥用解热镇痛药，可因药物积蓄而导致急性毒性反应，如头痛、眩晕、视力和听力下降、胃肠道出血、哮喘发作、高热、脱水、昏迷，甚至危及生命。

8. 肝素

在60岁以上患者特别是女性出血发生率增加，密切监护出血征象，避免同时肌内注射及口服可抑制血小板机能的药物。

9. 华法林

老年人血浆蛋白质降低，血浆蛋白结合有明显降低，循环中的游离药物量增加，因此加强抗凝作用同时也增加了出血的风险。已发现在同一华法林浓度下，青年和老年在凝血因子的合成方面，有明显的差别。注意监护老年患者抗凝剂过量和（或）出血征象（如凝血酶原时间、血尿、大便潜血）。

10. 苯妥英钠

在伴有低蛋白血症或肾病的老年患者中，该药对神经和血液系统的毒性及副作用发生率增高。苯妥英钠90%与白蛋白结合；青年患者可因有血浆蛋白降低而降低与苯妥英的结合，药物廓清率增加，以及活性游离药物增加。有报道减低药量可使中毒性症状好转。

11. 阿米替林

多数老年患者服用阿米替林或丙咪嗪会有"神志不清反应"，如不安、睡眠障碍、健忘、烦躁、定向障碍、妄想；这些症状常出现于治疗第2周并延续3~20天。可能是继发的三环类抗抑郁药的中枢性抗胆碱能作用。这些症状可自行消失，但减少剂量或停药，则症状可更快地消失。

12. 庆大霉素

老年人易出现耳及肾的毒性。庆大霉素的消除98%通过肾排泄。老年患者的肾功能明显地降低而延长其半衰期，在肾功能衰竭时有多种调整庆大霉素的剂量的方法。

13. 卡那霉素

老年人易出现耳及肾的毒性。老年患者肾脏的清除力下降，以致使肌酸酐廓清率也降低，半衰期亦随之增加，应减量或延长服药间隔。

14. 青霉素 G

加重中枢神经毒性反应如癫痫发作、昏迷。由于肾小管主动分泌下降使肾排泄减少，以致药物的半衰期延长，血药浓度升高至中毒水平。老年患者需要多种大剂量青霉素 G 时，应于治疗前了解肾脏情况，作为减量或延长用药间隔的依据；轻度或中度肾衰竭的老年患者，应在密切观察下使用正常的剂量。

15. 普鲁卡因青霉素 G

老年患者最好用较低剂量和延长用药间隔。半衰期增加与肾小球滤过率减低相平行，提示肾排泄能力降低。

16. 妥布霉素

与其他氨基糖甙类抗生素同（见庆大霉素）。老年患者剂量的调整，按照实际或估计的肌酸酐廓清率计算。

17. 博来霉素

博来霉素是一种抗肿瘤药，有较大的肺毒性，如肺纤维化。应监测肺功能，特别是对接受总量大于 400 毫克的患者。

18. 普萘洛尔

增加不良反应的发生率，如：嗜睡、头痛、头晕、心动过缓、低血压、心传导阻滞。在老年患者中曾报告半衰期延长，可能与肝转化能力减弱以及血浆结合力降低。

19. 铁剂

缺铁性贫血或对补铁治疗的疗效不佳，这可能是由于萎缩性胃炎以及老年人常见的胃液分泌减少所致。

20. 左旋多巴

老年患者常易发生严重的不良反应，如低血压、晕厥、食欲不振、恶心、呕吐。昏睡或过度活动。

21. 哌替啶

不良反应增多（如恶心、低血压、呼吸抑制）。在老年患者该药的半衰期增加，蛋白结合率降低，有较多的游离药物能与受体结合。在老年人开始治疗时，可用较低的剂量，以后调整剂量。

22. 锂盐

老年患者在锂盐治疗的血清浓度时，就出现中毒症状。

23. 安定类药物

安定类药物是临床常用的镇静、催眠和抗焦虑药，具有稳定情绪、减少焦虑、改善睡眠等作用。对老年人常见的情绪烦躁、失眠、高血压引起的头痛等均有好的疗效，易被老年患者接受。

但安眠药的成瘾性等不良反应往往易被忽视。老年人肝脏的代谢率降低，肾脏排泄功能下降。因此，药物的蓄积现象随年龄的增长而增加，在其他年龄组服用不会发生问题的剂量，在老年人就可能出现问题。那种认为安定用于催眠的剂量小，服药次数少，很难产生副作用的看法是不全面的。

事实上，安定类药物在体内的蓄积，可使患者记忆力在短时间内明显减退，使老年人不思饮食、思睡以致营养不良。安定类药物对大脑皮质有抑制作用，可能导致精神错乱和抑郁。体内蓄积的安定类药物，所产生的慢性中毒对老年人危害更大，所造成的定向力障碍、抑郁或激动甚至是步态失常等药物中毒反应，往往被误认为是年迈的自然现象。

参考文献

[1] 黄永锋，黄爱珍. 浅谈药疗时病人的抗药心理及对策. 齐齐哈尔医学院学报，2003，24（10）：193

[2] 刘增垣，何裕民. 心身医学. 上海：上海科技教育出版社，2000：484

[3] 梅清海，孙兴华. 医学心理学. 北京：人民军医出版社，1991：109

[4] Craigc CR, Stitze RE. Modern Pharmacology. 3rd ed. Boston: Little Brown and Company, 1990: 420 – 425

图书购买或征订方式

关注官方微信和微博可有机会获得免费赠书

 **淘宝店购买方式：**
直接搜索淘宝店名：**科学技术文献出版社**

 **微信购买方式：**
直接搜索微信公众号：**科学技术文献出版社**

 **重点书书讯可关注官方微博：**
微博名称：**科学技术文献出版社**

 电话邮购方式：
联系人：王　静
电话：010-58882873，13811210803
邮箱：3081881659@qq.com
QQ：3081881659

汇款方式：
户　名：科学技术文献出版社
开户行：工行公主坟支行
帐　号：0200004609014463033